셀 수 없는 성

Des sexes innombrables. Le genre à l'épreuve de la biologie

by Thierry Hoquet

셀 수 없는 성

Des Sexes
Innombrables

'두 개의 성'이라는
이분법을 넘어서

티에리 오케 지음
변진경 옮김

오월의봄

차례

멍멍이 가족

딸

일러두기

본문에 있는 주는 모두 옮긴이가 붙인 것이다.

성은 몇 개나 될까?

지나간 시간의 케케묵은 냄새

부모님 집의 차고 선반에서 발견한 내 어린 시절의 금속 상자 안에는 퀴퀴한 냄새가 나는 오래된 일곱 가족 카드 세트가 들어 있었다. 뒷면에 생 세베르 지역 양계장 이름인 "마리 오트"가 적혀 있는 그 카드는 닭고기를 살 때마다 모을 수 있었는데, 어렸을 때는 그걸 갖고 몇 시간씩이나 놀곤 했다. 까맣게 잊고 지내다가 카드를 다시 보니 그 친근한 그림들이 내 기억에 얼마나 깊이 각인되어 있었는지 깨닫게 되었다. 이 뜻밖의 발견이 아주 반가워서 나는 두 살짜리 딸을 불러 카드를 보여주려 했다. 이미 사라지고, 묻히고, 잊혔다고 믿어왔던 내 어린 시절의 한 조각을 되찾았다는 데 감동한 터였다. 어린 시절의 나와 내 딸이 같은 순간을 공유할 수 있게 되었다. 그야말로 전승의 마법이 일어날 참이었다.

바로 그때 무언가가 내 뇌리를 강타했다.

나는 더 이상 예전의 어린 남자아이가 아니었고, 내가 잘 가르쳐야 할 책임을 지고 있는 여자아이를 키우고 있었다. 그런데 내가 아닌 이 여자아이의 순진한 눈길로 보니, 잃어버렸던 내 유년의 왕국에서 무언가가 썩어 있는 것처럼 보였다. 전에는 한 번도 느껴본 적 없었던 감정이 갑자기 어떤 확증이 된 듯 나를 사로잡았다. 그 카드놀이 세트에서 썩은 내가 감돌고 있었다.

쾌활한 술꾼인 돼지 가족의 아빠, 물에 뛰어들어 헤엄치려 하는 오리 가족의 엄마 등이 그려진 통속적인 이미지들 너머로 뭔가 체계적인 양상이 눈에 보였다. 약간 불안해진 나는 카드에 나온 가족들을 하나하나 점검했다.

멍멍이 가족: 경찰관인 멍멍이 아빠는 곤봉과 호루라기를 들고 있다. 바지를 입은 현대적 여성인 멍멍이 엄마는 빵과 커다란 뼈다귀를 사 들고 오는 중인데, 입술을 혀로 핥으면서 우리를 바라보고 있다. 짧은 반바지 차림의 아들은 젖병과 장난감을 쥐고 있다. 다 큰 청소년 딸은 비키니 차림에 하이힐을 신고 있으며, 머리에는 왕관 머리띠를 하고 꽃다발을 들고 있다. 그리고 "미스 우아-우아"라고 쓰인 어깨띠를 두른 채 혀를 내밀고 있다.

야옹이 가족: 사냥꾼인 야옹이 아빠는 사냥총을 든 채 포획물(새, 커다란 쥐)을 내보이며 의기양양하게 집으로 돌아오고 있다. 앞치마를 두른 야옹이 엄마는 우유가 끓어 넘치는 냄비 쪽으로 급히 달려가고 있다. 새끼 고양이는 털실 뭉치를 풀어 엉망진창으로 만들어놓고 있으며, 누나 고양이는 세면수건으로 얼굴을 닦으면서 욕실 거울을 만족스럽게 들여다보고 있다.

염소 가족: 염소 아빠는 하이킹을 하고 있고, 염소 엄마는 양배추를 들고 살펴보고 있다. 아들은 사과를 깨물어 먹고 있고, 양쪽 뿔에 리본을 묶은 딸은 손에 든 거울을 보며 머리를 매만지고 있다.

꼬꼬댁 가족: 아빠 닭은 노래 공연을 하고, 엄마 닭은 빗자루로 사육장을 쓸고 있다. 아기 병아리는 울타리가 있는 아기 놀이방에서 훌쩍거리고 있고, 암평아리는 색이 요란한 핸드백과 양산을 손에 들

고서 까치발을 한 채 엉덩이를 흔들어대고 있다.

토끼 가족: 아빠 토끼는 못질을 하고, 엄마 토끼는 당근을 잘게 갈고 있다. 아들은 북을 치고, 딸은 투피스 수영복 차림으로 줄넘기를 하고 있다……

이 장황한 목록을 보면, 항상 예외가 있긴 해도 이들 일곱 가족에게서 눈에 띄는 규칙성을 확인하게 된다. 토끼, 개, 고양이, 염소, 닭 가릴 것 없이 아버지들은 사냥을 하거나 수공 일을 하거나, 노를 젓거나, 일을 하는 등 밖에서 활동한다.

어머니들은 거의 모두가 요리와 관련된 일을 한다. 일곱 중 다섯이 식사 준비를 하고 있다.

아들들은 대개 어린아이로, 놀이나 다른 일에 빠져서 재미있게 놀고 있다.

딸들은 거의 모두 자기도취적이고 성적 매력이 돋보이는 젊고 예쁜 사춘기 소녀들로, 거울을 보고, 치장하고, 교태를 부린다.

성 역할 문제에는 수많은 접근법이 있는데, 이 오래된 카드놀이는 그중 하나를 제공했다. 아버지는 공공의 질서를, 어머니는 가정의 질서를, 아들은 탐험가적 외재성과 행동을, 수동적이면서도 열정적인 딸은 오로지 거울을 통해서만 자기를 바라보며, 눈요깃감으로 제시된 채 자기도취적인 내면성을 나타낸다.

물론 개, 고양이, 염소, 닭, 토끼에게 이런 이미지들을 불러일으키는 속성은 없다. 그 카드가 보여주는 것은 제작 시기인 1970년대 문화 속 성 역할의 양상이다. 그것은 더 오래전부터 각각의 성에 적합한 역할이 무엇인지를 상상하는 방식에서 생겨난 것이다. 아버지, 어머니, 아들, 딸이란 어떠해야 하는지를 규정한 표상들이 숫염소와 암염소, 수퇘지와 암퇘지, 수탉과 암탉, 수캐와 암캐, 수고양이와 암코양이의 형상들 속에 투사되고 변형되어 나타나 있다. 이런 동물의 형상을 빌려 상상적인 것이 발산되어 나온다. 마치 인간에게서 풀려난 고정관념의 힘이 이 인간화된 동물들에게서 분출한 것 같다.

질베르 시몽동Gilbert Simondon은 고착화되고 부적절한 이미지를 가리키며 "깊이도, 유연성도 없는 이미지 같은 이차원적 재현"[1]이라고 말하면서 그것이 곧 고정관념이라고 했다. 동물을 통해 구현된 고정관념은 명백하게 드러난다. 일찍이 롤랑 바르트Roland Barthes가 그 인물들의 특징적인 앞머리 장식을 분석했던 할리우드 영화 속 고대 로마인들의 경우처럼 말이다. 이 동물 가족 카드의 흡인력에서 우리는 바르트가 말하는 "신화에 대한 자발적 합의"를 감지할 수 있다.

세월과 나이가 쌓여 생애의 끝자락에 이른 할머니들이 있다. 일곱 명 중 여섯은 머릿수건, 두건, 챙이 있거나 없는 모자로 머리를 가렸고, 몇몇은 어깨에 숄을 두르고 있다. 그들 모두가 젊은 여자들의 비키니와 미니스커트와는 대조적으로 발목까지 내려오는 긴 치마를 입고 있다. 그 모습은 루소가 말한 다음 구절을 떠올리게 한다. "나는 성과 마찬가지로 나이에도 무엇이 적합한지를 고려해야 한다고 생각한다. 젊은 여자는 자신의 할머니처럼 살아서는 안 된다. 그녀는 활발하고 명랑하고 쾌활하며 마음껏 노래하고 춤을 추어야 하며, 자기 나이에 맞는 순수한 즐거움을 누려야 한다. 신중하고 엄숙한 태도를 취하기에는 너무 이르다."[2] 아이의 삶이 누리는 태평한 기쁨은 노년의 비참, 슬픔, 체념과는 대조를 이룬다. 할아버지들도 상황이 나쁘기는 마찬가지여서, 해진 옷을 기워 입고 실내복 차림에 나무 의족을 차고 있다. 딸, 어머니, 할머니. 그리고 아들, 아버지, 할아버지. 여자든 남자든 삶은 그렇게 세 시기로 묘사된다. 나는 내 어린 딸을 바라본다. 그렇게나 장래성이 풍부하고, 그렇게나 과감하고, 그렇게나 활발하며, 그렇게나 세계와 존재를 발견하고 싶어 하는 아이. 내가 그 애에게 약속할 수 있는 거라곤 이런 것뿐일까? 비키니만 입은 채로

우스꽝스러운 단상에 올라 관중에게 추파를 던지는 것? 예쁜 리본으로 치장하고 남자아이들을 유혹하다가 부엌에서 일생을 보낸 후, 머릿수건과 긴 치마를 두른 채 체념 속에 생을 마감하는 것? 교태를 부리는 유혹자로 시작해 양육자로 살다가 허름한 옷가지로 온몸을 감싸는 것?

확실히 이 '미스 우아-우아'와의 재회는 많은 것을 흔들어놓았다.

우리는 아이들을 어떻게 교육시키고 싶어 하는가? 왜 아이들을 **아이들**이 아니라 항상 **남자아이** 아니면 **여자아이**로 키우는가? 왜 우리는 아이들의 부모가 아니라 항상 **아버지** 아니면 **어머니**인가? 나는 《섹수스 눌루스Sexus nullus》에서, 어떤 나라에서 그런 질문이 진지하게 다루어져 신중한 숙고를 거친 후에 "남성"과 "여성"이라는 성별 표시가 그렇게 유용하지 않을 수도 있다는 결론에 도달하리라는 상상을 해보았다.[3] 그럼에도 신분증명서의 성별 표시를 폐지하지 않는 이유는, 어떤 태고의 질서가 우리 인간이라는 종에 영향을 주며 사회의 구조와 구성 방식도 지배한다는 가정 때문이다.

그런데 그 질서라는 것은 어디서 유래하는 것인가? 미스 우아-우아가 여자아이이고 동생은 남자아이라는 점을, 그들의 성과 염색체형을 모르면서도 나는 어떻게 아는 것일까? 바비 인형과 켄 인형의 경우에도 마찬가지다. 그 인형들은 회음부를 살펴봐도 성을 알 수 없다. 그 대신에 여자 인형의 잘록한 허리와 남자 인형의 떡 벌어진 어깨 등 신체 구조상의 온갖 특징들을 통해서 그들은 "성"을 발산한다. 바바파파 가족의 아이들 경우에도 똑같은 질문을 던질 수 있다. 아무도 그 아이들의 음경이나 음부를 본 적은 없지만, 그들을 보기만 해도 누가 여자아이이고, 누가 남자아이인지 바로 알아차린다. 강낭콩 모양의 체형 중 날씬한 쪽이 여자아이들로, 올림머리에 꽃 장식을 달고 있으며 남자아이들에게는 없는 긴 속눈썹을 갖고 있다. 인간의 아이들은 생식기관과 관련한 실제적인 앎을 획득하기 전에 차림새(머리 모양, 복장)로 여자아이와 남자아이를 구별하는 법을 배운다. 신체 구조에 대한 개념을 정립하기 전에 차이의 사회적 규범을 숙달하는 것이다. 다시 말해서 아이들은 "성" 개념보다 먼저 "젠더" 개념을 획득한다. 젠더 지표에 대한 의존도가 큰 나머지 아이들은 그 지표를 채택하는 것만으로도 범주를 바꿀 수 있다고 생각하기도 한다. 예를 들어 남자아이가 치마를 입거나 머리를 길게 기르기만 해도 여자아이가 될 수 있다고 여기는 것이다.[4] 요컨대 아이들은 남성/여성, 여자아이/남자아이라는 이원적 범주가 필연적인 선택지로 제시되어 있는 세계에서 자란다. 아이들은 다른 사람들을 젠더 상자 안에 분류하는 법을 아주 빨리 습득하고, 그 규칙들이 사회생활에서 얼마나 중요한지를 금세 알아차리고는 그에 따라 자기 정체성을 형성한다.[5]

사실 부모는 태아가 수정되자마자 아들인지 딸인지 알고 싶어 한다. 염색체의 성은 수정되자마자 정해지지만, 첫 6주 동안은 나중에야 난소나 고환으로 발달하게 되는 생식선만 존재한다. 따라서 태아의 해부학적 성은 착상 후 7주가 지나기 전까지는 구별되지 않으며, 임신 5개월 전에는 초음파 검사로도 보이지 않는다. 하지만 임신이 되자마자 부모는 아이의 성에 대해 기대를 품는다. 임산부들은 자연의 흐름을 바꾸고자 음식을 가려서 먹고 달의 위상을 계산하기도 한다. 민간에 떠도는 속설이 권위를 누린다. 그러다가 셋째 달부터는 (무월경이 나타난 지 12주 차부터 첫 초음파 검사를 실시하므로) 과학이 그 지위를 이어받는다. 부모는 가능한 모든 기술을 동원해 아기의 성을 알아내려고 기를 쓴다. 의사가 아기의 성을 확인해주자마자 또 온갖 일들이 벌어진다. 아이의 이름을 짓고, 방 안을 색을 바꿔 칠하고, 노래를 불러주고, 배 속에서 하는 발길질을 토대로 성격을 짐작해보고…… 때로는 기대에 어긋나는 성일 경우 "없애기도" 한다.[6] 어쩌면 가까운 장래에는 곤란한 상황을 피하기 위해 배아를 선별할지도 모른다. 일단 아기의 성이 확인되면, 아기를 둘러싸고 형성되는 세계는 바뀐다. 어떤 성을 갖고 있느냐에 따라 그에 연결된 사회적 가치들도 달라지기 때문이다. 그리하여 새로 태어나는 아이는 결코 아이라는 존재로 남아 있을 수 없다. 항상 여자아이 아니면 남자아이다. 성은 모든 것을 바꾼다.

한 문화가 성에 따라 각기 다른 방식으로 아이들을 대하는 방식과 관련해서 사람들의 행동 양태를 해석하기 위해 인류학, 사회학, 심리학은 '젠더 연구'로 분류되는 개념적 도구들을 발전시켰다. 이 연구는 특정한 시기에 특정한 사회에서 여성 또는 남성이라는 성을 갖는다는 것이 무엇을 의미하는지를 분석한다. 여기서 도출되는 결론은 상대주의적이다. 즉 문화나 시대에 따라 여자아이와 남자아이에게 기대하는 바가 달라진다는 것이다. 한편 젠더 시스템은 자기실현적 예언처럼 작동하기도 한다. 여자아이와 남자아이, 여자와 남자로 각기 다르게 대우받은 사람들은 실제로 다르게 처신하게 된다는 것이다. 이렇듯 성 문제에는 문화적인 것, 사회적인 것, 역사적인 것들이 온통 얽혀 있는데, 이 상대적인 요소들이 정연한 질서를 이루고 있는 까닭에 거스르기 힘든 결정론의 무게가 개인들의 운명에 영향을 끼친다. 개별적으로 변이가 일어난다고 해도 곧 "젠더 시스템"이라고 부를 수 있는 것에 의해 길들여지고 조정된다. 바비와 켄처럼 누구나 팬티를 내리지 않고서도 성이 식별될 수 있어야 한다. 그 게임에 끼지 않거나 서툰 경우, 기대한 대로 젠더를 "수행하지" 않는 사람은 수난을 당하게 된다. 남아프리카공화국 출신 육상선수인 캐스터 세메냐Caster Semenya는 2009년 세계 육상 선수권 대회에서 우승한 뒤에 성 판별 검사를 받아야 했는데, 여성으로 보기에 둔부는 너무

좁고, 어깨는 너무 넓으며, 턱이 너무 돌출되었다는 이유에서였다.[7]

문화적 상대주의의 대립물로 사람들은 흔히 "자연"의 일의적인 사실을 내세운다. 생식 현상에서 볼 수 있듯이 생물체에는 두 개의 성이 존재한다는 것이 그런 자연적 사실이다. 아기를 키우기 전에 우선 아기를 만들어야 한다. 그런데 **아기를 만들기 위해서는** 적어도 여성 생식세포와 남성 생식세포, 난자와 정자가 있어야 한다. 사회는 그것을 전혀 바꾸지 못한다. 두 개의 생식세포가 꼭 필요하다. 이것이 변동하는 사회 속에서 불변하는 자연의 법칙 아닌가? 그 사실로부터 사람들은 인류의 존속을 위해서는 두 개의 성이 필요하며, 아이를 만들기 위해서는 남성과 여성으로 이루어진 부모가 필요하다는 생각에 아주 쉽게 도달한다. 이 방향과 어긋나는 것은 모두 도착적인 것이 되며 인류의 멸종을 초래할 뿐이라고 여겨진다. 특히 사회적 질서는 "가족"이라는 이름으로 신성시되고 생물학적 실재로 간주되는 삶의 형태, 즉 미스 우아-우아의 안락한 나라에서처럼 권위적인 남자 "아버지"와 다정하고 헌신적인 여자 "어머니"가 자식들을 거느리고 결합해 있는 핵심 형태를 절대 침해해서는 안 된다.

그렇다면 결정론은 문화적인 것인가, 자연적인 것인가? 생물학적 성의 필연성을 둘러싸고 각기 다른 해석들이 경합하는데, 그 해석들은 서로의 논리를 강화해주는 것처럼 보인다.

최근 프랑스 내 공론장을 뒤덮었던 끔찍하고 해로운 혼란에서 취한 두 가지 사례를 살펴보자. 거리에 나온 사람들이 외쳤던 주장을 들어보자.

시위에 나선 가족들은 자신들의 아이들을 공화주의적 공립학교의 영향권에서 벗어나게 하려 했다. 실제로 그들은 교육부가 주도한 광범위한 음모가 존재한다는 의혹을 제기했다. 그에 따르면, 교육부 내에서 비밀스럽지만 막강한 힘을 가진 '게이 및 레즈비언 로비 단체'가 태고부터 이어져온 성의 질서를 해치고 있다는 것이다. 그 로비 단체의 목적은 무엇일까? 남자아이들에게 분홍색 옷을, 여자아이들에게 파란색 옷을 입히는 것이다. 이 가족들은 2014년에 '등교 거부의 날Journées de retrait de l'école'*이라는 시위를 벌이면서 "남자아이는 남자아이이고, 여자아이는 여자아이이다"라는 구호를 외쳤다. 그 구호는 분명 미스 우아-우아와 그녀의 남동생 사이에 존재하는 차이 같은 것을 가리키고 있었다. 그들은 여자아이와 남자아이는 "신의 섭리에 의해, 그리고 태생적으로" 다르므로, 각기 다른 교육을 받아야 한다고 주장했다. 성은 타고난 것, 어쩔 도리가 없는 것이며, 차이가 명백하므로, 이를 반대하거나 의문시하는 것은 몰지각한 행동이자 나아가 신의 질서와 자연의 질서 모두에 대한 침해라는 것이다.

"남자아이는 남자아이이고, 여자아이는 여자아이이다."

이를 일컬어 동어반복적 논증이라고 한다. "상식"에 호소함으로써 주의 효과를 노리는 것이다. 동어반복은 뛰쳐나가려 하는 개의 목줄을 잡아당기는 주인처럼 생각을 제어한다. 혹시 성이 무엇인지 **실제로** 생각해보게 된다면 어떻게 되는가? 그것은 롤랑 바르트가 썼듯이 "커다란 위협" 앞에서 "동어반복자는 자기 주위에서 자라나 자신을 질식시킬 수 있는 모든 것을 맹렬히 잘라낸다".[8] 이와 같이 상식의 신봉자들은 '젠더 이론' 앞에서 숨 막혀 하면서 그것을 철저히 제거하려 한다. 동어반복은 자유분방한 시간의 끝을 알리는 종소리다. 그것은 우리에게 도를 넘지 말라고, 생각의 자유도 정도껏만 누리라고 요구한다. 순진함, 상식, 단순함의 미덕에 내맡기라고 한다. "남자아이는 남자아이이고, 여자아이는 여자아이이다." 누구나 이 말에 동의할

---

* 2013년부터 프랑스 공립학교에서 실시한 '평등의 ABCD'라는 젠더 교육을 반대하는 운동이다.

수밖에 없으며 그들은 이견이 없는 명증한 사실을 내세웠다며 자축한다. 그런데 이 명증성이 정말 무엇을 의미하는지 의문을 품어볼 사람이 있을까?

"남자아이는 남자아이고, 여자아이는 여자아이다"라는 주장은 무엇을 말하는가? 여자아이와 남자아이는 생식기가 다르다는 사실 외에 무슨 내용이 있는가? 이것이 그렇게나 진보적인 얘기인가? 인간종에는 여성과 남성이 존재한다는 얘기라면, 그것은 중요한 내용이고 부정할 수 없다는 것이 분명하다. 인간 중 어떤 부류는 임신이 가능하고, 다른 부류는 불가능하다는 얘기라면, 그 또한 쉽게 동의할 수 있다. 그러나 여자아이는 여성이 되고(되어가고), 남자아이는 남성이 되리라는(되어가는) 이 대단한 사실, 이 위대한 발견은 무슨 함의를 갖는 것인가? 탄생과 관련된 사실들이 신 또는 자연에 의해 정해진 것이라고 할지라도 과연 그것들이 아이들을 남성과 여성이 되도록 양육하는 방식에 대해서도 말해주는 바가 있는가? [태어난 대로 머물지 않고 가치를 구현해가야 할] 존재를 다시금 단순한 존재로 되돌리려는 것, 그리고 자연에 대한 순응과 그것을 통해 자연을 확고히 하는 것을 목표로 하는 **교육**이란 참으로 역설적이지 않은가?

'젠더 이론'을 격렬히 비판하는 그 과대 망상가들은 여자아이들이 장난감 자동차를 가지고 놀고, 남자아이들이 아기 인형의 기저귀를 갈거나 소꿉장난을 하는 것에 기겁을 한다. 그들은 남자아이들이 치마와 분홍색 옷을 입는 것을 금기시하고, 같은 이유로 여자아이들이 바지를 입거나 파란색 계열 옷을 즐겨 입는 것도 금기시한다. 그런 것들은 그저 패션과 관습의 문제에 불과하지 않은가? 여자아이는 자신이 여자아이라는 점을 잊지 않도록 태어날 때부터 매니큐어를 바르고 귀고리를 해야 하는 걸까? 남자아이는 럭비 셔츠와 배기 바지를 입어야만 남자아이다운 걸까? 아이의 장래가 전부 어린 시절에

입히는 옷의 색상과 모양에 달려 있는 걸까? 19세기 말의 사진들만 보더라도 사회적 규범이 얼마나 빨리 변하는지 확인할 수 있다. 사진 속 아이들은 모두 길게 늘어진 예쁜 곱슬머리에, 레이스가 달린 아름다운 긴 흰색 옷을 입고 있어서 마치 아기 천사들처럼 보인다. 그렇다고 해서 그들이 모두 동성애자가 되었을까? 다시 말하지만, 도대체 아이들의 신체 구조, 생식기관의 항구적인 극성 어디에 아이들의 놀이나 옷차림에 대한 규정이 포함되어 있는가? 진실은, 부모들과 사회가 결탁해 어린아이들에게 상상적인 성인의 역할을 수행하게 한다는 것이다. 그들은 아이들이 아주 어릴 때부터 플레이메이트*와 플레이보이로 꾸민다. 주변 환경이나 영향에 따라[9] 가벼운 여자와 남자, 또는 미녀와 왕자 따위로 변형되기도 한다. 유아기의 안온함에서 끌려나온 아기들은 배내옷을 뺏긴 채 성인의 미니어처처럼 연출된다. 아직 사춘기도 되지 않은 미스 우아-우아에게 입혀놓은 야릇한 비키니는 때 이른 성화sexualisation를 상징하며, 어린 여자아이들이 짊어지게 될 성적 대상으로서의 운명을 예고한다. 옷차림의 코드와 놀이 방식의 변화에 대한 공공연한 분노는 사회적 규범이 얼마나 강력한지를 여실히 보여준다. 미리 정해진 운명을 만들어내는 것은 생물학이라고 추정되는 것이 아니라 바로 그 규범이다.

그런데 바로 이와 관련해서, 그 현상들을 자연성의 명증성이 아닌 문화적 현상이라고 볼 만한 상반되는 명증성이 있다는 정도로는 만족할 수 없다. 생물학에서도 이 문제에 개입해 자연주의적 관점을 적용해보려는 시도가 있기 때문이다. 영국 케임브리지대학의 심리학자 멜리사 하인즈Melissa Hines의 연구는 임신 기간 동안 태아가 특정 호르몬에 노출된 정도가 나중에 아이가 놀이를 선택하는 데 어떤 식으

---

* 잡지 《플레이보이》의 모델.

로 영향을 끼칠 수 있는지를 보여준다. 이 연구는 작은 원숭이 종인 버빗원숭이를 실험 대상으로 삼아 성에 따라 선호하는 장난감이 달라진다는 점을 입증하려 했다. 그 결과에 따르면, 암컷 버빗원숭이는 인형과 냄비를 갖고 노는 편을 선호하는 반면, 수컷 버빗원숭이는 장난감 트럭을 선호한다. 그렇다면 암컷은 부엌에, 수컷은 밖에서 활동하는 미스 우아-우아의 세계는 생물학적으로 전해진 결과일까? 그것은 어디에서 유래하는 것일까? 큰 희생을 치러야 하는 커다란 난자와 퍼뜨리기 쉬운 수많은 작은 정자들 간의 대립에서? 그렇다면 우리가 흔히 교육에 따른 우연한 결과라고 여겨왔던 것들이 사실은 생물학적 원리에 따른 결과였던 셈이다. 이와 관련해서는 이번에도 루소나 빅토르 위고의 말을 들어봐야 할 것이다. 두 작가 모두 인형에 매료된 여자아이들의 모습을 과장되게 묘사한 바 있다.

어린 여자아이가 인형을 갖고 하루를 보내는 모습을 한번 보라. 끊임없이 인형의 옷매무새를 매만지고, 옷을 입혔다가 벗겼다가 수없이 반복하고, 장신구들의 새로운 배합을 줄기차게 시도하는데, 결과가 좋든 나쁘든 개의치 않는다. 솜씨는 부족하고 안목도 아직 갖추지 못했지만, 벌써 그 성향이 드러나는 중이다. …… 아이는 먹는 것보다 몸치장을 갈망한다. …… 여자아이는 자신이 인형이 되는 순간을 기다린다.[10]

인형은 가장 절대적인 필수품 중의 하나이며, 동시에 소녀 시절에 가장 매혹적인 본능 중 하나가 된다. 돌보고, 입히고, 치장하고, 갈아입히고, 벗기고, 다시 입히고, 교육하고, 조금 꾸짖고, 어르고 달래고, 재우고, 물건을 사람처럼 생각하고, 여성의 모든 미래가 거기에 있다.[11]

이렇게 보자면, 아이의 장난감 선택은 교육과 문화에 따라 결정되는 것이 아니라 본능, 즉 자연 그리고 어쩌면 신이 지정하는 것이리라. 이 점은 나중에 살펴보게 될 것이다.[12]

두 번째 예는 결혼과 관련된 것이다. 2013년 5월 17일, 프랑스 국회에서 제2013-404호 법안, 소위 '모두를 위한 결혼mariage pour tous'이 통과됨으로써 결혼 당사자의 성을 삭제하는 제도 수정이 이루어졌다. 이제 성인은 누구나 성에 관계없이, 서로의 동의가 있고 몇 가지 가계 규칙(근친혼 금지 등)을 준수하기만 하면 결혼제도를 통해 결합할 수 있게 되었다. 새로운 제도하의 결혼은 성, 인종, 계급의 구분 없이 시민들이 자신들의 의지, 사랑, 자산을 결합하는 계약으로 규정된다.

결혼은 법적 제도이며, 프랑스공화국은 이 제도에서 보편주의를 향해 한 발자국 더 나아갔다. 공립학교가 남녀공학이 된 것처럼, 선거가 진정한 의미의 보통선거로 치러지게 된 것처럼, 이제 결혼은 당사자들의 성을 따지지 않는다. 여기서 물의가 될 만한 게 무엇인가? 나는 사람들이 분개할 만한 이유가 뭔지 모르겠다. 그러나 이 법안의 통과는 거센 반발을 불러일으켰고, '모두를 위한 시위'라는 아이러니하고 부적절한 이름 아래 반대자들의 연합체가 결성되었다. 이들이 이끈 시위 대열 가운데 울려 퍼진 많은 주장들 중에서 두 가지가 우리의 주목을 끈다. 하나는 동성애는 자연에 반하는 것으로서, 공화국 내에서 관용의 대상이 될 수 있을지언정 공식 인정을 받아 법적 지위까지 획득해서는 안 된다는 주장이다. 다른 하나는 모든 아이들에게는 단지 부모를 가질 "권리"뿐만 아니라 더 구체적으로 말해서 "아빠+엄마"로 이루어진 부모를 가질 권리가 있다는 주장이다.

여기서도 그 논거는 여러 층위에서 작용한다. 아이에게 "아빠+엄마"가 필요하다는 주장은 꽤 일반적인 생물학적 직관에 의지하고 있는데, 대략 2세기 전부터 알려진 대로 유성생식이 정자와 난자라는 두 개의 염색체 결합을 전제로 한다는 사실이 그것이다. 그렇다면 인류의 존속은 항상 재생산을 위한 두 성의 협력에 달려 있다고 봐야 할 것이다. 동성 결혼의 반대자들이 생각하기에 동성 결혼의 허용은 이런 생물학적 사실의 부정을 의미한다. 모두를 위한 결혼은 동성애 관계와 이성애 관계가 "같은 것"이라고 말하지만, 이는 반진실contre-vérité을 암시하는 것이나 다름없다. 우리가 이곳에 존재하는 것, 그리고 지금껏 인류가 유지되고 앞으로도 유지될 수 있는 것은 바로 이성애 "덕분"이기 때문이다. 동성애는 "반자연적"이라는 주장의 핵심 논거는 이렇다. 현 인류의 존재는 이성애를 현명하게 잘 준수해온 덕택에 가능했으며, 동성애 합법화와 동성 결혼의 제도화는 "자연법칙"의 위반이다. 보다시피 다소 명시적으로 자연적 사실들이 기존 사회질서의 유지를 위해 소환되고 있다. 인간의 행동과 사회의 조직 원리가 결국에는 모두 자연의 명령에 따른 것이고, 결혼은 사회제도 중하나가 아니라 생식활동이라는 자연현상과 관련된 생물학적 필연이라는 것이다.

이 주장은 여러 방식으로 이해할 수 있다. 예컨대 혼인관계를 맺은 일부일처제의 이성애 커플이 "자연적"이라고 말할 수 있으려면, 인간과 가장 유사한 동물인 유인원도 그 도식을 따르고 있어야 한다. 하지만 실상은 그렇지 않다. 침팬지는 가족 단위가 아니라 여럿의 어른 수컷, 어른이 되기엔 덜 자란 침팬지들, 어른 암컷들과 새끼들이 함께 무리를 지어 산다. 다른 종들의 경우에도 일부일처제는 찾아보기 힘들다. 고릴라는 수컷 한 마리와 암컷 여러 마리가 하렘을 이루어 살고, 오랑우탄은 수컷은 단독 생활을 하고 암컷들과 새끼들은 집단 생활을 하며, 보노보는 번식보다는 사회적 관계를 유지하려는 목적에서 자위와 교미를 한다…… 이와 마찬가지로 오랫동안 다수의 조류에게서 관찰된다고 믿어왔던 이성애적 일부일처제 쌍의 경우, 그 실재는 보기보다 훨씬 복잡하다. 새 둥지들을 조사해 유전자 분석을 한 결과에 따르면, 같은 둥지에서 부화 중인 알들이 동일한 수컷의 유전자를 물려받은 게 아니라는 점이 밝혀졌다.[13] 분노한 이성애 결혼의 수호자들이 믿게 하려는 바와 달리 그들이 옹호하는 사회 형태는 전혀 생물학적 필연성의 결과가 아니다. 태곳적부터 수많은 종들이 이성애적 일부일처제라는 사회 구성 방식을 따르지 않고서도 잘 번식해왔다. 그런데 혹시 신성한 금지를 옹호하려는 것이라면, 그것은 전혀 다른 문제다. 그런 경우라면 종교 경전을 내세워야 할 것이다. 〈창세기〉의 첫 페이지를 읊었던 리옹 대주교 바바랭Barbarin이나 1998년 10월 시민연대협약Pacs* 안건 토론 중 국회의사당 내에서 성경책을 꺼내들었던 국회의원 크리스틴 부탱Christine Boutin처럼 말이다. 사회질서를 규정하는 것이 종교의 일인가? 어쨌든 자연은 그 문제와 전혀 관계가 없다.

자연 생태계에서 이성애적 일부일처제를 따르는 사례가 얼마나 되는지와는 별개로, 그 "자연"에 동성애가 존재하지 않는다는 것이 사실일까? 오직 동성에게만 관심을 갖는 수컷 염소에서부터 갈매기, 홍학, 펭귄에게서 볼 수 있는 동성 커플에 이르기까지 이 "동물의 동성애" 사례는 다양하고 풍부하다. 자연사학자들이 동성 간의 성관계 또는 부부관계를 보고한 생물 종 수는 수백 종에 이른다.[14] 동성애는 "자연에 어긋나는 것인가? 그다지 확실하지 않다. 일찍이 아리스토텔레스와 키케로에 뒤이어 몽테뉴가 지적한 바 있듯이, 차라리 "관습에 어긋나는"[15] 것이라고 말하는 편이 적절할 것이다.

---

* Pacte civile de solidarité. 프랑스에서 1999년부터 시행되고 있는 이성 또는 동성 간 시민 결합 제도로 법률혼 부부와 마찬가지의 법적 권리와 의무를 갖는다.

들어가는 말

한편 젠더 연구는 오해를 받기 쉬운 처지에 있다. "젠더" 개념의 역사를 차차 검토해보겠지만, 일단 그 개념은 성의 이원성을 확립시키는 큰 이분법 체계를 가리키기 이전에 생물학적인 것과 대조되는 사회적인 것을 가리킨다. 한 젠더 연구 개론서의 저자들이 지적하듯이 "해부학적인 것이나 생물학적인 것의 존재를 부정할 필요는 전혀 없다". 젠더 연구의 관건은 성을, "여자들과 남자들을 대립적인 집단으로 존재하게 하는 사회적 분할의 표지"로, 나아가 "그 자체로는" 대립적 관계도 이분법도 일으키지 않는, "무의미하거나 모호한 해부학적 실재들"에 과잉 의미를 부여하는 것으로 인식하는 데 있다.[16] 달리 말해서, 젠더는 뚜렷한 이원성을 성립시키는 반면, 생물학적인 것은 넓게 분산된 다원성을 만들어낸다. 따라서 젠더 연구는 물리적인 것의 실재를 부정하는 것이 아니라 "그 자체로", "모든 물리적 사실과 마찬가지로 의미 부여가 되지 않은 그 자체로서" 이해된 물리적 실재와 그 실재에서 파생된 사회적 함의를 구별하는 작업이다. 사회는 생물학적 소여들에 제유법*을 적용한다. 예컨대 신체의 한 부분(남성 성기 또는 여성 성기 소유)을 기준 삼아 여자와 남자 두 집단을 구획하는 식이다. 그러나 단 하나의 기준으로는 충분치 않다. "진짜 성"은 해부학적 구조(음경/질), 생식선(고환/난소), 호르몬(테스토스테론/에스트로겐), DNA(XY 염색체/XX 염색체) 등 다수의 기준 사이에 걸쳐 있을 뿐, 어느 하나로 정해지지 않는다.[17] 성이 제유법의 힘에 휩쓸리지 않는다면, 그리고 성이 "수컷인지, 암컷인지를 검토할 수 있게 해주는 **유일한** 요소가 아니라 생물학적 소여들의 총체"를 나타낸다면, 그것이 의미하는 바는 성이 염색체, 호르몬뿐만 아니라 체모, 둔부 형태, 임신 가능성 같은 해부학적 특징 등 다양한 지표들을 총괄해 "의

---

* 사물의 한 부분으로 전체를 나타내는 수사법.

학적 결정에 의해 재규정된" 것이라는 점이다. 생물학적 소여들의 실재론이 인정되면서 "성/젠더 쌍의 전도"라는 급진적인 주장이 제기되었다. 성은 사회적 질서가 모방하려는 근본적 층위가 아니며 "성의 물질성까지도 젠더에 의해 구성되는 것"이어서 젠더를 통해서 비로소 두 개의 성으로 보게 된다는 것이다.[18] 여기서는 미묘한 차이가 중요하다. 저자들은 성적 소여들의 생물학적 물질성이 **확실하다**고 하면서도, 곧이어 그 물질성은 인위적으로 만들어진다는 의미에서 **구성되는** 것이라고 덧붙인다. 물질성은 "성을 그 자체로 결정하기에도 충분치 않을뿐더러 두 개의 **대립된** 성이 존재한다는 결론을 내리기에는 더더욱 충분치 않다".[19] 생물학적 성의 다양한 지표들은 남녀가 전체적으로 대립하는 이분법적인 분류로 환원되는데 "이 환원은 사회적 행위"이다.[20] 다시 말해서 "성은 이중 과정의 산물로서 그 과정을 통해 연속적이고 이질적인 소여들의 총체가 단 하나의 소여로 단일화되고 축약되며, 이것은 다시 그 자체로 이항적 실재로 변형"된다. 저자들은 이를 "성의 자연성과 단일성의 확립"이라고 부른다. "성은 사회적 행위에서 분리해낼 수 있는 물리적 범주가 아니다. 사회적 행위가 우리의 실천에서 성을 적절하고 가시적인 실재로 구성해낸다."[21]

이 젠더 연구 개론서는 생물학적 소여들의 총체를 무시하지는 않지만, 생물학적 성의 여러 층위나 구성 요소들 사이에 생길 법한 혼란하거나 무질서한 느낌을 과장하고 있을지도 모른다. 저자들은 염색체, 호르몬, 생식선 등 서로 다른 층위들에서 일어나는 일치 현상을 충분히 고려하지 않는다. 그들은 "젠더 시스템", 즉 그 다양한 특징들을 분리, 통합해가면서 2의 체계(이원성)로 귀속시키는 사회 시스템을 식별하는 데만 골몰해 있다. 이 책은 "젠더가 성을 구성한다"[22]고 주장하면서 자연/문화의 대립을 넘어서는 동시에 사회과학의 이름으로 생명과학의 인식론적 특권에 이의를 제기하려 한다. 심리학자, 사회학자, 인류학자가 생물학에 현혹되지 않는 게 중요하다. 즉 근본적인 (이원적) 실재의 규약을 제정하는 것은 생물학이 아니라는 것이다. 그렇다고 해서 이 책이 생물학적 소여들의 복합적인 측면을 활용하는 것까지 거부할 정도로 생물학을 반대하는 건 아니다.

젠더 연구 진영의 사회과학계 저자들이 성/젠더 쌍 문제에 접근할 때 준거가 되는 세 명의 이론가가 있다. 크리스틴 델피Christine Delphy, 주디스 버틀러Judith Butler, 토마스 라커Thomas Laqueur가 그들로서 이들 모두 젠더 연구에서 성에 대한 특정한 **관점**을 대표한다.[23] 그렇다면 과연 성은 어떻게 이해되고 있는가?

크리스틴 델피에 따르면, "젠더는 …… 인류를 두 집단으로 가르는 이 위계적인 분할을 통해서 그 자체로는 사회적 함의를 지니지 않는 해부학적 차이를 사회적 실천에 적합한 구별로 변화시킨다는 점에서, 해부학적 성을 창조"해낸다.[24] 성과 젠더를 비교할 때 우리가 다루는 것은 **자연적인 것**과 사회적인 것이 아니라 **사회적인 것**과 사회적인 것이라고 그는 주장한다.

> 나는 젠더에는 물리적 기체가 없다는 결론에 도달했다. 더 정확히 말해서 물리적인 것은 (그리고 **그것의 존재 여부는 관계가 없으며**) 젠더의 기체가 아니다. 오히려 젠더가 성을 창조한다. 다시 말해서 젠더는, 물리적 세계의 사물들과 마찬가지로 자체적 의미를 갖지 않은 물리적 특질에 의미를 부여한다.[25]

여기에서 존재론(젠더가 성을 **창조한다**)에서 해석학(젠더는 명백히 존재하는 성에 **의미를 부여한다**)으로 넘어가는 과정이 다소 모호하다.

주디스 버틀러 역시 젠더는 "진정한" 생물학적 성의 "사회적 부분"에 불과한 게 아니라고 강조했다. 그는 《젠더 트러블Gender Trouble》 (1990)에서 성을 더 이상 실체로 상정하지 말 것을 권한다. 성은 이미 항상 젠더에 속해 있는 것으로서 사회적 구성물이 만들어질 수 있는 안정적인 토대가 아니다. "만일 성이 불변하는 특성을 갖고 있다는 점이 논란이 된다면, "성"이라고 부르는 것은 젠더와 마찬가지로 문화적 구성물이 될 것이다. 성은 항상 이미 젠더였을지도 모른다. 따라서 성과 젠더는 실제로는 차이가 없는 것으로 드러난다."[26] "성"은 이제부터 그 본질과 존재 여부에 대한 판단 중지를 나타내는 인용부호 없이는 쓰일 수 없다. 그 점에서 버틀러는 미셸 푸코가 권력의 배치로서 "섹슈얼리티"와 섹슈얼리티의 "정박점"으로서 "성"의 차이를 문제화한 데서 한 걸음 더 나아간다.[27] 권력의 실천이 결합되는 생물학적이고 신체적인 토대는 없는가? 이 질문에 대해 버틀러는 다음과 같이 답한다.

"성"은 다양한 형태의 권력을 유인하는데, 그것들은 성이라는 범주를 매개로 유기적으로 연결되고 재생산된다. 예를 들어 한 운동선수의 성을 "결정"하기 위해 심리학자, 내분비학자, 유전학자, 생물학자 그리고 법학자까지 다방면의 전문가들이 소환되는 사실이 그 점을 잘 보여준다. …… 여기 성이라는 장소에는 정말 많은 담론들이 투입되었다! 그리고 많은 담론들이 거기에 "정박"한다.[28]

끝으로 토마스 라커는 두 개의 성을 대립적으로 설정하는 오늘날의 사고방식은 아주 늦게 확립된 것이라는 점을 보여준다. 그 이전, 아리스토텔레스나 갈레노스의 철학을 거쳐 18세기까지는 오랜 세월 동안 '유니섹스' 모델이 지배적이었다. 그 모델에서 남성성과 여성성은 단일한 연속체의 양극 역할을 맡았으며, 그 양극 사이에는 많은 단계가 존재할 수 있었다. 음경과 자궁은 해부학적으로 다른 기관이 아니라 동일한 구조의 역전된 형태일 뿐이었다. 타당성 여부와는 별개로 이 학설은 한 가지 확신을 흔들어놓는다. 즉 서로 다른 성질의 대립적인 두 개의 성이라는 관념에 대한 자연스러운 경험적 근거는 해부학 전문가들에게도 항상 똑같은 명증성을 안겨줄 것이라는 확신 말이다.[29]

이 준거 이론들은 우리가 갖고 있는 "생물학적 성" 개념의 역사적 차원을 강조하면서, "젠더"라 불리는 사회구조가 그 개념의 내용을 정하고 명령한다고 본다. 생물학은 두 개의 성을 확정짓지 않는다. 이원적 체제를 확립하는 것은 젠더다. 우리의 개념과 표상은 시간과 장소가 한정된 정신적 도구이다. 따라서 성은 "자연 상태의 소여"가 아니라 일종의 매개물, 특정한 생물학의 이론적 구상물이라고 할 수 있다. 델피, 버틀러, 라커의 연구가 주는 이익은 매우 크지만, 그들의 연구는 **한정짓기의 열망**에 빠져 있다. 그들의 기획은 우리가 성에 대해 알고 있다고 믿는 모든 것을 한정짓고 국한하는 것, 게다가 그 범위를 상대화하는 데 있다. 뒤에서 이 "성-상관주의sexe-corrélationnisme"(2장 참고)에 대해 살펴볼 것이다. 앞서 언급한 젠더 연구 개론서의 경우도 마찬가지다. 그 책은 우리가 "몸의 물질성"으로 이해하는 "성"을 조금도 등한시하지 않으며, 인터섹슈얼리티intersexuation에 대한 풍부한 정보를 제시하면서 오히려 생물학적, 의학적 현상을 매우 면밀히 참고했음을 보여준다. 그러나 이를 통해 의도하는 바는, 성적 이원성은 불가피한 논리적 필연이고 가치들의 기반이 되는 사실이라고 믿는 "생물학적인 것"의 지지자들을 논박하는 것이다.

젠더 연구는 유익한 감시자 역할을 한다. 사람들이 생물학을 거론할 때 가치들을 강요하려는 목적인 경우가 적지 않다. 이른바 생물학적 '사실'이라는 이름 아래 강압적 힘으로 개인들을 짓누르는 것이다. 대부분의 젠더 연구는 모든 게 우연적이라고 주장하거나 또는 위반과 전복의 즐거움을 부추기기보다는 소위 "생물학적"[30] 필연성을 구실로 행해지는 강압의 억압적 효과를 역설한다. 이른바 "생물학적 사실"에의 호소는 항상 개인을 예속시키고 일체의 저항을 무력화시키려는 끔찍한 정치적 무기였다는 것이다. 이렇게 보자면 젠더 연구는 공공의 안녕을 위한 도구, 생물학 담론의 효과에 대한 민주주의적 성찰의 핵심 수단이 된다. 반대로 젠더 연구가 존재론적 주장을 지닌다는 생각, 즉 젠더 연구는 성이 존재하는지 아니면 존재하지 않는지를 말해준다거나 또는 몇 개의 성이 존재하는지 말해줄 수 있을 거라는 생각은 잘못일 것이다. 이렇듯 성의 생물학 혹은 생명정치와 관련해서 두 개의 해석이 대립한다. 그중 하나는 생물학을 통제와 사회 질서의 도구, 어떤 영원불변한 질서의 보증으로 삼기 위해 활용한다. 다른 하나는 생물학 담론을 철저히 분석하고 사회체제(젠더)에서 성의 이분화의 원인을 찾는다.

이 책에서 우리는 생물학적 성의 이해를 가로막는 두 가지 방식에 반대한다. 첫째는 생물학적 성이 존재하지 않는다는 주장, 둘째는 생물학적 성이 인간 사회의 구성 원리에 대한 교훈을 담고 있다는 가정이다. 우리의 목적은 생물학적 성의 복잡성, 그리고 생물학적 성 개념으로부터 사회에서 통용되는 성의 사회적 용법들로 이행하는 과정의 어려움을 더 자세히 살펴봄으로써 이 두 가지 오해를 바로잡으려는 데 있다. 그것은 성의 미로 속으로 위험을 무릅쓰고 뛰어드는 일이며, 성이 존재한다거나 존재하지 않는다거나 또는 **두 개**의 성이 존재한다거나 하는 등의 언술 형태를 변화시키는 일이다.

우선 인간의 자유를 긍정하기 위해 자연을 부정할 필요는 없다. 비실재론에 빠지지 않고서도 자연주의 이데올로기를 거부할 수 있다. 그래서 우리는 생물학의 발자취를 따라가면서 성에 대한 생물학의 발견들을 탐색해볼 것을 제안한다. 우리는 성이 생물학적 사실임을 인정하는데, 그 점은 생식 행위에서, 한쪽의 불임과 다른 한쪽의 원치 않은 임신 사이에서 드러나는 간극 사이에서 일상적으로 경험되는 것이다. 인공수정 그리고 피임과 낙태라는 두 영역에서 성의 생명과학은 그 실용적 양상을 여실히 입증한다.

반대로 광범위하게 자리 잡은 확신들(자연에 성이 존재한다는 사실)도 다양화시켜야 할 것이다. 성은 '아빠+엄마'라는 수식보다 훨씬 복잡하다. 생물학에서 "성"을 단수로 표현하는 경우는 많아도 쌍수 또는 복수 형태로 '성들'을 언급하는 경우는 드물다. 우리 인간 종에게 명백해 보이는 것에서 빠져나와 다른 수많은 형태의 생명체를 포괄하는 보편적인 생물학적 현상으로 성을 고려하게 된다면, 우리가 가졌던 성의 명증성은 흐려진다. 우선 성은 유일한 생식 방법이 아니다. 자연에는 성이 없어도 복제나 꺾꽂이를 통해 번식하는 생명체가 많이 있다. 다음으로 생물학에서 성관계란 개체 사이의 유전자 교환을 의미하는데, 박테리아와 바이러스의 경우에는 암수 구분 없이 무성생식으로 번식한다.

마지막으로 수컷과 암컷의 의미는 전혀 명확하지 않다. 난자를 생산하는 개체와 정자를 생산하는 개체가 존재하는 건 분명하지만, 수컷과 암컷의 기능을 동시에 갖춘 양성 개체들도 많다. 생식세포들의 차이가 있다고 한들 우리의 확신을 높여줄 수 있을까? 이처럼 어떤 개체가 수컷 혹은 암컷인지를 **일반적으로 또는 보편적으로** 기술한다는 것은 불가능하지는 않아도 매우 어려운 일이다. 따라서 이 책에서는 생물학을 단순화하지 않고, 생물학의 풍부한 개념과 발견들을 존중할 것이다. 생물학이 자기 고유의 영역을 지키되, 사회의 구성 방식을 결정하는 문제에 얽혀들지 않기를 바랄 뿐이다. 생물학자들은 아이를 어떻게 가질 수 있는지, 어떻게 양육해야 하는지 알려주지 않는다. 임신을 하려면 두 개의 생식세포의 결합이 필요하다고 (그것만으로 항상 충분한 건 아니지만) 말할 뿐이다. 생물학자의 메시지는 거기까지다. 일단 생식세포가 결합되고 나면 뒤이어 인공자궁에서 태아를 길러낼 수 있지 않을까? 자연은 이 문제에 대해 말해주지 않는다. 우리의 목표는 생물학을 사회질서의 구축에 이용하려는 일체의 시도를 저지하는 것이다. 인간 사회는 정의나 평등 같은 사회정치적 이상의 구현을 목적으로 건설되어야 한다. 프랑스의 반동주의 대변인들이 우리에게 믿게 하는 바와는 달리, 사회의 원리는 "자연"의 원리에서 유래하지 않는다. 두 개의 성이 존재하는지 혹은 더 많은 성이 존재하는지는 인간과학이 답할 문제가 아니다.

이처럼 철학은 성 담론의 정치적 남용을 방지하는 동시에 생물학적 성과 거기에 담긴 놀라운 사실들의 조작으로 위험을 무릅쓰고 달려들어야 한다. 그 까다로운 과제를 우리는 '대안자연주의 alternaturalisme'라고 부르려 한다.

몇 개의 성이 존재하는가?

이에 대해서는 이 책의 제목이 길잡이가 될 수 있을 것이다. 성이 두 개도, 세 개도 아니라 **셀 수 없을 정도**라고 제시한 이유는 "성은 몇 개나 될까?"라는 질문을 던지기 위해서다. 그러면 대답이 바로 튀어나온다. "당연히 두 개지." 그것이 상식적인 답이고 생물학의 답이다. 그런데 두 개의 성이 존재한다는 것은 무슨 뜻인가? "두 개의 성이 존재한다"는 명제는 검증이 필요한데, 이 점을 이해하기 위해서는 성의 수를 변화시켜보는 일이 매우 유용한 철학적 훈련이 된다.

18세기에 쓰인 티팬 드 라 로슈Tiphaigne de La Roche의 《아밀렉(혹은 인간의 씨앗)Amilec》이나 레베로니 생-시르Révéroni Saint-Cyr의 《폴리스카 Pauliska》 같은 소설에서는 스팔란차니 신부Lazzaro Spallanzani*의 [생물학적] 발견과 동정녀의 임신 가능성에 바탕해서 각각의 성이 생식 과정에서 수행하는 역할을 다루었다.[31] 더 최근의 SF소설에서는 지구에 비해 성이 더 많거나 더 적은 세계를 상상하는 경우가 빈번하다. 그런 세계에서는 자연의 영향, 실험 결과 또는 역사적인 사건으로 인해 성과 관련된 모든 것이 [지구와는] 다른 양상으로 조직된다.[32] 얼음의 행성 게센은 양성구유(남녀 양성체)의 세계로, 성적으로 미분화된 상태를 특징으로 갖는다.[33] 게센인들은 남녀 어느 쪽 성으로든 변할 수 있고 주기적으로 생식 능력을 갖는다. 그들은 정해진 기간 동안에만 발정기(케메르)에 들어가고 수정 가능성이 매우 높은 상황에서 성교가 이루어진다. 이러한 섹슈얼리티가 사회조직을 지배한다. 모든 게센인은 한 달에 한 번 휴가를 가지며, 케메르 기간에는 일을 해서는 안 된다. 누구나 임신을 한 동안에는 여성으로 성이 고정되므로 "여성들"이 다른 성보다 더 속박되지 않는다. 오이디푸스 콤플렉스도 없고, 권유와 합의하에서만 성관계를 가질 수 있으므로 강간도 존재하지 않는다. 게센을 탐사 중인 관찰자의 기록에서도 경탄이 엿보인다.

[그들은] 인간을 강자와 약자, 보호자/피보호자, 지배자/피지배자, 주인/노예, 능동적인 사람/수동적인 사람의 두 부류로 나누지 않는다. 지구인의 사고에 스며든 이 모든 이원론적 경향은 이곳[게센]에서는 한층 약화되거나 수정되어 나타날 수

---

* 1629~1799. 이탈리아의 생물학자. 자연발생설을 부정했으며 인공수정을 발견했다.

있다.[34]

　이 행성에서 둘 중 하나의 성에 고정된 사람은 "성도착자"로 규정된다. "그들의 양성성은 적응적 가치가 매우 약하거나 전무해서" 자연선택에 의하면 성도착자가 생길 수 없다고 관찰자는 기록한다.[35] 그는 게센인들이 어떤 실험의 결과, 예컨대 밝혀지지 않은 목적하에 유전자를 조작한 결과일지도 모른다는 결론을 내린다. 그 목적이란 전쟁을 없애는 것이었을까? 아니면 주기적으로 발정기에 접어드는 행성인들이 지성을 유지할 수 있는지 시험하는 것이었을까?
　지구에서도 성과학sexologie을 둘러싸고 스페이스 오페라풍의 양성의 전쟁이 연출되었다. 이 분야의 유명한 책에서는 남자와 여자가 각각 화성과 금성 두 행성에서 연원한다는 설을 반복해 주입한다.* 그리하여 양성의 대립은 지배/종속, 능동성/수동성, 정신/육체, 문화/자연 따위의 온갖 형이상학적 극성들을 나열해가며 우주적 차원의 전쟁을 끊임없이 벌이게 된다.[36] 그런데 외계인들이 지구를 방문한다면 무슨 생각을 하게 될까?
　프로이트는 외계의 지적 생명체가 그들의 신선한 눈으로 지구의 인간들을 관찰한다면 두 개의 성이 분명하게 존재한다는 사실과, 그 둘이 너무 유사해서 다양한 인위적 기호들로 신체성이나 체현 방식의 차이를 강조해야 한다는 사실에 깜짝 놀랄 거라고 말한 바 있다.[37] 하지만 실제로 지구를 찾아온 외계인들이 인류를 바라보는 시선은 프로이트의 예측을 항상 확증해주지는 않는 것 같다. 지구 여행을 마치고 돌아간 외계인들이 각자의 행성에서 출판해 학술원 검증까지 받은 인류에 대한 보고서와 수기 중에는 인류에게 두 개의 성이 존재

*　존 그레이의 《화성에서 온 남자, 금성에서 온 여자》를 말한다.

한다는 점에 대해 이의를 제기하는 경우가 종종 있었다. 지구인 빌리 필그림은 비행접시로 납치돼 트랄파마도어 행성까지 끌려갔는데, 그렇게 큰 고생을 겪고서야 이런 사실을 알게 된다. 거기서 그는 트랄파마도어인들이 성을 세는 방식이 지구인과 크게 다르다는 점을 깨닫는다. 트랄파마도어에서는 성을 다섯 개로 분류했고, 그 각각은 새로운 개체가 탄생하기까지 필요한 한 단계에 해당한다. 그러나 성들 간의 차이가 4차원에 존재했기 때문에 빌리의 관점에서는 전부 다 동일해 보였다. 반대로 트랄파마도어인들은 지구에서 일곱 개나 되는 성을 식별했으며, 모든 성이 인간 종을 유지하는 데 필수적이라고 보았다.

> 빌리는 이 일곱 개의 성 가운데 다섯 개가 임신에 관여한다는 점을 이해하지 못했다. 그 다섯 가지 성은 모두 4차원에서만 성적으로 활성화되었기 때문이다. 트랄파마도어인들은 빌리가 보이지 않는 차원에 있는 성을 상상할 수 있도록 여러 단서들을 제공하려고 애썼다. 그들은 지구인 아기는 남성 동성애자 없이는 생길 수 없다고 했다. 반면에 여성 동성애자가 없어도 아기는 생길 수 있다. 65세 이상의 여자가 없으면 아기는 존재할 수 없다. 그러나 65세 이상의 남자가 없어도 아기는 존재할 수 있다. 생후 한 시간이 안 된 다른 아기가 없으면 아기는 존재할 수 없다. 기타 등등.[38]

빌리와 달리, 트랄파마도어인들은 지구에 존재하는 성을 세는 데 많은 변수들을 도입한다. 그들의 이론은 성에 대한 우리의 통상적인 이해와 상반되지도 않고, 그것을 반박하지도 않는다. 다만 내용이 더 복잡하고, 보이지 않는 영역 또는 "4차원"에 속한 관계로 우리에게는 중요해 보이지 않는 새로운 요인들을 포함하고 있을 뿐이다. 트랄파마도어인들의 성 이론은 우리가 성에 대해 안다고 믿어왔던 것들을 재검토하게 한다. 남성 동성애자나 65세 이상의 여성이 갑자기 아기의 출생을 좌우하는 결정적인 요인으로 제시된 것이다. 그럼에도 이원주의라는 선입관에 빠져 있는 빌리는 트랄파마도어에서든 지구에서든 성을 두 개로 한정하려고만 한다.

각기 생식 능력이 있는 남성과 여성이 수많은 체외수정 시술에도 불구하고 왜 임신에 성공하지 못하는지 이유를 모르겠다는 산부인과 전문의들에게 트랄파마도어인들은 이렇게 묻는다. "모든 조건이 충족되었는지 확인했습니까?" 그들은 당혹해하는 그 의사들에게 필요한 답을 갖고 있다. 그들은 우리가 타당하다 또는 타당하지 않다고 판단하는 변수들을 주목하게 한다. 가령 성경험이 전무한 여성이 임신을 했다고 할 때 왜 우리는 뭔가 잘못되었다고 보는 것일까? 그 이유는 우리가 암묵적으로 생식의 성사 여부에 관여하는 많은 필수적 요소들을 전제하고 있기 때문이다. 다시 말하자면, 우리의 과학은 실험 상황에서 통제해야 할 변수들을 승인하고 제한하는 하나의 "문화"를 이루고 있는데, **그 변수들 자체가 반드시 정식화, 열거 또는 증명되어야 하는 것은 아니다.** 사회학자 해리 콜린스Harry Collins의 설명대로, 이러한 문화는 "필연적으로 '이상anomalies'의 집합, 즉 실험에서 통제 대상이 되지 않았을 정당한 변수를 참조하면서는 설명할 수 없는 실패들을 만들어낸다".[39] 일반적으로 우리는 이상들에 전혀 주목하지 않는다. 과학은 자기 할 일을 하고, 우리는 성은 두 개만 존재하며 이는 의심의 여지가 없다는 생각에 안주한다. 그런데 외계 여행으로 열린 길을 잠시 따라가 보자. 만일 성을 세는 다른 방식이 있다면, 우리는 이 질문을 다시금 던져야 한다. 두 개의 성이 존재한다는 주장은 무엇을 말하는 것인가? 성은 어떻게 세야 하는가?

생물학은 두 개의 성이 존재한다는 주장을 고수해야 하는가? 생물학자 로널드 피셔Ronald A. Fisher는 동료들에게 두 개가 아닌 세 개의 성이 존재할 가능성을 검토해보자는 제안을 한 바 있다.

　　유성생식에 관심을 가진 현장 생물학자 중 그 누구도 성이 세 개 또는 그 이상 존재한다는 사실이 생물들에게 미칠 영향에 관해 상세히 연구하지는 않을 것이다. 하지만 성이 실제로 항상 두 개인 이유를 알고 싶다면 달리 어떤 방도가 있겠는가?[40]

　　이 대목에서 피셔는 현장 생물학자의 작업과 수학자의 작업을 대조한다. 전자가 항상 두 개의 성이 존재한다는 경험적 명증성에 고정되어 있는 반면, 후자는 가능한 것들을 상상하고 각각의 정보를 특정 변수에서 도출된 조건부 가치로 간주하는 데 익숙하다. 수학적 방법론은 한 영역을 설정해 거기서 본질적 요소들을 모두 추출해내고 그 영역을 그보다 훨씬 큰 전체가 제공하는 여러 가능성들의 체계 중하나로 다룬다. 이제 성과학에 피셔의 제안을 시도해볼 때가 되었다. 성의 수를 [세 개 또는 그 이상으로] 전제해볼 때가 되었다. 비록 피셔 자신은 지구상에는 성은 두 개, 오직 두 개뿐이라는 경험론이 명백하다고 보고 있지만 말이다.

　　경험적인 것에서 얻는 정보가 피셔가 생각하는 만큼 명료하고 분명할까? 페미니스트 생물학자 앤 파우스토-스털링Anne Fausto Sterling은 두 개 대신 다섯 개의 성을 제안하면서 인간 형태의 다양성을 성찰하는 계기로 삼고자 했다. 예를 들어 양성구유자는 정상인가 비정상인가? [그 제안대로라면] '성들'의 수는 물론이고 "성"의 정의까지도 불확실해진다. 해부학자나 자연사학자는 "수컷"과 "암컷"의 의미를 다시 따져봐야 한다.

SF 장르는 이따금 가장 실재적인 실재 속에, 과학이 실재적인 것을 만들어내고 있는 장소인 우리 시대 가장 명망 높은 과학 잡지에 등장하기도 한다. 《네이처》는 2015년 2월, 특별기사란에 임상유전학자 폴 제임스Paul James의 이야기를 게재했다. "한 환자가 양수천자 검사*를 위해 병원에 갔다가 SF에서나 나올 법한 일이 자신에게 일어났다는 사실을 알게 되었다."[41] 첨단 과학 분야에서 SF 같은 일이 벌어진다면 어떻게 될까? 제임스 박사의 얘기는 정확히 무엇에 관한 것일까? 그가 말하는 환자는 46세의 오스트레일리아 여성으로 세 번째 아이를 임신한 상태였는데, 자신의 신체에 모자이크 현상**이 보인다는 점을 알게 되었다. 즉 그 환자는 여느 여성과 마찬가지로 XX 염색체를 지니고 있으면서 일반적으로 남성 염색체로 분류하는 XY 염색체도 갖고 있었던 것이다.[42] 이처럼 한 개체의 성염색체에서 유전형질이 다른 세포가 발견되는 경우를 생물학에서는 '키메라 현상'이라고 부른다.[43] 일반적으로 의학 문헌에서는 '난정소'라는 장애로 다루어지며, 생식기관이 명확히 구분되어 있는 대신 난소 조직과 고환 조직이 혼합된 상태를 말한다. 그러나 40여 년 후에야 자신이 XY 염색체를 지니고 있다는 사실을 알게 된 이 임산부의 이야기는 희귀한 사례가 아니며, 알려져 있는 표현형의 효과가 없어 아직 발견되지 않은 키메라 현상은 생각보다 많을 수도 있다는 점을 시사한다.

이제 우리는 편히 안주할 수 있었던 동어반복의 세계에서 아주 멀리 떨어져 나와버렸다.

---

* 임산부의 양수를 채취해 태아의 염색체 이상 유무를 알아보는 검사.
** 세포분열 이상으로 세포에 유전자 변이가 생기는 경우로, 한 개의 생물체에 두 개 이상의 유전적 성질을 지니는 조직과 세포가 부분적으로 생기는 것을 말한다.

Ⅰ.　자연주의를
　　　　제자리에 놓기

1.　　　대안자연주의로 자연사를 재검토하기
: 대안자연주의 입문

　자연주의는 전적으로 옳다. (성을 비롯한) 생물학적 현상들이
있고, 이런 현상들은 실재다. 우리는 이 실재를 자발성, 자율
성, 저항성 속에서 겪는다. 반자연주의 또한 전적으로 옳다.
우리의 모든 인식은 특정한 시기에 역사적으로 상대적인 수
단들(개념과 도구)과 함께 전개된 한정적인 장치들로서, 실존
에 구속되어 있으며 제각각 성적 실천을 하고 정치적 입장을
갖는 개인들을 통해 실행된다. 그러므로 실재를 제대로 기술
하는 여러 과학적 이론이 필요하고, 노력 여하에 따라 최선
의 이론을 끌어낼 수 있다고 해도 어떤 이론이든 영원히 지
속될 가능성은 매우 희박하다. 인간이 만들어낸 모든 구성물
에는 오류가 생기기 쉬우므로 의심을 거두어서는 안 된다.
　우리에게 의존하지 않는 독립적 사물들이 존재한다. 취약한
우리의 이론은 이런 실재의 차원을 설명해내야 한다. 그렇
다면 어떻게 해야 할까? 어떻게 이 두 개의 주장을 화해시킬
것인가? 자연주의를 다시 작동시키는 것이 답이다. 흔히 말
하는 '자연주의'는 진지한 과학 활동과는 매우 거리가 먼 흉
내에 불과한 경우가 많지만, 전혀 다른 자연주의가 가능하

다. 그것은 과학적 문제 제기가 그 본연의 예리함을 온전히 간직하고 있는 자리에서 성립하는 자연주의이다.

서구중심주의와 남성중심주의

"자연"을 결과들의 충족 이유로 간주하며 모든 "초자연적인 것"의 개입을 배제하는 이론 체계인 "자연주의"는 "자연적 사실"의 기저에 "사회적 구성물"이 자리한다고 주장하는 인간과학적 "구성주의"의 공격과 도전을 피할 수 없는 걸까? 명시적으로 드러내지는 않지만 이 구성주의는 사실 정치적 비판인 경우가 많다.[1] 구성주의와 자연주의는 정면에서 충돌하는 관계가 아니라 동일한 주형에서 빚어낸 메달의 양면과 같다. 구성주의는 우선 자연주의 비판으로 이해되며, 따라서 자연주의를 그 전제로 둔다.

인간과학 분야에서 자연주의가 배척받는 현상은, 생명과학은 "생물학주의"라는 유해한 사상을 포함하고 있다고 일원적이라고 여기는 잘못된 이해에도 원인이 있다. "생물학주의"가 거론되는 이유는 생물학이 서구중심주의와 남성중심주의 이데올로기에서 유래한 (과거에는 특히 사회생물학이 이런 비난을 받았다) 어떤 진영을 형성한다는 시각 때문이다. 그러나 이는 생명체에 대한 이론적 모델이 얼마나 다원적이고 다양한지를 부인하는 태도다. 생명과학은 여러 은유를 담은 일의적이고 유일한 집합의 전달자가 아니다. 때로는 불평등주의나 성차별주의 또는 인종주의에 경도된 사회 담론의 원천이 되기도 했지만, 생명과학은 꾸준히 인간과학과 이론적, 개념적 교류를 이어왔다.[2] 사회과학의 역사 내내 "유기체론" 또는 "생물학적 설명"으로부터 개념을 차용한 사례는 끊임없이 이어졌고, 반대로 사회과학이 생명과학의 이론적 모태가 되기도 했다. 다양한 생물학 모델이 사회 현상과의 유비를 토대로 구상되었고, 세포 개념의 정립이나 유기체의 이론화 과정에서 사회적 은유가 사용되었다. 앙리 밀느 에두아르Henri Milne Edwards*는 사회과학에서 "분업" 개념을 빌려왔고, 다윈은 이 개념을 이어받는 한편 맬서스의 인구통계학에서도 중요한 영향을 받아 자신의 학설을 수립했다.[3] 더 최근에는 존 메이너드 스미스John Maynard Smith가 게임이론을 진화론에 적용시킨 바 있고, 조안 러프가든Joan Roughgarden은 생물학에 협력모델을 도입하기도 했다.[4] 이처럼 생물학과 사회학의 역사를 살펴보면 자연주의와 구성주의의 대결 구도에 의문이 생기기 마련이다. 두 학문의 관계는 철학자 프랑신느 마르코비츠Francine Markovits가 명명한 "교환 질서"와 지식의 순환에 더 가까워 보인다.[5]

생물학은 우리를 잘못된 길로 이끌어간다

그런데 오늘날 자연주의는 그에 대한 불신이 팽배해질수록 그만큼 더 시의성을 얻게 되는지도 모른다. 분야를 막론하고 반자연주의anti naturalisme가 우위를 굳힌 것처럼 보인다. 우리의 과제는 자연주의와 반자연주의 양쪽의 외면을 받더라도 그 두 극단 사이에서 제3의 입장이 가능한지를 살펴보는 것이다. 모든 것이 정치적 또는 사회적인 것이라고 보는 구성주의는 인간과학의 입장일 것이다. 반면 수컷과 암컷이 확실히 존재하며 어떤 불가항력적인 힘에 의해 번식의 운명으로 끌려간다고 보는 자연주의는 생명과학의 입장일 것이다. 스테판

---

* 1800~1885. 프랑스의 의사, 동물학자.

아베르Stéphane Haber는 그의 중요한 저서에서 반자연주의 입장을 취하지 않고서도 전통적인 "자연주의"를 비판할 수 있다는 점을 보여주었다. 그가 보기에 반자연주의는 발견의 도구로서 명백한 타당성을 갖고 있는데, 마르크스주의가 그렇듯이 반자연주의 역시 "비판적 폭로"의 기능을 수행함으로써 이데올로기가 "자연적인 것"으로 꾸며보이려는 것들 속에서 사회적 관계들을 꿰뚫어볼 수 있게 한다.

마르크스는 "일견 범속하고 자명해 보이는" 상품이 오히려 "형이상학적 미묘함과 신학적 궤변으로 가득 차 있는 기묘한 물건"이라는 점을 일깨워주며 이를 "상품의 물신성"[6]이라고 불렀다. 페미니스트 인류학자 니콜 클로드 마티유Nicole-Claude Mathieu는 이 구절에서 "상품"을 "성"으로 대체해보자고 제안함으로써 "성의 '범속하고 물신적인' 속성", 성이 "생물학적으로 명증하다'"[7]고 부당하게 일컬어지는 것을 밝히려 했다. 이처럼 페미니즘의 입장에서 보자면, 생물학은 모든 비판적 사유를 가로막는 장벽으로 기능하면서 성에 대한 우리의 사고를 잘못된 길로 이끌어갈 뿐이다. 일단 성이 생물학에 근거하고 나면 더는 이론을 제기할 수 없는 것처럼 보인다. 성을 "생산"하는 주체가 바로 우리 자신이라는 점을 잊어버린 채 성을 우리와 무관한 것으로 "물신화"하게 된다. 그리하여 인간과학은 생물학에 관심을 기울이는 대신에, 성의 문화적이고 구성적인 본성, 즉 "사회적 관계의 사회적 산물"[8]로서 성의 진정한 본성을 밝혀내는 것을 자신의 임무로 삼게 되는 것이다. 마티유의 논지를 달리 표현하자면 성을 젠더로 환원시키려는 시도라고 할 수 있다.

그런데 아베르가 지적하듯이, 이 중요한 비판적 관점은 이제 "확고하고 적합한 준거로서 객관성에 대한 믿음이 **강요되는 과정**"[9]을 분석하는 작업이 된다. 그리하여 우리 안에 있는 것처럼 우리 밖에 있는 "자연"은 칸트의 물자체처럼 포착하기 어렵고 알 수도 없으며 인간의 언어 게임과 역사적 변천, 사회적 활동에 의해 언제나 이미 필연적으로 그리고 총체적으로 **매개된** 상태라고 이해된다. 그리고 "자연"이라고 불리는 그 물질적 외재성마저 인간 의식의 활동에 의해 **구성되고** 생산되는 것으로 여겨진다. 이런 틀 내에서는 어떤 형태의 자연주의든 불가능해진다. "자연"은 언제나 이미 사라져버린 상태에서 자연화만 남게 될 것이기 때문이다. 자연과 관련해 주어진 것은 모두 그것을 이해할 수 있는 조건들, 특히 허구적인 서사의 얼개에 항상 이미 속박되어 있을 것이다.

이러한 반자연주의는 이데올로기 비판일 뿐만 아니라, 주체의 배치와 사회 세계의 서사만으로도 세계의 전체성을 구성할 수 있다고 주장한다는 점에서 존재론적 성질을 띠며, 사고의 경직성을 초래한다. 이를 막기 위한 방안은 자연/사회의 극한 대립을 넘어서서 그 둘이 통합된 집단을 모색하는 것이다. 브뤼노 라투르Bruno Latour의 말대로 "달팽이 한 마리가 댐 건설을 중단시킬 수 있다"[10]고 할 때, 그 달팽이는 자연적 종일까 아니면 문화적 종일까? 혹은 도나 해러웨이 Donna Haraway의 "자연문화natureculture" 개념, 즉 자연적이면서 동시에 문화적인 불가분한 존재 방식에 해당한다고 봐야 할까? 아베르의 다음과 같은 의견도 참조할 만하다. "자연은 자율적이고 자발적이며 자기 확증이 가능한 실재를 지니고 있으며, 인간의 실천과 사회적 활동은 그러한 자연과의 연관 속에 **설정**되어야 한다는 생각은 여전히 이론 영역에서 유익한 역할을 할 수 있다."[11] 문제는 잘못된 이름 붙이기에 있다. 자연주의에 비판적인 모든 철학은 반자연주의라고 불려야만 한다고 생각하지만, 자연주의를 포기하지 않으면서도 자연주의를 비판할 수 있어야 한다. 우리가 **대안자연주의**라는 기치를 내걸고 시도하려는 것이 바로 그것이다. 이 대안자연주의는 자연적 사물을 진지하게 받아들이면서 그에 대한 우리의 관계를 변화시켜야 한다는 절대적 필요성과 민주적인 삶 사이에 일종의 상호 의존관계 또는 선택 친화력이 있다고 여긴다. 여기서 말하는 존중이란 우리 주위의 것들을 우리의 목적 달성을 위한 **수단**으로만 보지 않고, 자연적 사물을 그 자체로 **목적**으로 대하는 것을 의미한다.[12] 대안자연주의가 암묵적으로 전제하고 있는 자연은 어떤 규범적인 실체, 기초 원리 또는 인간 활동의 한계가 아니다. 자연은 우리가 순종해야 하는 질서도, 순응해야 하는 힘도 아니다. 중요한 것은 우리 자신을 포함한 생명 현상 전체를 경시하지 않는 것이다. 대안자연주의의 핵심은 "마치 그런 것처럼" 하는 것으로서, 마치 자율적이고, 심지어 우월한 차원 안에서 사물이 우리에게 스스로를 드러내는 것처럼 하는 데 있다. 따라서 대안자연주의의 임무는 스테판 아베르가 말한 대로 "자연적 사물이 사회적 상호작용의 중요한 상대로 인정받는 데 필요한 최소한의 조건들을 존중하는 것"이 될 것이다.[13] 인간이 개입하지 않아도 자연은 단독으로 많은 것을 할 수 있다는 점을 전적으로 인정한다는 점에서 대안자연주의는 자연주의의 한 종류이다.

　철학에 자연주의 형식을 재도입하는 일은 그 의미가 좀 더 명확해져야 하겠지만 어쨌든 필요불가결한 일이다. 거기서 중요한 것은 자연의 복권을 꾀하는 것도, 자연을 대변하거나 자연의 편에 서서 반발하는 것도 아니며, 그저 자연적인 것과 인공적인 것의 연속성 내지는 불가분성을 확인하고, 그 둘이 혼합된 수많은 실체를 수용하는 것이다. 이는 인간의 이익뿐만 아니라 인간의 책임도 함께 고려한다는 의미다. 사회과학을 자연화하는 것이 아니라 자연주의를 그 내부에서, 즉 자연주의가 성립되는 그 토대에서부터 개선시켜 나가야 하는데, 이를 위험을 무릅쓰고 생명과학의 "인간화"라고 부를 수 있을 것이다. 대안자연주의는 현대 사상 중 반자연주의에 이의를 제기하는 몇몇 실재론적 흐름에서 도움을 얻을 수 있다.[14] 필연적이라고 간주되는 자연주의 개념들의 허위 명증성을 검토하면서 과학 비판 이론을 참조하고 문제의식을 심화시켜 나갈 것이다. 대안자연주의는 수용한다는 의미에서 진화론적 자연주의이고, 자신의 이론이 언제든 변경될 수 있다는 태도를 견지한다는 점에서 회의론적 자연주의이다. 자연주의의 "대안"이라는 이 전환은 샌드라 하딩Sandra Harding이 말한 "강한 객관성" 추구를 가리킨다. 이는 페미니즘과 비판 이론 집단이 여러 편향을 검증하는 통제 장치 역할을 수행함으로써 더 견고한 과학에 도달할 수 있는 담론을 추구하는 작업이다.[15] 이처럼 대안자연주의는 전통적인 자연주의와 급진적인 구성주의라는 잘못된 양자택일의 상황에서 벗어나 있는 일종의 자연주의적 구성주의이며, 자연적 메커니즘의 다양성과 생물학적 개념화의 필연적 우연성에 대한 고려를 기본 전제로 삼고 있다. 대안자연주의는 반본질주의를 시도하는데, 반실재주의와는 다르다. 사람들은 흔히 "성"은 재생산으로 이어지는 보편적 메커니즘을 지칭하며, 따라서 복수의 "성들"은 "수컷"과 "암컷"으로 지칭되는 "유형들", 명확한 특징을 나타내는 본질을 가리킨다고 생각한다. 대안자연주의적 관점에서 보자면, 사람들이 단순하게 생각하는 성과 성들은 보편적인 가치를 가진 실체가 아니며, 다만 "생식세포 생산자"라는 매우 모호한 형태로만 존재하는 것이다. 그렇기에 대안자연주의는 변이에 대해 회의적 전략을 사용하는 성들의 자연사를 검토할 필요가 있다.[16]

2.　　　　　　　　성에서 젠더로, 젠더에서 성으로?

"젠더 연구"는 상대주의보다는 일종의 한정짓기 경향을 가리킨다. 그것은 우리가 성에 대해 알고 있는 모든 것은 항상 우리가 갖고 있는 표상, 물질적이면서 정신적인 인지 조건, 우리의 이해에서 비롯되었다고 본다. 그런 점에서 일종의 칸트주의라고 할 수 있다. 다른 한편으로 이처럼 우리의 앎이 인지적 도구에 종속되어 있다면 앎의 형태는 변하기 마련이므로 성과학이 기술하는 내용은 항상 상대적인 것일 뿐 결코 절대적인 것일 수 없다. 그런 점에서 역사주의라고 할 수 있다. 언젠가 미래에는 성염색체와 결별하게 될지 모른다. 과학 혁명의 여파로 그런 일은 매우 흔한 일이 될지도 모른다. 그럼에도 성은 인간과는 무관하게, 인간을 필요로 하지 않는 기묘함, 자발성, 저항성 속에서 변함없이 발생할 것이다. 인간이 존재하지 않는 세계에서도 어쨌든 "성"은 사라지지 않을 테고 "여러 개"의 성, 아마도 "두 개"의 성이 존재할 것이다. 그것은 무엇을 의미할까?

젠더의 우위?

프랑스 페미니스트들이 오랫동안 "성의 사회적 관계"라는 표현을 선호해왔던 데 반해 영미권 페미니즘에서는 역사적으로 여러 단계를 거쳐 성/젠더 개념이 정착되었다.[1] 몇몇 분야에서 성/젠더의 구별이 이루어졌는데, 그중 하나가 인류학이다. 인류학은 성적 분업의 양상이 우리와는 전혀 다른 문화권들, 두 개 이상의 젠더가 존재하는 사회를 제시함으로써[2] 인간의 보편적 본성에 대한 믿음을 허물고 생물학적 결정론의 일의성을 반박한다. 이 관점에서 보면 "부성"이나 "모성" 같은 범주는 생물학적으로 결정된 보편적인 기능이 아니라 특정한 사회에서 요구되는 일련의 역할로 구성되어 있는 사회적 장치일 뿐이다. 다른 한편, 성별 규정이 어려운 생식기를 갖고 태어난 인터섹스 아동에 관한 임상의학과 연구도 자주 언급되는 분야다. 이와 관련해서는 이 책의 3부에서 상세히 다룰 예정이다. 성은 일단 젠더와 구별이 되고 난 뒤로 비역사적이고 보편적인 특성 때문에 더 절대적인 명령권을 행사한 것처럼 보였다. 이 "성"은 과연 무엇을 의미했으며, 대체 무슨 권한으로 젠더의 모든 사회적 발현에서 확고하고 의심할 수 없는 토대에 위치하게 된 것일까? 결과적으로 성과 젠더의 구별은, 사회 전체 구조가 암수의 위계적인 구별을 본받아 구성되어야 한다는 보수주의자들의 주장에 대응할 수 없게 만들었다. 이렇게 젠더와 분리된 성은 모든 인간 사회를 은밀히 구성하고 암묵적으로 이끌어야 하는 원리를 구현했다. 성/젠더의 구별은 무작정 고수할 수 없는 것이 되었다. 도나 해러웨이는 페미니즘 이론가들에게 충고하기를, 젠더 개념이 "생물학적 성과의 접촉을 피해 격리 상태에 놓이는 상황"[3]과 다른 한편으로는 생물학이 자연에 내맡겨진 채 일체의 비판적 개입에서 벗어나 있는 상황을 경계해야 한다고 했다. 조운 스콧Joan Scott은 젠더를 "페미니즘의 마지노선"이라고 비유하면서 "[페미니즘은] 신체적 성을 논외로 두었기 때문에 성공을 거둘 수 있었지만 바로 똑같은 이유로 인해서 진화심리학의 극단적인 주장을 반박할 수 없게 되었다"[4]라고 지적했다. 젠더에 대한 사회과학적 연구에서 육체는 등한시되었다. 육체는 온전히 자연에 내맡겨져 질문할 수 없는 것이 되었다. 젠더에만 몰두한 페미니즘은 성을 생물학의 전유물로 넘겨주었고, 생물학에 근거한 주장들을 논박할 수 없는 무력한 상태에 빠지고 말았다. 젠더 개념이 성의 사회적 관계에서 상대적이고 우연한 부분을 모두 떠맡았기 때문에 역설적으로 성별화된 육체의 구성물 자체와 자연이라는 범주는 아무런 문제 제기를 받지 않았다. 생물학적 육체는 "물신화된 것"처럼, "토대 없는 토대"처럼 취급되었다. 이에 대한 비판의 방편을 제시한 것은 지도 바깥에는 시점이 존재하지 않는다는 점을 상기시켜준 포스트구조주의였다. 동시에 성과 섹슈얼리티의 역사성에 대한 연구도 시작되었다. 이러한 이론적 도구가 갖춰짐으로써 비로소 "성"의 근원적 지위를 부정할 수 있도록 심층적으로 재사유할 수 있는 길이 열리게 되었다.

성의 귀환?

성 개념은 돌아왔지만, 여전히 거리를 두기 위해서 따옴표(주의환기용 인용부호)가 붙여진다. 앞서 언급한 "한정짓기"의 옹호자들은 성의 존재를 부정하지는 않는다. 다만 "성"이라고 불리는 것은 칸트의 물자체처럼 결코 직접적으로 완전히 이해할 수 없으며 항상 권력관계가 얽혀 있는 매개들을 통해서만 접근할 수 있다고 주장한다. 결국 한정짓기는 칸트주의의 한 형태로서, 이에 따르면 우리는 사유 대상이나 권력관계를 다룰 수 있을 뿐 사물 자체는 다룰 수 없다. 주디스 버틀러에게 쏟아지는 많은 비판은 이 같은 일종의 "관념론" 또는 "유명론"[5]을 지적하면서 "실재"의 복권을 주장한다.

한정짓기는 성과 거리를 유지하는 하나의 형식으로 귀착되는데, 이 형식의 결점은 흔히 지적되는 존재론적 입장(성의 실재를 '부정함')에 있다기보다는 한정짓기가 인간중심적이라는 사실에 있다. 한정짓기 옹호자들은 인간 사회의 정의 문제와 정치적 문제를 해결하고자 여성/남성의 분류가 일으키는 지배와 착취 효과를 폭로하는 한편, 그와 동시에 자연의 암/수 쌍을 기준으로 삼는 것의 타당성을 일체 거부한다. 문제는 암/수 쌍에 대한 생각의 범위가 여/남 쌍에 국한되지 않는다는 데 있다. "암컷"이 "여성"을, "수컷"이 "남성"을 설명하지 못한다고 해서 살아 있는 세계를 이해하기 위한 지적 수단 중 하나인 성 개념을 포기한다는 것은 현명한 일이 아니다. 분명 생물학적 성의 개념화는 역사적으로나 문화적으로 설정되어 있지만, 여전히 성은 생명체의 이해에 기본이 되는 개념이다. 게다가 성생물학에 대한 무지는 인간과학과 자연과학 간의 단절을 그대로 드러낸다. "성" 개념에 일관되게 인용부호를 붙이는 관행은 인간과학을 회의적이고 비판적인 위치로 몰아가는데, 정작 생명과학은 그로부터 아무런 타격을 입지 않고 인간과학만 약화되는 결과를 낳는다. 젠더 연구가 "자연"과학이나 생명과학에서 작동하고 있는 과학적 편견을 문제 삼는 동안, 이들 과학 분과는 우리가 줄곧 젠더의 영역이라고 여기던 모든 것, 즉 가정 내 역할, 인지 능력과 정서적 능력, 성적 지향, 강간, 심지어는 아이들의 놀이까지 거침없이 자연화를 행한다.

시원적 성, 성 개념에 대한 진지한 고찰

이러한 난관에서 벗어나려면 **생물학적 성의 실재**를 인정해야만 한다. 이를 위해 우리는 실재론 철학의 고전적 논증인 "공룡" 또는 "선조성ancestralité"[6] 논증에 의존하려 한다. 공룡 논증의 내용은 간단하다. 만일 진화한 인지 능력을 갖춘 인류가 등장하기 전에 공룡이 존재했다면, 이는 인간의 인식이 담아낼 수 있는 모든 가치와는 무관하게 **무언가** 존재한다는 뜻이다. 공룡은 인류가 출현하기 이전에 "존재했다"고 말할 수 있는 어떤 실재, 즉 원-존재archi-existence를 가리킨다. 여기서 철학적 쟁점이 되는 것은 캉탱 메이야수Quentin Meillassoux가 "상관주의corrélationnisme"[7]라고 부른 난관을 벗어날 수 있는가의 문제다. 상관주의에 따르면 "존재한다는 것은 상관 요소로 존재한다는 것이다". 이 생각은 존재하는 것과 인식되는 것 사이의 필연적인 **상관관계corrélation**를 전제로 한다. 그 어떤 것도 "그 자체로", 절대적인 방식으로 자기의 존재 사실을 입증할 수 없으며, 항상 그 사실을 알아차리는 인식 주체와의 관계 속에서만 존재가 확인된다는 것이다—앞에서 언급했던 한정짓기에 대한 열망이 그런 것이다. 그런데 과학적 진술은 예컨대 지구 대륙의 형성 과정이나 우주의 탄생과 같이 인간 주체"가 출현하기 이전의 시원-사건archi-événement과 관련되어 있다. 만약 목격자가 없는 이 사건들의 실재를 인정할 수밖에 없다면 상관주의에서도 탈피해야만 한다. 즉 인간에게 의존하지 않는 것이 분명히 존재한다는 사실을 받아들여야 하는 것이다. 물론 과학의 진술은 본래 수정, 반증, 반박이 가능하지만(다시 말해서 과학은 그 나름의 역사가 있다), 그것이 과학적 진술의 절대성 혹은 실재성을 손상하지는 않는다. 어쨌든 기존의 것을 대체하는 새 진술도 필시 동등한 가치를 가지며, 마찬가지로 "선조의 영향력"을 가질 것이기 때문이다.

상관주의만큼이나 만만찮은 한정짓기라는 망령이 따라다니는 성생물학의 문제와 관련해서는 선조성 논증의 도움이 절실하다. 그 문제란, 성에 대한 담론이 실재 그대로를 기술하지 않고 특정한 관점에 부합하는 내용만을 기술한다는 일반적인 의혹을 가리킨다. 이 성-상관주의는 성에 관한 인식은 항상 어떤 체계 속에 위치해 있기 때문에 결국 어떤 인식도 가능하지 않다고 본다. 즉 성과학 연구자들은 그들 자신이 젠더화되고 성별화된 주체들이며 (따라서 자신의 이해가 얽힌 문제를 자기가 결정짓는 상황이며), 게다가 그들이 동원하는 개념마저 과학에 대한 특정한 관념에 얽매여 있다는 것이다. 과학에 한정짓기가 개입한 결과가 바로 '젠더리즘générisme'이다. 이에 따르면 생물학적 인식이 자리를 잡게 될 개념적 지평horizon conceptuel은 젠더 체제에 의해 결정된다. 예를 들어, 체액 중심의 생리학이 16, 17세기 의학의 특정한 상태를 반영하듯이 성염색체에 관한 과학은 20세기 유전학의 발달과 연관되어 있다. 성-상관주의에 따르면, 성과학이 항상 젠더에, 즉 성과학이 포함되는 특정한 담론 형성에 관련되어 있다는 것이다. 그리고 둘째는 바로 그 관련성 때문에 성과학은 결코 구속력이 있는 이야기를 하지 않는다는 것이다. 그런데 이 지점에서 선조성 논증을 내세울 수 있다. 가령 지구에서 모든 인간이 사라지고 그와 함께 모든 사회-경제-정치적 젠더 체제가 사라진다고 해도 성은, 다시 말해 암컷과 수컷의 상이한 생식세포가 결합하는 이형접합 방식의 유성생식은 사라지지 않을 것이다. 성생물학을 쓴 것은 인간이지만 성은 인간에게서만 발견되는 과정이 아니다. 성의 선조성을 상기한다는 것은 실재로, 자연주의로 향하게 하는 한 가지 방식이다. 그 어떤 젠더 체제보다 앞서서 시원적 성이 존재한다. 그렇다면 이 사실에서 무엇을 도출할 수 있을까?

인류가 존재하지 않았던 시기, 따라서 생명과학도 존재하지 않았던 시기를 상상해보자. 생명의 역사에서 유성생식을 하는 최초의 유기체가 나타난 순간에 있다고 가정해보자. 아니면 가까운 장래에 지구상의 모든 인간이 바이러스 감염으로 종말을 맞았다고 상상해보자. 나아가 이 바이러스 때문에 지구상의 모든 영장류는 물론이고 포유류까지도 전부 멸종했다고 해보자. 그런 상황에서도 성이라는 개념은 어느 정도 타당성을 갖고 있지 않을까? 그런데 어떤 점에서 타당한 걸까? 인류가 사라진다면 생명과학은 더 이상 존재하지 않겠지만, 생물학적 현상은 변함없이 존재할 것이다. 교미와 유전자 교환이 계속 이루어지고, 그중 일부는 번식으로 이어질 것이다. 모든 성적 접촉이 필연적으로 번식과 관련된 것은 아니지만, 그런 접촉 중에 번식이 일어나리라는 점은 예상할 수 있다. 번식은 난자와 정자 두 종류의 생식세포를 만들어내는 개체들을 전제로 한다. 난자를 생산하는 개체는 **암컷**, 정자를 생산하는 개체는 **수컷**, 둘 모두를 생산하는 개체는 양성구유라고 언제까지나 부를 수 있을 것이다. 이 정도만 해도 충분하지만 여기서 한 걸음 더 나갈 수 있을까?

인간과학은 그 비판의 범위가 사회적인 것과 권력의 영역에 제한되는 상황을 피해야 한다. 이를 위해서 인간과학은 좀 더 대담하게 위험을 무릅써가며, 젠더를 소홀히 하지 않으면서도 성에 대해 더 열린 자세를 취해야 한다. 인간과학에 성의 "귀환"은 꼭 필요하다는 게 우리의 생각이지만, 여기에는 두 가지 조건이 있다. 우선 성생물학의 경계와 관련한 조건으로, 자연의 암/수 개념을 고려할 때 그것이 여성/남성 개념을 **의미하지**는 않는다는 점을 항상 유념해야 한다. 다음으로는 성생물학의 내용에 관한 조건으로, 우리는 시공간적으로 제한된 특정 문화의 렌즈를 통해서만 성을 바라보고 있다는 점을 절대 잊지 말아야 한다. 성이 인간 고유의 현상이 아니라는 사실이 동물 집단에 정치 관념을 투사하지 않는다는 의미는 아니다. 17세기에

"인류학 한다faire des anthropologies"는 표현은 어떤 개체(예를 들어 신)에 대해서 그것이 마치 인간인 것처럼(신은 대개 남성이었다) 설명하는 경우를 가리켰는데, 바로 그런 의미에서 꿀벌의 계몽 군주제, 말벌의 약탈 체제나 유인원들의 사회 체제가 "인류학"의 대상이 되었다. 문제적이긴 하지만 박테리아 역시 젠더의 강력한 투사 대상이다.[8] 그러나 성에 대한 생물학자들의 견해가 어떻든 간에, 성은 인류라는 종의 경계를 훌쩍 넘어서게 한다. 그리고 이 사실은 성생물학을 항상 역사적이고 비판적인 방식으로 접근해야 하며, 인식론과 과학사, 과학철학의 도구들을 분석에 동원해야 한다는 것을 뜻한다. 그것은 또한 생물학이 성을 개념화하는 방식에 어째서 페미니즘적 비판이 그토록 개입했는지를 설명해주기도 한다.

우리가 취할 입장은 생물학을 "저기 바깥out there"에 닿고자 하는 과학적 실천으로 이해하는 실재주의적 태도 그리고 과학사 및 과학철학과 더불어 페미니즘의 전통을 영감의 원천으로 삼는 비판적 태도를 모두 취하는 것이다.[9] 사실 생물학의 연구 결과는 필연적일 거라는 선입견과 성에 대해 일체 언급을 피하려는 유혹에도 조심해야 한다. 다시 말해서 생물학이 항상 역사적 한계를 지닌 주체들, 즉 시대, 장소, 젠더, 인종, 계급으로 인한 편견에서 자유롭지 않은 사람들에 의해 수행된다고 해서 저기 바깥을 이해할 노력을 중단할 이유가 될 수 없다. 그리고 실재하는 것에 대해 더 진전된 인식을 얻어내거나 좀 더 실용적인 차원에서 실재계의 작동 원리를 터득하려는 노력을 그만두어야 할 이유도 되지 않는다. 이처럼 "성/젠더"의 구별과 그와 관련해 인간과학 내에서 진행되는 논쟁의 진정한 문제는 "성" 개념이 오직 인간적 차원에서만 이해되고 있다는 점이다. 그렇지만 성은 대단히 복잡한 생물학적 현상이며, 비록 그것을 연구하는 생물학자가 인간이긴 해도 그 현상 자체는 인간적인 것을 한참 넘어선다.

그리하여 시원적 성은 인간이 다른 생물들과 공유하고 있는 생물학적 토대에 우리를 단단히 결합해놓는데, 이것은 전혀 결함이 되지 않는다.

달리 말하자면, 성 개념에 대한 진지한 고찰은 인류와 그 밖의 다른 동물류, 식물류, 박테리아류 모두에게 있는 공통된 토대를 유념할 때에만 가능하다. 그렇다고 해서 자연의 성에 대해 알고 있는 것을 인류에 그대로 적용하거나 반대로 인간의 성에 대해 안다고 믿는 것을 자연에 투사해서도 안 된다. 성 개념을 거부할 수 없다면, "성"이 무엇을 의미하는지 그것이 어디까지, 어떤 측면에서 인간에게 적용되는지 이해하려는 노력이 필요하다. 실재적이면서도 비판적인 이 이중의 기획을 우리는 '대안자연주의'라고 부른다.

3.

여성이 곧 암컷은 아니다

전통적인 자연주의에 따르면, 여성/남성은 암컷/수컷의 특수한 형태에 불과하다. 이와 반대로 반자연주의는 자연이 모든 인간 행위와 분리된 상태에서 여성과 남성 범주를 형성한다고 확실히 말할 수 없으므로 "여성"도 "남성"도 "자연적인" 범주가 아니라는 점을 상기시킨다. 대안자연주의는 자연주의적 접근의 정당성을 인정하면서도 반자연주의의 전제(여성/남성과 암컷/수컷 쌍 사이에는 구별이 필요하다)를 받아들이며, 인간과 비인간 생명체 다수가 공유하는 공통 토대로서 시원적 성을 고려하도록 한다. 달리 말해 자연주의가 인간적인 것과 생물학적인 것 사이에서 명백한 상응관계나 관련을 발견하고, 반자연주의가 여러 질서 사이의 불연속성과 분명한 분리를 주장한다면, 대안자연주의는 생물학에서 수컷과 암컷이 무엇을 의미하는지에 대해 비결정성을 드러낸다.

여성/남성 쌍은 결코 암컷/수컷이나 여성성/남성성과 동등하지 않다. 이 세 가지 이분법은 외적으로는 대응하는 것처럼 보임에도 그렇다. 성/젠더 구별의 범위 내에서 암컷/수컷 쌍은 성을 구현하고, 여성성/남성성은 젠더를 나타낸다고 말할 수 있을 것이다. 반면 여성/남성 쌍의 지위는 불확실하다. 그것은 성과 젠더의 연결점이나 접점에 있는 것과 같으며 젠더는 성을 따르게 된다.

그래서 불안함이 페미니즘에 스며든다. "여성들"의 이름으로 싸운다고 할 때 과연 그 "여성들"은 누구일까? 생물학적 성 범주로 형성된, 사실상 공동체일까? 많은 페미니스트는 이 용이한 답을 거부하고 여성 없는 페미니즘을 제시했다. 일반적으로 "여성들"이라고 하면 자연적인 산물이 아니라 이미 역사의 산물로서, 즉 변화할 수 있고 철회 가능한 구성물을 뜻할 것이다. 여성은 영속적인 여성성의 구현이 아니듯이 암컷도 아니다. "여성들"은 정치적 장에서 하나의 지위를 가리키며, 여성화된다는 것은 종속되고 지배받으며 분열되는 것이다.

이런 차원에서 생물학은 몇몇 큰 잘못으로 비판을 받는다. 추상적인 육체에 뿌리를 두고 있는 남성중심주의와 이성애주의는 수컷과 이성애를 과학의 중심에 놓으며, 세계를 둘로 구분하는 양분화에 사로잡혀 있다는 것이다. 이런 상황에서 또 다른 생물학이 가능할까? 암컷/수컷 범주를 적용하지 않는 생물학 또는 최소한 잠시라도 여성과 남성이라는 인간을 생각하지 않는 생물학이 가능할까?

1972년에 나사NASA는 외계인들에게 메시지를 보내 우리 인류의 존재를 알리기로 결정했다.[1] 그런데 성이 없을 수도 있을 미지의 지적 생명체에게 메시지를 보낼 때는 인간을 어떻게 나타내야 할까? 우주에 보낼 금속판에는 인류의 두 표본인 남성과 여성을 그려넣기로 했는데 마치 고전 회화나 자연사 개론에서 재현한 아담과 이브의 모습과 같았다. 인류의 이 두 표본은 물론 코카서스 인종이며 완전히 동등한 관계에 있지는 않다. 남자는 외계의 지적 존재에게 인사를 하고, 여자는 조금 물러난 상태로 있다. 이 두 개체의 관계는 정해지지 않은 채(**과연** 성관계를 가진 커플일까?) 하나의 단일한 생명체로 간주될까 염려되어 손은 잡지 않고 있다. 그들이 공생관계에 있는 하나의 단일체가 아니라 두 개의 개체라는 점을 반드시 알려야 했기 때문이다. 두 사람은 수염이 없고, 가슴 위의 작은 두 점은 유방을 나타내는데, 이는 유모목有毛目이 아니라 포유류라는 점을 상기시킨다.[2] 머리에는 가르마가 잘 나뉘어져 있다. 남녀는 대칭을 이루지 않는다. 정면을 향하고 있는 남자는 단단하지 않지만 분명히 구분되는 성기를 갖고 있다. 비스듬한 자세로 서 있는 여자에게서는 뚜렷하게 구별되지 않는 (마치 인형의 것 같은) 회음부가 보인다. 마치 풍만한 가슴, 커다란 엉덩이 그리고 긴 머리카락만 있으면 그녀를 성별화된 존재로 만드는 데 충분한 것 같다.[3] 세부 사항은 중요하며 우리는 둘 사이의 불균형에 대해 끝없이 얘기할 수도 있을 것이다. 우주에 보낸 말 못하는 이브는 롤링 스톤스의 〈난 만족할 수 없어I Can't get No Satisfaction〉를 콧노래로 활기차게 부를지도 모르지만[4] 그녀가 은하계의 상대에게 더 확실히 전해주는 메시지는 브리짓 퐁텐느(1966)의 오래된 노래 가사 내용일 것이다.

> 난 여자예요 / 마치 인간이라도 되는 것처럼 / 코와 두 발을 가진 건 / 방향을 잃지 않게 하기 위한 거죠 / 두 눈과 두 손을 가진 건 / 그저 눈속임을 위한 거죠 / 남자가 낯설어하지 않게 하기 위한 거죠 / 너무 잘 만들어져서 / 거의 속을 정도죠 / …… 친숙한 괴물이라고 / 시인은 시를 써요 / 그렇게 말할 수도 있겠죠 / 내게 부족한 건 / 말뿐이라고

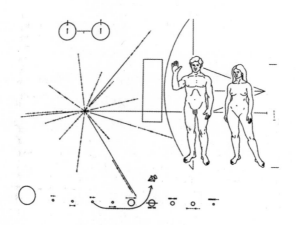

1972년 나사는 외계인들에게 메시지를 보내기로 결정하고, 파이오니어 탐사선에 인류의 두 표본인 남성과 여성을 재현한 금속판을 실었다. ⓒ NASA

아이러니하게도 〈갈비뼈La Côtelette〉라는 제목의 이 노래는 성서에 나오는 이브의 창조 이야기를 다루는데, 남녀 사이의 닮음을 강조하면서 인간을 두 부류로 양분함으로써 초래할 수 있는 오해를 살핀다. 겉으로 보기에는 개개인 모두 인류 전체를 나타낼 수 있는 것 같다. 그러나 우주에서조차 인류에 대해 이야기하기 위해서는 남성과 여성이 필요하다. 고립된 로빈슨 크루소와 같은 단 하나의 개인은 완전한 인간이 아니기 때문이다. "여성"과 "남성"이라는 두 범주는 서로 대응하며, 둘 사이의 균형은 순전히 가상의 것에 불과하다. 성서에 대한 일반적인 해석에 따르면 문화적으로 여자는 남자의 갈비뼈에 불과하다고 본다. 그러나 성서 텍스트에는 해석의 여지가 많이 있다. 특히 헤브루어 첼라tséla는 갈비뼈를 뜻할까, 아니면 그저 한쪽을 뜻할까? 갈비뼈 이야기는 성차와 남성에 대한 여성의 순종을 말하는 것일까? 아니면 동일한 기원에서 나와 동일한 실질에서 만들어진, 여성과 남성의 공통된 정체성을 이야기하는 것일까?[5]

아담의 갈비뼈에서 외계의 지적 존재에게 보내는 메시지까지, 성차에 관한 이야기의 단서는 **표면적인** 것에 불과한 여성과 남성 사이의 대칭에 있다. 그 이분법으로 인해 인류의 두 개의 성에는 신체 구조의 동류성에 의해 확고해지는 유사성의 환상이 만들어진다(모든 종에서 그렇지는 않다). 그러나 그 이상으로, 성의 양자택일에서 하나는 무표성을 나타내고, 다른 하나는 추가된 표지가 된다. 하나는 자연, 총체성, 보편성, 남성을, 다른 하나는 기교, 부분, 특이성, 여성을 구현한다. 달리 말해 하나의 항(암컷)은 참된 것, 좋은 것, 순수한 것을 구성하는 다른 항(수컷)의 외양, 환상, 오염, 감염으로 간주된다. 암컷/수컷 범주의 역사성을 보면 범주화에서는 이미 그와 같은 재현이 이루어지고 있다고 생각하게 된다.

따라서 생물학적 성에 대한 첫 번째 물음은 암컷/수컷의 정의와 관련된다. 두 번째는 암컷과 수컷이라는 생물학적 개념의 존재를 인정한다면, 그것은 우리를 어떤 길로 이끌고 가는가이다. 일단 "성"의 존재가 인정되면, 그것은 어디까지 적용될 수 있는가? 누군가는 외관상 생식기를 관찰하는 것으로 그칠 수 있다. 다른 사람들은 생식기는 개의치 않고 염색체를 관찰할 것이다. 모로 드 라 사르트Moreau de la Sarthe*라는 의사가 《여성의 자연사Histoire naturelle de la femme》(1803)에서 한 말을 따르자면, 여성의 근육질, 기질, 소화 작용, 성격 등 여성 전체가 "성"이다. 자궁뿐만 아니라 골학(뼈 과학), 근육학(근육 과학) 그리고 체육, 수학, 음악, 교육학도 부인과학의 대상이 된다.

젠더 연구는 사회를 넓은 관점으로 보면서 성 문제를 바라보는 방식에 다소 상대성을 도입했다. 그리고 여러 층위를 분리해서 고찰

---

*   1771~1826. 프랑스 의사이자 천문학자.

할 수 있게 했다. 따라서 생물학은 수컷과 암컷에 대해 말하고, 인간 종의 경우에는 여성과 남성에 대해 얘기한다. 이 용어들은 유의어가 아니다. 외양과는 달리 수사자와 암사자, 수탉과 암탉, 수캐와 암캐가 각각의 종에서 수컷과 암컷이 되는 것과 같은 의미에서, 인간 종에서 남성이 수컷이 되고, 여성이 암컷이 되는 것은 아니다. 그래서 미스 우아-우아 가족의 예는 혼란을 일으키지만 수탉/암탉과 마찬가지로 수캐/암캐도 아빠/엄마의 유의어는 아니다.

수컷	암컷	성
남성	**여성**	**?**
남성성	여성성	젠더

이제 이 점에 대해 명확하게 밝혀야 한다.

여성이란 누구인가?

페미니즘은 비역사적 생물학적 실재로 주어진 여성-암컷에 맞서서, "미리 결정된" 성이나 해부학적 구조에 맞서서 반자연주의의 깃발을 흔들어대면서 여성은 암컷이 아니며 역사의 산물일 뿐이라고 말한다. 강제적인 상태 의무devoir-être로 변한 생물학의 권력에 맞서 페미니즘은 반생물학주의를 내세울 수 있었다. 시몬 드 보부아르Simone de Beauvoir, 모니크 비티그Monique Wittig, 주디스 버틀러, 슐라미스 파이어스톤Shulamith Firestone은 다양한 형태의 반자연주의를 제시한다. 이 페미니스트 사상가들은 마르크스주의의 유산을 공유하고 있다고 볼 수 있다. 이전 학자들이 사회적 불평등에 대해 도덕론을 전개했던 데 반해 마르크스는 사회사에서 작동하는 역학을 분석함으로써 불평등이 어떻게 초래되는지 보여주었다는 의미에서 그렇다. 초기 페미니스트들은 성차를 주어진 조건으로 보고, "도덕적인 것으로 만들어야" 하는 것으로 봄으로써 덜 명백하고, 덜 부당한 것이 되도록 애쓰려 했다는 점에서 잘못을 저질렀을지도 모른다. 이제 페미니스트들은 성차와 그로 인해 일어나는 불평등이 하나의 역사를 가진다고 간주한다. 이제 그들에게 영향을 미칠 수 있기를 기대하며 그 역학을 분석해야 할 것이다.

보부아르는 유명한 구절에서 이 점을 멋지게 요약해 말했다. "여성으로 태어나는 것이 아니라 여성으로 만들어지는 것이다." 이 구절의 첫 부분은 부정문으로서 여성/남성은 태어날 때부터 주어지는 것이 아니라고 말한다. 그것은 역사의 산물이다. 아이는 자라면서 여성이나 남성이 **된다**. 그리고 각기 다른 의미를 갖는다. 물론 젖먹이는 성인이 아니므로 여성이나 남성의 특성을 획득해야 한다. 인체가 성장해가는 생물학적 시간은 개체의 역사 속에 생성을 도입한다. 출생이 개체발생의 전부는 아니며, 인간은 장래의 모습으로 변해가야 한다. 게다가 인간이 존재하는 동안에는 일련의 생물학적 사건이 돌발적으로 일어나며, 그 사건들은 사회적 해석 대상이 된다. 이 생물학적 사건은 아이의 숙명으로 바뀌는 기호로 가득 차 있다. 따라서 여자아이의 첫 월경은 결코 전적으로 생물학적인 사건이 아니라 사회 전체가 소환되는 사회적 사건이다. 보부아르가 무언의 사회라고 기술했던 사회에서 여자아이는 월경을 하면서 수치심이나 아픔을 깨닫게 되었던 데 반해 오늘날에는 생리대와 탐폰 광고가 이 월경이라는 사건에 대해 어떻게 사회적 정의를 내리고, 심각하게 여기지 않게 하거나 적어도 (영리주의적인) 정보를 제공하는지를 보게 된다. 인간 사회에서 성은 결코 순수하지 않으며, 항상 젠더에 대한 고려와 관련되어 있다. 즉 여자아이와 남자아이, 여성과 남성이 되는 것 또는 그렇게 되어야 하는 것, 그렇게 살아가거나 행동하기에 적절한 방식에 영향을 미치는 사회적 표상과 관련되어 있다. "여성으로 태어나는 것이 아니다." 이 말은 여성을 자연에서 끌어내고 여성들과 "여성La Femme" 사이에 차이를 도입하며, "여성"이라는 개념의 표면적 명증성을 문제 삼는다. 엘리자베트 바댕테르Élisabeth Badinter*는 그 표현에 여성성 대신 남성성을 적용함으로써 "남성으로 태어나는 것이 아니라 만들어지는 것이다"라고 말한 바 있다.[6]

이 점은 "레즈비언은 여성이 아니다"[7]라고 표명한 모니크 비티그**의 말에서 더 강력하게 드러났다. 일상적인 정의에서 "레즈비언"이라는 표현은 여성을 사랑하는 여성을 지칭한다. 그런데 왜 그는 레즈비언이 여성이 아니라고 선언했을까? 비티그는 신체 구조에서 얻은 가르침을 분명하게 거부한다. 그의 소설 《게릴라 여전사들Les Guérillères》에서는 제유법의 논리를 거부하면서 "그녀들은 자신들의 육체를 전체로서 이해한다고 말한다. 과거에 금기 대상이었다고 해서 그 육체 일부를 중시하지는 않는다고 말한다".[8] 그렇기 때문에 성(성기)을 따로 떼어내어 개체를 지칭하는 것은 함정이다. 비티그의 "게릴라 여전사들"은 육체를 성기에 고착하지 않고 전체로서 고려해야 한다고 주장한다. 그 책에는 육체가 존재한다. 우선 비티그가 "그녀들"과 "그들"을 끊임없이 구별하기 때문이고, 다음으로 여성의 생식 기관에만 에로틱한 행위가 부여되기 때문이다.[9] 레즈비언은 여성이 아니라는 비티그의 역설적이고도 도발적인 주장은 신체 구조에 대한

---

*   1944~ . 프랑스의 철학자이자 작가. 《남과 여》, 《만들어진 모성》 등을 썼다.

** 1935~2003. 프랑스의 작가이자 페미니스트 이론가. 《오포포낙스》, 《레즈비언의 몸》 등을 썼다.

정치적 해석과 관계가 있다. "여성"이 생물학적 실재가 아니라 억압적인 체계의 한 부분이라면, "여성"은 의무적인 이성애와 가부장제적 지배의 도식에 속하는 노예의 이름에 불과하므로 "레즈비언은 여성이 아니라" 그저 레즈비언이며, "여성"으로 기술되지 않으려 한다. 이처럼 비티그에게는 인류의 생물학적 실재는 구성의 산물이라는 생각이 보인다. "구성"이라는 단어는 많이 변질되어 종종 다른 것을 돋보이게 하는 데 사용되곤 하지만, 그 단어를 통해 문제의 범주가 "자연적"이지도 "영속적"이지도 않지만 재구축에 열려 있을 거라는 의혹을 강조하려 한다. 이 차원에서 "여성"과 "남성"에 대해 말하는 것은 정당하다. 그것은 그저 생물학적 소여가 아니라 문화적 산물이며, 경제적, 사회적 범주이며, 무엇보다도 정치적 범주이다. 보부아르의 《제2의 성》에 대해 쓴 글[10]에서, 비티그는 "자연"이나 "생물학적인 것"이 받아들여야 하거나 넘어서야 할 기본을 구성한다는 생각은 근본적인 잘못으로서, 반드시 그런 생각에서 벗어나야 한다고 보았다. 예를 들어 재생산은 자연적인 소여가 아니라 "강요된 생산" 체계로서 국가적 계획의 대상이 될 수 있다.[11] 육체는 우리가 "자연적"이라고 부르고 모든 억압과 무관하게 존재한다고 가정할 정도로 왜곡되었지만 실제로는 이러한 억압의 결과이다. 여성의 육체가 지배적인 가부장제 체제에 의해 훼손되었거나 절단되었다는 것이 아니라 (어떤 자연이 아닌) 가부장제가 여성과 남성을 실질적으로 **만들어냈거나 형성했다**는 것이다. 따라서 "여성"이라는 범주는 전혀 자연적인 원리가 아니라 정치적 창조물이다. 그리고 "남성" 범주도 마찬가지다.

주디스 버틀러도 육체의 담론적 구성을 강조했다. 그는 성차를, 선험적으로 반드시 고려해야 하는 생물학적인 것이 아니라 언어 행위의 산물로서 매우 치밀하게 결집된 권력의 압축과 긴장이 일어나는 장소로 간주한다. 《젠더 트러블》의 주장은 기존에 제시된 성과 젠더 관계를 재배치함으로써 큰 충격을 주었다. 그리고 몸의 문제를 소홀히 했다는 이유로 많은 비판을 받았는데, 버틀러는 이에 대한 자신의 입장을 《의미를 체현하는 육체Bodies that matter》에서 명확하게 밝혔다. 그가 자유나 과도한 자기 발견을 추구하는 철학자가 아니라는 점을 이해하는 것이 중요하다. 그가 "수행성"을 준거로 삼은 것은 날마다 원하는 것을 자유롭게 구현할 수 있다는 의미가 아니다. 반대로 그는 사회적 장치가 반복과 재반복을 통해 주체성을 생산하는 기계라는 점을 강조한다.[12] 매일 우리는 어떠해야 하고, 어떻게 보여야 하는지 지시를 받는다. 따라서 규범 체계는 유동적인 관념성이 아니라 일상의 실천(의복, 머리 모양, 언어)을 통해 육체, "살"의 물질성에 새겨진다. 이런 이유로 생물학적, 신체적 토대는 권력의 매우 구체적인 실천이 결합된다는 점에서 버틀러의 관심을 불러일으킨다. 그는 성이 수많은 권력 형태를 야기하고 구체화하는 한 그것은 잊어버리자고 한다. "성"이라는 용어에 인용부호를 일관적으로 사용하는 것은 생물학적 실재의 중단을 문체적으로 나타내는 방식으로서, 부정이 아니라 괄호 안에 넣기 또는 에포케épochè라고 할 수 있다. 다시 말하자면 "성"이 무엇을 지칭하든 (염색체, 호르몬, 성기 등) 중요하지 않다는 것이다. 해방적 실천을 품은 버틀러의 접근법은 실천에 이론적 지위와 국제적 반향을 부여했다. 그는 트랜스섹슈얼리티, 인터섹슈얼리티, 노동의 성별 분화 현상에 관한 문제가 사회에서 해결해야 할 사회적, 정치적 문제라는 점과 그 문제에 대해서는 어떤 "자연"이든 고려할 필요가 없다는 점을 보여준다. 그러나 그 입장에는 생물학적 성의 문제가 빠져 있다는 점에 주의할 필요가 있다. 버틀러가 인간의 성별화된 육체를 생명정치학적 관점에서 분석한 것이 전적으로 옳은 일이었다고 하더라도 여전히 생물학이 할 일이 있다. 그의 생각은 사회를 이해하는 데 매우 중요하지만, 생물학을 직시할 수 없게 한다.

파이어스톤의 경우에는 반생물학주의가 혁명적 페미니즘으로 나아가게 된다. 1970년에 발표된 그의 책 《성의 변증법The Dialectic of Sex》에서는 유물론과 마르크스주의 이론을 통해 생식관계와 아이 양육 제도에서 일어나는 성의 종속관계를 설명한다.[13] 그는 기술의 해방적 힘을 믿는다는 점에서 "과학기술을 숭배하는" 급진적 페미니즘의 경향을 나타내며 독창적인 방법과 인간의 노동에 의지해 자연에서 근본적으로 벗어날 것을 제안한다. 그에 따르면 성차는 원인이나 기원이 무엇이든 간에 불평등한 사회질서를 만들어낸다. 이 첫 번째 확인 사실에 입각해 그는 토대가 무엇이든 성의 구분을 인정한 다음, 과거보다는 미래에 기대를 걸고 현 상태에서 벗어나려 한다. 변증법적 차원에서 자연으로부터 벗어나 과학기술적 미래로 향할 것을 제안한다. 미래 사회에서 생식 기능은 더 이상 여성의 육체에 연결되어 있는 것이 아니라 기계에 (왜 안 되겠는가?) 넘겨진다. 여성의 육체는 생식의 의무에서 해방되어야 하며, 바로 거기에 여성의 평등과 해방으로 가는 길이 있다. 따라서 파이어스톤은 성에 따른 노동 분업을 끝내기 위해 피임과 자궁외임신 기술을 권장한다. 인간의 삶은 계속되어야 한다. 다시 말해 인간의 삶은 자연의 지배에서 해방되어야 한다. 그의 반생물학적 주장은 충격적인데, "여성"이 억압적 역사의 산물이라면 일반적으로 여성에게 "자연스럽게" 부여하는 특징들에 집착할 이유가 전혀 없다는 것이다. 특히 모성과 여성의 임신은 미래에는 없애버릴 수 있는 인간 역사의 우연성일 뿐이라고 주장한다. 그리고 그 과정에서 여성으로서 갖는 의미를 잃게 된다 해도 유감스럽지만 어쩔 수 없으며, 인류는 문화적인 종으로서 자연의 모든 개념에서 분리된 채 문화적으로 정의되어야 한다고 본다. 이 이론은 급진적 페미니즘 내부에서 많은 비판을 불러일으켰다. 특히 기술은 일반적으로 수컷과 권력을 가진 수컷 정치의 전유물이고 오염, 낭비, 죽음을 발생시키는 산업자본주의 체계라는 실제적인 해석이 제기되었다. 게다가 기술은 대체로 여성 해방보다는 여성 억압을 위해 사용되는 것이 사실이다. 그러나 파이어스톤은 "여성"이라는 표현까지도 포기할 수 있다고 본다. 그것은 생물학적 실재(인간 암컷)가 아니라 역사와 억압의 산물을 가리키기 때문이다.

해러웨이의 제안에 따르면 "여성"이 아니라 "여성화된 존재"나 "사이보그"라고 말할 것이다. 이는 "극도로 취약해진 존재, 분해되었다가 다시 조립되어 예비 노동력으로 사용될 수 있는 존재, 노동자라기보다는 노예로 지각되는 존재, 제한 노동시간이라는 개념 자체를 조롱하듯 마냥 늘어난 노동시간을 따라야 하는 존재, 항상 음란함, 부적합함, 성으로 단순화될 수 있는 한계 속에서 살아가는 존재"[14]라는 뜻이다. 따라서 페미니즘은 젠더에 관계없이 성차별주의 억압을 받는 피해자 전체를 포괄하기 위해 "여성들"만 옹호하는 투쟁의 범위를 넘어서게 된다.

가부장적인 생물학에 대처하는 방법

생물학은 우리를 편향되게 만든다. 가부장적인 생물학은 **남성중심주의**와 **이성애주의**에 빠져 있는데, 이 두 병폐는 치료되어야 하며 그렇지 않을 경우 여성에 대해 말할 때 결함을 가질 수밖에 없다. 이 문제는 다른 장에서 인종 문제와 비교해볼 것이다(9장 참고).

남성중심주의androcentrisme는 첫 번째 반생물학적 논거이다. 생물학적 성 문제에 관해서는, 인간 수컷들이 그들 자신을 위해 도처에서 편파적인 관점을 채택하고 실시했다는 의혹이 있다. 그들은 이 관점에서 온갖 이익을 얻는데, 최우선에는 인간 암컷들에 대한 지배와 (정치적, 경제적, 성적, 사회적, 가정적) 착취가 존재한다. 이 남성중심주의는 "여성들"로 범주화된 개인의 예속을 단언한다. 가부장적 지배와 남성중심적 체제의 제도는 지구 전체에서, 알려져 있는 거의 대부분의 인간 사회에서 생겨났다. 언어조차 완전히 감염되어 있을 것이다. 가부장적 지배의 도구로서 언어는 "남성중심적 언어androlecte"[15]를 만들어냈다.

생물학에 대한 두 번째 비난은 성차가 아니라 섹슈얼리티의 폭에 관련된 것이다. 이성애가 일반적으로 성생물학이 인정하는 유일한 섹슈얼리티라는 것을 **이성애주의**라고 부른다. 이성애주의 시각에서 동성애는 자연적인 가능성이 아니다. 자연에 동성애가 존재한다고 해도 그것은 항상 우연에 의한 것(성적 파트너를 잘못 인식한 것)이거나 성비가 비정상적으로 불균형 상태에 있기 때문이라고 본다. 성비는 수컷 성을 지닌 개체의 수와 암컷 성을 지닌 개체의 수 사이의 비율을 가리킨다. 자연적인 개체군의 성비는 일반적으로 균형 상태(두 성이 각각 50퍼센트)에 있으리라고 여긴다. 이성애주의에서는 모든 섹슈얼리티가 이성애적이고 생식 가능성을 가지고 있으며, 나머지 경우는 무시할 만한 것이라고 가정한다.

가부장적인 생물학에 대처하기 위해 대비적인 요소를 체계적으로 제시하면서 여성중심적이고 모계적이거나 동성애주의적인 "반생물학"을 제기해볼 수 있다. 성차별주의적인 자연주의와 평등주의적인 자연주의를 대비시키는 것이다.[16] 그리고 다산성, 출산 능력과 연결되어 있는 여신의 영향력과 같이, 여성적인 자연을 찬양하는 새로운 자연주의적 페미니즘을 시도한다.[17] 반생물학은 자연에 대해 미화된 시각을 만들어내려 한다. 남성중심주의에는 여성 지배 체제적인 자연의 묘사로 대응하고, 이성애주의에 대해서는 동성애적 자연 상태의 다양한 발현을 그려냄으로써 맞선다. 이 반생물학은 대비적인 요소를 제시하는 것을 소명으로 삼는다. 용어에는 용어로 대응하고, 관찰에는 관찰을 대립시키면서 이른바 "똑같은 방식으로" 대응한다.

가부장적인 생물학을 당황하게 만드는 또 다른 방법은 젠더리즘 (성-상관주의)에 호소하는 것이다. 정치적 장치로서의 가부장적인 생물학을 규탄하며 성생물학이 동참해 억압했던 여성, 동성애자, 트랜스섹슈얼, 인터섹스를 보호해야 한다. 이는 남성중심주의와 이성애주의 그리고 그것이 야기한 필연적인 편견에 대항해 젠더리즘이 벌이는 싸움이다. 성-상관주의는 비판적인 부분에서 매우 타당하고, 유익하며, 절박하기까지 하며, 이분법화에 맞선 투쟁이라는 특별한 형태를 취했다.

왜 모든 종을 암컷과 수컷으로만 구분할까?

이분법화는 자연을 둘로 구분하는 폐단을 가리킨다. 왜 인류를 비롯한 모든 종은 개체들을 암컷과 수컷으로 각각 분류할까? 어느 쪽에도 포함되지 않는 성은 모두 기형과 비정상성을 부여받은 채 제외되거나 비상식적이며 중간적 삶을 살게 된다. 생식기에서 성의 구분이 분명히 드러나지 않는 인터섹스는 이분화와 연관된 쟁점의 핵심에 놓여 있다. 마찬가지로 트랜스젠더도 오랫동안 이분화의 논리에 순응해야 했다. 트랜스젠더는 "젠더 불쾌감"이라는 논리에서 그들의 해부학적 성과 정신적 성 사이의 불일치를 밝혀야 했고, 순응하게 하거나 일치시키도록 요구함으로써 해부학적 성과 정신적 성이 마침내 "조화되도록" 하는 담론만이 지지될 수 있었다. 어떤 면에서는 동성애자 역시 이분법화에 편입하게 되었다. 겉으로 보기에 그들은 이분법화를 강화시킨다. 그들은 자신들과 같은 성을 찾으므로 이분법화를 길잡이로 사용하기 때문이다. 그러나 적어도 두 가지 방식으로 그 토대를 뒤흔든다고 볼 수 있다. 당연한 귀결로 제시되는 필연적 이성애에서 이분법화를 제거해버리고, 이분법화의 구성 요소인 여성적인 것과 남성적인 것의 범주를 전복시키기 때문이다.

여기서 우리는 성-상관주의가 이분법화를 공격하면서 다소 지나치지는 않은지 질문을 던지고자 한다. 다시 말해 생물학적 성의 개념화와 관련 있고, 남성중심주의와 이성애주의, 생물학적 현상의 복잡성에도 연관된 명백한 문제가 있다고 해서 모든 이분법화의 가치를 떨어뜨리는 것은 아니다. 시원적 성이 이원적일 수도 있을 것이다. 어떤 의미에서 그럴 수 있는지 살펴볼 필요가 있다.

여기서 '대안자연주의'라는 이름으로 규정되는 불가능한 이중의 임무가 나타난다. 1. 생물학적 편견을 분쇄하기, 젠더적 편견이 생물학적 성 담론에 영향을 주는 방식을 지적하기. 2. 대안생물학, 즉 생물학을 미스 우아-우아 가족에게서 보이는 고정관념으로 단순화하지 않고 자연적 다양성을 고려하는 생물학의 기반을 적극적으로 확립하기.

따라서 대안자연주의는 생물학의 이분법화, 남성중심주의, 이성애주의에 대해 철저한 비판을 전개하지만, 그렇다고 해서 모든 것이 사회적이라는 성적 상대주의(젠더리즘)에 빠지지는 않는다. 가령 인간은 생물학적으로 **고정**되어 있다는 생각을 지닌 채로, 개체는 재생산하도록 프로그램되어 있다고 주장하는 재생산적 목적론에는 이의를 제기할 수 있다.

페미니스트 안드레아 드워킨Andrea Dworkin은 1974년에 출간한 책에서 혁명을 목표로 내세우며, 새로운 생물학에 준거해 이른바 "전통적인" 생물학의 성과를 넘어서기 위한 비판을 전개한다. "전통적인" 생물학에서는 남성과 여성이라는 각기 다른 성이 존재하고, 생물학적으로 구별되고 이산적인 두 개의 성이 존재하며 그로부터 두 개의 구별되고 이산적인 인간 행동이 존재한다고 주장한다. 이 조건을 출발점으로 받아들인다면, 페미니즘의 정치적 목표는 성 역할의 자유화나 유연화가 되겠지만 성 역할을 완전히 새롭게 재규정하는 것을 정당화할 수는 없을 것이다.[18] 반대로 그에게 새로운 생물학이란 성의 생물학적 존재 토대를 전복시키는 것이다. 호르몬, 염색체 또는 남성적 정체성, 여성적 정체성의 형성에 관한 연구에서 얻은 정보는 전통적인 "성차"의 생물학 대신 "성의 유사성"의 생물학을 위한 논증에 사용된다. 이 새로운 생물학은 하나의 성이 다른 성의 갈비뼈에서 나왔다고 하면서 양성을 대립시키는 것을 거부한다. 따라서 우리는 두 개의 분리된 성이 있다고 보는 존재론의 눈가리개를 벗고 눈을 크게 뜬 채 인터섹스 현상이 널리 퍼져 있다는 사실을 발견해야 한다. "단하나의 성만이 아니라 다수의 성이 존재한다는 것이다."[19] 드워킨은 "문화적 선택 과정"을 언급하면서 그 과정의 끝에서 "정상을 벗어난 체형과 인터섹스의 특징은 체계적으로 제거된다"[20]고 말한다. 인간종은 명백히 "다성multisexe"이고, "[다성의] 섹슈얼리티는 유동적인 거대한 연속체를 통해 확장되며, 남성의 요소, 여성의 요소는 분리되어 있는 실체가 아니다"[21]라고 본다. 따라서 생물학 전체를 거부하는 것이 아니라 양성이 아닌 다성을 다룸으로써 인터섹슈얼리티의 존재에 근거하는 새로운 생물학을 통해, 양극을 이루는 이산적 개체로서의 성에서 벗어날 수 있을 것이다. 앞으로 이러한 주장의 타당성과 한계를 평가해볼 것이다.

3. 여성이 곧 암컷은 아니다

Ⅱ.   성의 미로

4.

성에 대해 말한다는 것은
무엇에 대해 말하는 것인가?

　　"성"이라는 말은 표면적으로는 명료하고 단순하며 통일적인 것으로 보이지만, 사전에서, 의학적 관점에서, 생물학 개론서에서 대체로 다루는 바에 따르면 실제로는 매우 복잡하게 얽힌 의미를 포함하고 있다. 이 단어에서는 점진적인 의미 변화가 끊임없이 일어나면서 불협화음을 불러일으킨다. 사전학자가 정의하는 성 또는 의사가 인간에 대해 뜻하는 성은 생물학자가 연구하는 성과는 관계가 멀다. 이와 같이 성에는 폭넓은 의미가 있어 많은 혼동을 불러일으킨다. 특히 생식세포를 생산하는 유형과 식물이나 균류에 존재하는 생식 유형 (교배형) 사이에는 큰 차이가 존재한다.

　　의학적 전문지식에 근거한 젠더 연구는 개별적인 인간의 성은 항상 단일하게 해석될 수는 없는 열 개의 층으로 포개져 있다는 사실을 중요하게 여긴다. 스포츠계의 성별 검사에 관한 토론은 이와 관련해 적절한 예를 제공한다. 한 개체의 성을 형성하는 다양한 구성 요소를 통해 (염색체, 생식선, 호르몬, 회음부 등) 다원적인 해석을 내릴 수 있다는 것이다. 이 분석은 우리 사회의 정치적 구성에 중요한 의미를 갖는데, 암컷/

수컷이라는 엄격한 이원주의에서 벗어나는 많은 개체를 보여주면서 "여성"이나 "남성"이 무엇인가에 대한 기존의 정의를 문제 삼는다. 그렇지만 이 분석은 생식세포 중심의 성생물학적 정의, 즉 현재 우리의 인식 상태인 이원적 정의에는 조응하지 않는다.

"두 개의 성"이 있다는 말은 정확히 무엇에 대해 얘기하는 것일까? 어느 정도의 범위에서 또는 어떤 의미에서 그런 주장이 참이나 거짓이라고 말할 수 있을까? 생물학에서는 다음과 같은 질문을 제기했다. 세 개의 성이 있는 세계가 가능할까? 차라리 다섯 개의 성이 있다고 봐야 하지 않을까? 더 일반적으로 "성"이란 단어는 무엇을 의미할까? 성의 수를 헤아리기 위해서는 이 단어가 뜻하는 바를 알아야 한다. 그러므로 우리는 웅성거리는 여러 정의에 맞서야 할 것이다. 이제 인류에게 존재하는 성의 여섯 개의 의미, 개별적 성의 열 개 구성요소, 생물학이 "성"으로 지칭하는 일곱 개의 과정 또는 실체를 차례로 검토해볼 것이다.

성기에 대한 극도의 집착

《그랑 로베르 사전Grand Robert de la langue française》(1992)에 따르면, 어원론적으로 "성sexe"의 의미는 구분, 구별을 뜻하는 라틴어 섹투스sectus에서 왔다. 따라서 성은 무엇보다도 분할을 의미한다. 어떤 면에서 플라톤의 《향연》에서 아리스토파네스가 이야기하는 신화는 "분할"을 단어 본래의 의미로 취한다고 볼 수 있다. 즉 두 개의 몸으로 이루어

〈표1〉. 그랑 로베르 사전에서 구별한 인간의 "성"의 여섯 가지 의미

1.1. 생식에서 각각 정해진 역할을 부여하고, 차별화된 특성(제1차 성징, 제
    2차 성징)을 부여함으로써 남성과 여성을 구별하는 특정한 신체 형태.
1.2. 한 부류에 속한다는 사실(남성 부류, 여성 부류).
1.3. 남성 또는 여성 집합.
1.4. 여성 집합(여성).
1.5. 섹슈얼리티.
1.6. 성기 또는 성적 부위.

진 인간이 분할되었다고 보는 것이다. 그렇지만 이 신화에서 두 개의 몸으로 이루어진 존재에서 여러 유형의 인간을 정의할 수 있게 하는 한 성은 분열 이전에 존재하는 것이라고 볼 수 있다. 이원론적 세계에서 성은 인간들 사이에 "큰 단절"을 만들었고 외계의 지적 존재들에게 메시지를 보낼 때조차 이 성의 이원성을 동판에 꼭 새기고 싶어 했다.

사전에서는 종의 거대한 분할을 어떻게 기술하고 있을까? 사전적 성의 구별은 시사하는 바가 많다. 그랑 로베르 사전의 "성" 항목은 길이가 다른 두 단락으로 구분되어 있는데, 첫 번째는 "인간의" 성을 매우 상세하게 설명하고, 두 번째는 하위 구분 없이 "생물학적" 성을 다룬다. 두 경우에서 "성"은 생식에서 맡는 역할에 따라 수컷과 암컷으로 구별하는 방식을 가리킨다. 사전에서 인간의 성은 여섯 개의 의미 층위로 구별된다(〈표1〉).

단어의 미묘한 의미 차이는 이따금 파악하기 어렵다. 그만큼 우리의 단어 사용은 혼란스럽다. 생식이 성의 재생산적 목적론을 드러내는 확실한 역할을 한다는 1.1의 의미는 어렵다. 생식은 "차별화된

특성"이라는 언급으로 보완되는데, 이는 제1차 성징과 제2차 성징의 구별을 다시 발견하게 되는 재생산과 반드시 관련되어 있지는 않다. 따라서 1.1의 성은 (신체적) 구조**이고** 역할이다. 해부학적**이고** 정신적이다. 그것은 육체**와** 육체를 사용하는 방식을 내포한다.

"성 평등"에 대해 논할 때는 1.2의 의미로서 여성 또는 남성에 속한다는 사실을 결정짓는 특성에 따른 것이다. 여성이나 남성이 실제로 갖는 이점이 아니라 각각의 성에 고유한 특성, 즉 여성이나 남성이라는 사실로 인해 사회적, 역사적 실재에서 개인적으로나 집단적으로 야기되는 특성에 대해 논하는 것이다. 반대로 "강한 성이나 약한 성" 또는 "제1의 성과 제2의 성"에 대해 말할 때는 1.3의 의미이다. 여기서 "성"은 남성이나 여성으로 구현된 전체 집합이다. 여성은 예술에, 남성은 과학에 기여할 수 있다는 다윈의 비교는 1.3의 의미에서 가능하다.[1] 1.4의 "성이 있는 사람"이라는 의미는 여성을 지칭하는 오래된 표현이다. 1.5의 의미는 섹슈얼리티, 에로티즘, 성적 실천을 가리키는 영어식 표현이다. 1.3의 의미와 1.5의 의미를 교차시킬 때 동성 간 성적 관계("동성애")나 이성 간 성적 관계("이성애")를 말할 수 있다. 1.6의 의미는 성기를 가리킨다.

1.6의 의미가 우리의 사고를 장악하고 있는 만큼 이 여섯 개의 정의가 가리키는 섬세한 의미 차이를 따르는 것은 더욱 중요해진다. 오늘날에는 성기에 대해 극도의 집착을 보이면서 "성"이라는 단어의 일부 용법들을 구식으로 만들어버리고 말았다. 따라서 시인 가브리엘 마리 르구베Gabriel-Marie Legouvé(1764~1812)의 감동적인 호소가 오늘날에는 기이하게 들린다. "그리고 혈육의 정이 망상이 아니라면 / 네가 나온 어머니의 이 성에 무릎을 꿇어라!" 여기서 1.4의 의미는 위태롭지만, 1.2의 의미는 살아남지 못했다. 따라서 에밀 졸라Emile Zola는 《제르미날Germinal》에서 "월요일의 깨끗한 옷을 차려입은 그녀는 체격이

작은 남자처럼 보였다. 가끔 엉덩이를 가볍게 흔들며 걷는 것 말고는 그녀의 성을 보여주는 것은 아무것도 없었다"라고 쓸 수 있었지만, 이 "성"을 1.6의 의미로 이해하는 것은 조소를 불러일으킨다는 점을 사전 편집자들은 잘 의식하고 있었다. 소설의 그 인물은 성기의 의미에서 보자면 자신의 "성"에서 잃은 것이 전혀 없었다. 마찬가지로 앙드레 말로André Malraux가 《희망L'Espoir》에서 "이 여성 투사들의 성은 고려할 수 없었다"라고 썼을 때, 그가 말하는 것은 당연히 그들의 외음부가 아니라 훨씬 더 추상적인 여성의 "성"에 속한 것이다. 발레리 라르보Valéry Larbaud*가 "남자든 여자든 우리 모두 다른 성의 부분을 갖고 있다는 점을 모르는가?"라고 썼을 때 누구에게나 이중적인 성기가 있다고 보는 것은 아니다.

예전에 조르주 브라상Georges Brassens이 노래했듯이 현대사회에서는 누구든 자신의 성기로 요란하게 주의를 끌게 하므로 개체의 성(1.1의 의미)을 결정하는 것은 바로 앞서 말한 성기(1.6의 의미)라고 여기는 경향이 있다. 1.1의 의미가 생식에서의 역할을 참조한다는 사실에서 충분히 보여주지 않았는가? 그런데 사전에서는 1.1과 1.6 사이의 의미론적 혼동을 몰아낸다. "성"이란 단어가 "성기"라는 의미로 사용된 것은 최근의 일(1897년)로서 그전에는 다른 표현을 사용해야 했다. "성"이라고 말할 수 없었으므로 남성의 경우에는 성기, 남근, 고환, 음경, 자지, 쉬브르chibre, 트리크trique, 좁zob** 등으로, 여성의 경우에는 외음부, 음핵, 소음순, 레브르lèvres, 아브리코abricot, 샤가트chagatte, 물moule, 콩con, 크라무이유cramouille 등으로 언급해야 했다. 다른 표현

---

* 1881~1957. 프랑스의 작가, 번역가, 평론가. 저서로 《성 히에로니무스의 가호 아래》, 《페르미나 마르케스》가 있다.

** 프랑스어에서 성기를 지칭하는 속어. 적절한 번역어가 없어서 소리 나는 대로 적었다.

도 많이 있지만 이 정도로 하자. 성기라는 의미가 비교적 최근의 것인 반면에 1.1의 의미는 훨씬 일반적이고 추상적이다. "법적인 성"에 관련되는 것으로서 신분 증명과 관련되며, 한 개체가 "남성"이나 "여성"이라고 말할 때 적용된다. 1.1의 의미에서 개체는 둘 중 하나의 성에 "속한다". 반면 1.6의 의미에서는 개체가 어떤 성을 "갖고 있다"고 말할 수 있다.

다음 두 유형의 인간에서는 의미 변화가 용이하게 일어나게 하면서 성기(1.6의 의미)가 언어와 사고 전체를 점령하게 한다. "두 개의 성을 갖고 있다"고 가정하는 양성구유자androgyne와 "성을 바꾸는" 트랜스섹슈얼transsexuel이다. 그런데 양성구유자는 두 개의 성기를 가지고 있는 것이 아니라 두 성에 속한 특성들을 갖고 있는 것이다. 따라서 보르게세의 수집품으로 루브르 박물관에 있는 유명한 조각상은, 특히 뒤에서 보면 여성적(커다란 둔부, 날씬한 어깨, 곱슬거리는 긴 머리)이라고 여기는 체형을 보이지만, 정면에서는 여성적인 풍만한 가슴과 부드러운 입술 외에 남성의 성기가 보인다. 마찬가지로 트랜스는 성전환 "수술"을 받았을 거라고 바로 상상하게 되지만, 실제로 트랜스가 되는 데 수술이 필요하지는 않다. 트랜스가 된다는 것은 신분증명서의 "성"을 바꾸기를 원하는 것이라고 말할 수는 있지만 어떤 수술이든 감수해야 할 의무를 전제로 하지는 않는다. 게다가 생물학적, 기능적 관점에서 보자면 한 성에서 다른 성으로 바꾸는 것은 어떤 수술도 기술적으로 성공하지 못했다.[2] 오늘날 트랜스가 된다는 것은 트랜스섹슈얼이라기보다는 트랜스젠더가 되는 것이다.

생물학적 의미에 할애된 사전적 정의의 두 번째 절은 훨씬 더 간단하게 특징을 나타낸다. 성에 대해 말하는 것은 무엇보다도 항상 인간에게 고유한 것처럼 보인다. 사전 편집자들은 다양한 생물학적 현상을 몇 줄에 걸쳐 정리했다. 생식세포, 생식선, 염색체, 꽃의 성, 양성구유자, 암수 하나 개체들 또는 암수 따로 개체들, 자웅동체 또는 단성, 단성생식…… 이 장의 나머지 부분에서는 사전에서 무질서하게 전달하는 내용, 즉 "생물학적 성" 현상에 포함되어 있는 다양한 현상 모두에 대해 자세히 다룰 것이다. 생물학적 성이 사용되는 여러 층위를 구별하면서 사전적 정의를 보충하는 것이다.

생물학적 의미에 대한 로베르 사전의 정의는 다음과 같다. "수컷 생식세포나 암컷 생식세포 생산으로 생식에 특수한 역할을 부여하면서 암수를 구별하는 특성과 기능의 총합." 이 정의는 인간과 관련해 제시된 1.1의 정의에 꽤 정확하게 대응한다. "생식에서 각각 정해진 역할을 주고, 차별화된 특성(제1차 성징, 제2차 성징)을 부여함으로써 수컷과 암컷을 구별하는 특정한 형태."

특히 이 두 개의 정의에서는 생물학적 정의의 암/수 용어가 인간의 정의인 여/남 쌍에 대응하는 방식으로 작동하는 것을 발견하게 된다. 그렇기 때문에 인간 남성과 여성에 대해 말할 때는 생물학자들이 수컷(♂) 또는 암컷(♀)이라고 부르는 것이라고 떠올리게 된다. 사전에서는 성의 수를 명확히 밝히지 않는데, 두 개의 성이 존재한다고 전제하고 그 점을 검토하지 않은 채 일반적인 개념으로 받아들인다.

성을 형성하는 열 개의 층위

이제 젠더 연구가 이분법화에 반대하며 대대적으로 사용한 논증을 살펴볼 때다. 한 인간 개체의 성을 고려할 때는 상이한 층위를 구별해야 하는데, 그 층위는 여러 요소로 이루어진다. 존 머니John Money*는

---

* 1921~2006. 뉴질랜드 출신의 미국 심리학자, 성과학자. 성 정체성이 환경에 의해

〈표2〉. 개별적 성의 열 가지 구성 요소

구성 요소	의미
2.1. 유전자의 성(또는 염색체의 성)	배아가 분화되지 않은 상태여도 수정 단계에서부터 염색체 결정.
2.2. 생식선의 성	생식선이나 생식샘으로서 생식세포 생산.
2.3. 생식세포 또는 배의 성	생산된 생식세포의 유형.
2.4. 내부 생식체의 성	생식세포가 도달할 수 있게 해주는, 음부에 포함되어 있는 생식기의 관.
2.5. 외부 생식체의 성 또는 회음부의 성	회음부의 외관.
2.6. 호르몬의 성	호르몬에 의해 정해지며, 호르몬의 분비율과 수용체의 사용과 관련된다.
2.7. 신체 또는 육체 또는 일반적인 외형의 성	이른바 제2차 성징의 총합으로 성인에게서 난세포가 발달하는 중에 나타난다.
2.8. 법적인 성	신생아의 회음부 표현형에 따라 신분증명서에 수록된 성. 이 성은 아이에 대한 사회적 행동에 영향을 미친다(이름 선택, 방 꾸미기, 태어났을 때의 돌봄, 섭식, 교육⋯⋯).
2.9. 정신적인 성	성적 정체성.
2.10. 리비도의 성	성적 지향.

출생 전 성에는 다섯 가지 요소가 있다고 주장하면서 각기 독립적인 변수로 다루었다. 그 요소는 염색체의 성, 생식선의 성, 내부 형태학의 성, 외부 형태학의 성, 호르몬의 성이다. 그리고 **출생 후**에 생기는

후천적으로 결정될 수 있다는 주장을 내세웠다.

4. 성에 대해 말한다는 것은 무엇에 대해 말하는 것인가?

여섯 번째 요소는 신분증명서상의 성으로서 아이가 양육되는 성을 추가했다.[3] 그 목록은 뒤이어 특히 내분비학자 질베르-드레퓌스Gilbert-Dreyfus의 연구(〈표2〉)에서 수정되고 확장되었다.[4] 이 열 개의 기준은 좌표 공간으로 해석될 수 있지만 부조화 공간을 만들어내기도 한다. 성을 형성하는 요소들 사이에 상관관계가 존재한다는 가설을 받아들인다면, 어떤 기준이 다른 것들을 능가하고 지배할까?

〈표2〉는 열 개의 '계층'이나 '층위', 아니 더 정확히 말해 '성분'이나 '요소'를 상세하게 제시하며, 그 조합이 세포 조직에서부터 복합적인 행동과 정신 구조까지 개체의 성을 만든다.

〈표2〉는 무엇보다도 예측을 가능하게 한다는 점이 눈에 띈다. 하나의 층위에서 다른 층위도 발견할 수 있다. 일반적인 삶에서는 회음부 층위가 다른 모든 층위를 결론지으며, 아기가 태어났을 때 회음부의 외관이 신분증명서의 성과 여자아이나 남자아이로서의 교육을 결정한다. 한 층위에서 다른 새로운 층위를 예측하면서 모든 요소의 부합을 전제한다. 육안으로 단순히 확인할 수 있는 회음부의 신체 구조에서 아무런 위험 없이 다른 층위를 추론한다. 음경이 있는 회음부는 염색체형(XY), 정자를 생산하는 고환, 전립선에 연결된 수정관, 남성 호르몬(테스토스테론)의 우위, 소년의 외모나 사춘기 이후 남성의 외모, 신분증명서의 남성 성별(1로 시작하는 사회보장번호), 남성으로서의 정신적 정체성, 다른 성(여성들)에 대한 리비도적 성향에 대응된다. 반대로 회음부에 외음부가 있으면 염색체형(XX), 난자를 만드는 난소, 나팔관, 높은 비율의 에스트로겐, 여자아이의 외모나 사춘기 이후 여성의 외모, 신분증명서의 여성 성별(2로 시작하는 사회보장번호), 여성으로서의 정신적 정체성, 다른 성(남성들)에 대한 리비도적 성향을 야기할 것이다.

이 일련의 추론에서 보이는 모든 부조화는 예외, 희귀함 또는 "이상"으로만 인식되지는 않을 것이다. 대개의 경우는 거부하고 두려워하며 병, 장애, 게다가 성적 도착으로 이해할 것이다. 한 요소가 다른 요소들과 더 이상 어울리지 않을 때부터 "성 트러블trouble dans le sexe"에 대해 말할 수 있다. 특히 "트랜스섹슈얼리티"(2.9)나 "동성애"(2.10)로 분류된 경우에 그런 일이 일어난다. 더 근본적으로 "양성구유"나 인터섹슈얼리티 현상은 회음부 층위로 성적 질서를 정당화하려 하는 주장(2.5) 자체에 이의를 제기한다. 양성구유나 인터섹슈얼리티의 경우에는 생식기 구조 자체의 특성 때문에 단순히 회음부를 확인함으로써 성을 식별하는 것이 불가능하기 때문이다. 회음부를 확인했을 때 명확한 결과가 나오지 않는 경우에는 성적 체계 전체와 조화를 이룬 열 개의 층위가 위태로워진다. 특히 "신분증명서의 성별" 부여는 문제시된다.

그런데 생물학은 회음부 확인부터 시작하지 않는다. 염색체나 유전자의 요소(2.1) 혹은 생식세포 층위(2.3)에 지배적인 역할을 부여하는, 성에 대한 또 다른 논리적 추론으로 대체하려 한다. 우선 생물학에서의 성은 외관, 행동 그리고 본성까지도 다른 수컷과 암컷이 한 종 안에 존재한다는 사실을 가리킨다. 따라서 매트 리들리Matt Ridley*는 "인간에게는 사실상 두 개의 본성이 존재한다. 암컷과 수컷이다"[5]라고 말한다. 그런데 생물학자들이 공격적인 수컷과 모성적인 암컷 사이의 차이를, 상이한 생식세포의 생산, 즉 이른바 "이형접합anisogamie"으로 환원시킨 점은 주목할 만하다. 희소하고 자양분이 풍부하며 크기가 큰 암컷의 생식세포 그리고 덜 희소하지만 수가 매우 많고 크기가 작은 수컷의 생식세포 사이의 차이로 환원한 것이다. 따라서 성은 결국 개체가 번식에서 맡은 역할로 설명될 것이다. 생물학에

---

* 1958~ . 영국의 과학저술가.《붉은 여왕》,《게놈》등의 저서가 있다.

서는 생식기 단계를 넘어서서 염색체(번식에 사용되는 세포)나 생식선 (생식세포를 생산하는 기관) 층위에서 성을 결정하므로 큰 차이가 있지만, 그래도 〈표1〉 사전의 정의 1.1에 매우 가깝다.

유전자의 성도 생물학에서 매우 중요하다. 이는 부모의 난자와 정자가 만나 접합체가 형성되자마자 시간상 처음으로 유전자의 성이 정해진다는 사실과 관련된다. 염색체의 시간적 우선순위는 성인에 이르게 되는 사건의 연속에서 중심 역할을 한다. 어떤 염색체를 갖고 있는가에 따라 호르몬의 기질, 신분증명서의 성, 정신적 성 등 다른 층위 전부가 결정된다고 전제한다. 성염색체는 항상 이미 존재하고 있으며, 다른 층위 전체를 결정하고 일관성 또는 적어도 상관관계를 보장하는 원인과 결과의 연쇄에서 지배적인 역할을 할 거라고 가정된다. 사실 "성"의 여러 층위들이 개체의 삶의 기간에서 모두 실현되지는 않는다는 점을 분명히 해두어야 한다. 시간의 경과에 따라 다른 요소들이 시간적으로 전개되는 것을 이해하기 위해 보자면 다음과 같다. 염색체의 성은 수정되는 순간 결정된다. 생식체(내부 생식기의 관)의 성은 임신 6주 차부터 태아에게 형성되는데, 이 성은 양성이 되는 대신 결국 두 개의 성 가운데 하나로 발달하게 된다. 출생시 확인된 회음부의 성이 신분증명서의 성별을 결정짓는다. 생식세포의 성(생식세포 생산)은 암컷과 수컷에서 동일한 일정에 따라 발달되지 않으며, 사춘기에 따라 나타난다. 호르몬의 성은 자궁 내 기간 동안 활성화되며, 회음부의 성이 분화되는 데 중요한 역할을 하는데, 아동기 동안 잠복기에 들어갔다가 사춘기에 다시 성숙한다. 정신적 성 또는 리비도의 성, 즉 성적 정체성과 성적 지향은 성년기를 비롯해 개인의 생애에서 바뀔 수 있다.

그러나 일반적으로 그 성들이 조화를 이룬다고 가정하더라도 이 열 개의 성 층위가 동시에 결정되는 것은 아니다. 그 성들은 특히 수정, 자궁 내 기간, 출생, 사춘기라는 가장 중요한 네 시기를 축으로 해서 개체의 전 생애에서(개체 발생) 드러난다. 각각의 사건에서 "인터섹슈얼리티 상태"에 이르게 하는 과정이 나타날 수 있다. 인터섹스는 비정형적인 염색체형을 가진 경우 또는 "표준적인" 염색체형을 가졌지만 생식선과 생식기 그리고 아마도 다른 성적 지향 사이에서 부조화를 야기하는 호르몬 장애를 가진 경우에도 생길 수 있다. 그 점에 대해서는 다시 살펴볼 것이다. 그전에 생물학적 보편성 차원에서 성을 고려하기 위해 인간의 경우는 잠시 제쳐두어야 할 것이다.

일곱 가지 생물학적 성 개념

성 문제에 관해서는, 사전에서 제시하는 대로 두 성을 차이 속에서 결합하고 "생식" 개념에 근거해 성의 상보성 속에서 생각하는 정의에 만족할 수 있을까? 열 개의 층위는 개체의 성을 이루는 다수의 요소를 나타낸다. 생식은 항상 역할을 하지만 암묵적이다. 그렇지만 **현대사회에서 인류와 관련해 이해하는 대로 "성"을**, 단순하고 자명한 범주로서 그저 신뢰할 수 있는 자연적인 범주로 간주할 수 있을까? 이러한 시각에 따르면 인류(또는 적어도 우리가 안다고 믿는 것)와 지구상에 존재하는 다른 모든 종 사이에는 어떤 단절도, 점진적인 변화도 없다. 따라서 암묵적으로 "남성"은 더 일반적인 "수컷" 범주와 관련해 이해되고 근사치를 구성한다. 마찬가지로 "여성"은 "암컷"이라는 더 일반적인 범주와 관련해 의미를 가지며, 그런 모습을 충실히 나타낸다. 그런 혼동은 영어에서 "여성/남성"을 말하는 데 "암컷/수컷"

〈표3〉. 생물학자에게 성이란 무엇인가

3.1. (생식과 관련없는) 다양한 근원들에서 온 DNA의 혼합으로서의 성.

3.1′. 동일한 개체의 유전자 재조합.

3.2. 생식 방식으로서의 성. 특히 무성생식이나 단성생식과는 대조적인 양성혼합.

3.3. 생식세포 유형으로서의 성. 특히 동형접합과는 대조적인 이형접합.

3.3′. 생식세포를 생산하는 생식선 유형으로서의 성.

3.3″. 생식세포로 연결되는 생식기 유형으로서의 성.

3.4. 배수성(염색체의 수), 반수성 염색체/이배성 염색체 교차로서의 성.

3.5. 특정 생식세포를 생산하는 개체 유형으로서의 성. 특히 자웅동체와 대조적인 암수딴몸gonochorisme.

3.6. 자화수정을 할 수 없는(자가불화합성) 생식 유형으로서의 성.

3.7. 생식세포들을 관련짓게 할 수 있는 교미(섹슈얼리티)로서의 성.

이라는 단어를 사용함으로써 더 심해질 것이다.* 모든 수컷은 남성과 유사한 것이 되고, 모든 암컷은 여성을 나타내게 될 것이다. 양성구유자의 경우, 이 상반된 본성 사이에서 분열되므로 그들의 지위는 필연적으로 불안정할 것이다. 실제로 생물학의 "성"은 방금 상기한 이원론적 시각이 암시하는 것보다 훨씬 다채롭고 복잡한 개념이다. 생물학적 성 개념은 남성이라는 이름 아래 알려진 수컷과 여성이라는 이름 아래 알려진 암컷과는 전혀 상관없는 다양한 과정을 가리킨다.

생물학자가 단수로서의 "성"을 말할 때는 가장 일반적인 의미에

---

* 프랑스어에서는 '여성/남성'을 'femme/homme', '암컷/수컷'을 'femme/mâle'로 구분해 표기하는 반면, 영어에서는 이를 모두 'female/male'로 표기한다..

서 (의미 3.1) 다른 개체들 간의 유전적 물질의 혼합을 가리킨다. 이와 같이 이해된 성은 생식과 관련된 것이 아니다. 박테리아는 유성적 방식으로 생식하지 않고, 단순히 분할하면서 생식한다. 그 대신 박테리아는 매우 일반적인 형태의 유전적 교환을 하므로 생명의 나무*에서 "나무 형태"를 위태롭게 했다고 생각할 수 있었다. 사실 유성 유기체의 경우에는 모체 유기체에서 유전자가 자손에게 전달된다. 난자와 정자의 만남인 수정은 동종 개체들 사이에서 유전 물질을 혼합하는 주요한 방식이다. 박테리아의 경우는 전혀 다르다. 두 개의 개체가 번식한다고 말할 수는 없지만 유전자를 교환할 수는 있기 때문이다. 박테리아의 번식은 중복이나 복제로 이루어지므로 무성생식이다. 반대로 다른 현상들은 중요한 유전적 혼합 층위를 전제로 한다.[6] 박테리오파지라고 부르는 바이러스는 박테리아의 게놈에 자신의 DNA를 삽입할 수 있는데, 세포분열을 할 때 그 DNA가 박테리아의 다음 세대에게 전해진다. 박테리오파지의 DNA는 "용해lyse" 현상을 촉발시킬 수도 있으며, 이 현상에서 세포가 분열함으로써 새로 형성된 바이러스를 방출한다. (한 세대에서 다른 세대로 일어나는) "위계적" DNA 이동과는 대조적으로, 유전적 요소를 교환할 수 있는 방식을 "수평적 (또는 측면적) 유전자 이동"이라고 하는데, 가령 항생제에 대한 내성이 있다. 실험을 통해 박테리아가 "반응성"을 가질 수 있도록, 즉 DNA를 통합할 수 있도록 만들 수 있다. 게다가 몇몇 박테리아는 표면에 "필리pili"라고 불리는 충수를 갖고 있는데, "**성** 필리" 일부는 번식이 아니라 박테리아들 간의 유전적 교환에 사용된다.

"성"은 "꺾꽂이"나 "복제" 같은 "무성생식"과는 대조적인 번식

* 지구상에 존재하거나 멸종된 모든 생물종의 진화 계통을 나타낸 것으로 진화계통수라고도 한다.

방식으로 이해되기도 한다(의미 3.2). 생물학자들은 일정한 개체군에서 무성생식을 통해 훨씬 더 빨리 증식이 이루어지는 종들과의 경쟁에서 유성생식을 하는 종이 어떻게 존속할 수 있는지를 나타내기 위해 "성의 존속"에 대해 말한다.

이와 같이 이해된 성은 두 개의 생식세포 또는 난자와 정자라는 반수성haploide*의 염색체를 갖고 있는 생식세포를 나타낸다(의미 3.3). 모든 생물학자가 의미 3.3에는 두 개의 성만이 존재한다는 점, 즉 유성생식을 하는(의미 3.2) 모든 종은 오로지 두 유형의 생식세포만을 결집한다는 점에 동의할 것이다. 유성적으로 번식하는 종들 중 일부는 두 개의 생식세포가 동일한 크기를 갖는 동형접합을 하고, (대다수인) 다른 것들은 진화 과정 중에 생식세포들이 각각 상이한 전략에 특수화된 이형접합**을 한다. 이 생식은 생식세포의 크기와 양에도 작용하여, 난자는 희귀하고 양분이 풍부한 커다란 생식세포이고, 정자는 대량으로 존재하는 작은 생식세포이다. 이형접합은 두 개의 성에 대한 생물학적 이론의 근거를 제공한다.[7]

의미 3.2가 두 생식세포 핵의 결합(수정)을 강조한다면, 의미 3.3은 반대로 그 세포의 생산(배우자 형성)에 중점을 둔다. 그런데 이 배우자 형성은 "감수분열"이라는 염색체 감소 과정을 포함한다. 정원세포나 난모세포에서 2n 염색체(인간의 경우, n=23)가 되고, n 염색체인 정자나 난모세포를 얻는다. 따라서 성은 생애(주기)에서 염색체의 반수성과 이배성(2n) 과정이 번갈아 나타난다고 새롭게 규정될 수 있으며, 이 과정은 감수분열과 수정이라는 두 가지 사건으로 특징지어진다(의미 3.4). 이와 같이 성은 세대 사이를 연결하는 사건의 연쇄를 가리

---

*   생식세포가 체세포의 반수半數의 염색체를 가지고 있는 상태.
** 크기와 모양에 차이가 있어 자웅을 구별할 수 있는 배우자.

킨다. 감수분열로 두 개의 생식세포가 생산되면 반수성 염색체 세포가 만들어지고, 세포가 유사분열로 분할되는 이배성 접합자*를 형성하는 배우자 유합 또는 수정이라는 사건이 이어진다.

성은 여러 다양한 양상이 뒤섞이게 만든다. 성은 관찰 가능한 개체(의미 3.3의 생식세포)만이 아니라 모든 생애주기(의미 3.4의 반수성/이배성 염색체가 번갈아 나타남) 또는 이 과정에 함축된 목적론(자손 생산 방식, 의미 3.2)도 말한다. 3.3의 확장된 의미에서 성(대체로 다른 두 유형의 생식세포)은 생식세포를 생산하는 기관, 즉 생식선(의미 3.3′)을 가리킬 수 있지만, 수컷의 생식선(즉 정자를 형성하는 기관)과 암컷의 생식선(난자를 형성하는 기관)을 말할 수도 있다. 생식세포에서 생식선으로의 이행은 정당해 보일 수 있지만 그로부터 개체로 이동할 수 있을까? 개체의 성에 대해 말하는 것도 가능할까(의미 3.5)? 그러면 두 생식세포 유형의 엄밀한 이원체계, 둘만 존재한다는 것은 오로지 두 유형의 생식세포 생산자만 존재하는 것으로 해석될 수 있을까? 달리 말해 의미 3.3에서 "두 개의 성"이 존재한다는 말이 사실이라고 할 때, 3.5의 의미에서도 그 말이 사실인지는 전혀 명백하지 않다. 그런데 일반적인 이해에서는 암수 구별이 생식세포나 생식선이 아니라 개체들에게 영향을 미친다는 점에서 이 점은 결정적인 것이 된다. 두 유형의 생식세포를 생산하고 두 유형의 생식선(난정소)을 갖고 있는 한 개체는 "자웅동체"라고 할 것이다. 반대로 각각의 개체가 한 유형의 생식세포만 생산한다면 이를 수컷이나 암컷이라고 부르고, 암수가 분리된 생식 공동체는 "암수딴몸"(분리된 성)이라고 규정한다. 생애주기의 일정한 순간에 한 유형의 생식세포를 생산하는 개체가 다른 유형의 생식세포를 생산하기 시작하면, "성을 바꾼다"라고 하고

---

* 두 배우자가 결합해 생긴 세포로 수정란이라고도 한다.

"생물학적 성전환" 또는 "순차적 자웅동체"[8]라고 말한다. 그 현상은 인간에게서 "트랜스섹슈얼리티"라고 분류하는 현상과는 전혀 상관이 없다. 공통점은 인간이나 다른 종이나 특히 신체 호르몬의 비율이 변하면서 그 개체의 겉모습이 변화된다는 데 있을 것이다. 그 개체는 "수컷"의 외양에서 "암컷"의 외양으로 또는 그 반대로 변한다. 그러나 인간의 경우에 트랜스섹슈얼리티는 개인의 의지가 관련된 개인적 정체성의 문제이며, 생식세포 생산은 전혀 문제가 되지 않는다. 반면 생물학적 성전환에서는 생식세포가 핵심적인 요소이며, 해당 개체의 욕구는 변형 과정에서 주도적인 역할을 하지 않는다.

따라서 각각의 종은 유전자를 교환하는(3.1) 생식 공동체로(3.2) 정의될 수 있을지도 모른다. 이때 유전자는 다양한 성을 드러내는(3.5), 즉 다양한 생식세포를 생산하는(3.3) 개체군에 의해 운반된다. 생물학에서 한 개체의 성(3.5)에 대해 말할 때는 우선 그 개체가 생산하는 생식세포의 유형에 대해 말하는 것이다. 여러 다른 생식세포를 생산하는 것에서 개체의 속성을 추론할 수 있는지는 전혀 자명하지 않다. 더구나 "종"이라고 불러온 생식 공동체를 두 유형의 개체로 분할할 수 있다고 생각하기는 어렵다.

이러한 유형론은 식물계에서는 통하지 않는다. 식물의 꽃은 성기관이며, 일반적으로 꽃은 자웅동주로서 수컷 기관과 암컷 기관을 동시에 보인다. 그렇다면 식물에게는 "하나의" 성, 자웅동주인 단 하나의 유성생식 개체 유형이 있다는 말일까? 우선 꽃이 자웅동주라고 불리는 것이지, 꽃이 달린 식물이 꼭 자웅동주는 아니라는 점에 유의해야 한다. 동일한 식물에게서도 수꽃 그리고/또는 암꽃 그리고/또는 자웅동주 꽃을 발견할 수도 있다. 수꽃이 암꽃이 있는 식물과 다른 식물 개체에 달려 있다면, "두 개의 다른 집"이란 의미에서 "자웅이주"(암수딴그루)라고 말한다. 그 식물 개체들은 완전한 단성이며, 꽃의 수술과 암술은 각기 다른 식물에 달려 있다. 암수딴그루는 식물에서 꽤 드문 경우로서 속씨식물이나 꽃나무 가운데 약 4퍼센트가 있다고 추정된다. 홉, 쐐기풀, 호랑가시나무, 대추야자나무 또는 대마 같은 종에서 암수딴그루를 발견할 수 있다. 반대로 암수 꽃이 동일한 개체에 달려 있거나 꽃이 자웅동주라면 "암수한그루"(하나의 집)라고 말한다. 식물계에서는 꽃의 유형에 따라 다른 유형의 유성생식 개체가 존재한다. 그러나 암수한그루이면서 자웅동주인 꽃을 생산할 경우 식물은 위험해지게 된다. 자가수정을 너무 자주함으로써 유전자급원*에서 해로운 유전자의 침입을 막아내지 못하게 되기 때문이다. 그러므로 진화 중에 자가수정을 피하는 작동 원리가 식물에서 발달된다. 예를 들어 앵초에는 이화주성이 나타난다. 앵초는 둘 다 자웅동체지만 하나는 암술대가 길고, 다른 하나는 암술대가 짧은 서로 다른 꽃이 존재하는데, 면역 반응과 관련된 메커니즘으로 인해 한 종류의 꽃이 생산하는 화분만 다른 종류의 꽃을 수정시킬 수 있다. 긴 수술대에서 생산한 화분은 짧은 수술을 가진 개체에 있는 긴 암술대와만 양립할 수 있고, 짧은 수술이 생산한 화분은 긴 수술대를 가진 개체에 있는 짧은 암술대와만 양립할 수 있다.[9]

따라서 앵초는 자웅동주만 존재하더라도 "두 개의 성"을 가진다고 말할 수 있다. "하나의 성을 가진 개체는 **자신과 같은 성**을 지닌 개체와는 교배할 수 없으며, 자손을 생산하기 위해서는 **대조적인 성**을 지닌 상대를 찾아야 한다"[10]는 피에르 앙리 구용P.-H. Gouyon의 생각과 같다. 이 경우에 "성"은 어떤 유형의 생식세포를 생산하는 개체가 아니라 **자가불화합적인 교배형**을 가리킨다는 점을 이해해야 한다.

---

* 생물 종이나 개체 내에 있는 고유 유전자의 총량을 말하며, 유전자풀gene pool이라고도 한다.

그 꽃은 다른 유형의 암술대를 가지고 있으면서(이화주성) 이 유형들이 자가불화합적이므로 자가수정을 금하고 이종교배를 조장한다.

다른 식물은 삼화주성 현상을 나타내는데, 이는 세 개의 성을 가지고 있다고 말한다. 식물학자들은 식물이 두 개나 세 개의 성만이 아니라 "n"개의 성을 갖고 있다고까지 말하기에 이르렀다. 이런 경우에 "성"은 한 개체가 하나나 다른 유형의 생식세포를 생산하는 능력이 아니라 "이화주성"[11]으로 기술되고 오늘날 "자가불화합성auto-incompatibilité"으로 이해되는 생식 유형의 개념(의미 3.6)을 가리킨다. 일정한 유형의 개체가 번식하기 위해서는 반드시 다른 유형과 교배해야 한다는 것이다.[12]

성(의미 3.7)은 같거나 다른 성을 지닌 개체들 간의 생식기 접촉과 관련된 모든 짝짓기 활동을 가리킨다(보노보들의 "GG 문지르기"* 또는 성기 문지르기, 동성애 교미 등). 이 짝짓기 행위 중에는 개체가 생산한 두 개의 생식세포의 접촉도 물론 볼 수 있지만 그것만은 아니다. 3.7의 성은 넓은 의미로 볼 때 "섹슈얼리티"를 가리킨다.

이 일곱 개의 성의 의미는 두 가지 큰 유형의 정의를 포함한다. 일부 정의는 일반적인 생물학적 과정으로서(정의 3.1, 3.2, 3.4) 성'을' 참조한다. 다른 정의는 다른 유형의 개별화된 생물학적 개체를 특징짓는 것으로서 성에 '대해' 말한다(정의 3.5, 3.6). 3.3의 정의는 의미 3.3에서 의미 3.3″으로 의미의 점진적인 개념 변화를 수행하면서 중심 역할을 한다. 마지막으로 정의 3.7은 섹슈얼리티, 즉 유성생식 개체를 전제로 하는 일부 행동을 가리킨다.

몇 개의 "성"이 존재하는지 말하고자 한다면 그 의미를 명시해야 한다. 박테리아의 성(의미 1)을 생식적 성(의미 3.2)으로 말하지는 않는

---

* 보노보 암컷끼리 성기를 비벼대는 행위genito-genital rubbing를 말한다.

다. 그 두 의미 모두에서 하나 이상의 근원에서 생겨난 유전적 물질의 혼합을 말한다고 해도 그렇다. 의미 3.2의 "성"은 의미 3.3, 3.4와 매우 깊이 연관되어 있다. 그러나 의미 3.3부터, 의미 3.3′과 3.3″는 서서히 의미 3.5에 이르게 되는데, 개념적 어려움이 제기되지 않는 것은 아니다. 사실 생식세포는 두 유형이 있는데, 그렇다고 생식기가 두 유형이 있는 것일까? 두 유형의 생식기가 있다고 인정하면, 종을 두 유형의 개체로 구분하기에 충분할까? 마찬가지로 앵초에게 "두 개의 성"이 있다거나 식물은 3.6의 의미에서 "n개"의 성이 있다는 말은, 3.5의 의미에서 "두 개의 성"이 있다거나 3.3의 의미에서 두 유형의 생식세포가 있다는 일반적인 생각과는 전혀 상관이 없다.

"성"이라는 단어의 이 일곱 가지 의미를 단순히 인간적인 것이 아니라 보편적, 생물학적 의미에서 볼 때 확실히 알 수 있는 것은 무엇일까? 생물학에서는 유성생식이 두 유형의 생식세포를 전제로 하고 이 두 생식세포가 대체로 매우 다르다는 점을 인정하는데, 이를 이형접합이라 한다. 그러나 더 나아갈 수는 없다. 생식이 반드시 유성생식은 아니고, 몇몇 유기체는 유성생식과 무성생식 방식 사이에서 왔다 갔다 한다. 그리고 이 이형접합은 보편적이지 않으므로 일반적인 것이 될 수는 없다. 유성생식을 하는 종 가운데는 같은 크기의 생식세포를 결집하는, 이른바 "'형접합isogames'" 유형이 몇몇 있다. 말하자면 "복수의 성"이나 "개체의" 성(3.5, 3.6)과 관련해 또는 섹슈얼리티(3.7)에 대한 성(3.3)의 전제로부터 추론할 수 있는 것은 아무것도 없다. 유전자 혼합(3.1)이나 반수성/이배성 염색체 층위의 교대(3.4)로서 단순히 발생론적으로 기술하는 수준을 넘어서려 한 이상 생식 방식으로서의 성은 매우 다양한 실재에 대응하게 된다.

앞서 본 성의 의미는 어떻게 생물학적 의미로 연결될까? 〈표4〉를 보면 인간에 관해 기술한 사전의 항목에서는 생물학의 우선적인 의

〈표4〉. 성의 의미 - 〈표1〉, 〈표2〉, 〈표3〉의 대응

	생물학	인간	개체
3.1	DNA 혼합		
3.2	생식 방식		
3.3	생식세포 유형		2.3
3.3′	생식선 유형		2.2
3.3″	생식기 유형	1.6	2.5
3.4	배수성 교차?		
3.5	개체 유형	1.1	2.1, 2.4, 2.6, 2.7, 2.8 (2.9)
3.6	이종교배된 교배형		
3.7	섹슈얼리티, 짝짓기	1.5	(2.10)

미를 전혀 고려하지 않았다는 점이 인상적이다. 사전에서는 생물학적 관점에서 볼 때 상대적으로 복잡한 의미(개체의 성)를 고려하고 가장 근본적인 생물학적 의미(생산된 생식세포 유형)를 무시한다. 사전적 정의는 생물학과는 전혀 관련 없는 성찰이나 언어학적 실재를 보여준다. 마찬가지로 〈표2〉의 구별 중 상당수(성의 10층위)는 생물학적 의미 3.5에서 병합되거나 결합된다. 특히 놀랍게도 생물학에서 성염색체를 중시하지 않는다는 점을 발견하게 된다. 이 점에 대해서는 다음 장에서 살펴볼 것이다.

그렇다면 몇 개의 성이 존재하는가?

〈표1〉은 성은 두 개라고 전제된다. 사전에서는 그 점을 수록하면서 의문을 제기하지 않는다. 〈표3〉에서 제기한 "몇 개의 성이 존재하는가"라는 질문은 세 층위에서 의미를 갖는다. 의미 3.6(교배형은 자화수정할 수 없다는 것)에 따르면 두 개의 성이 아니라 다수의 성이 존재할 수 있지만 그것은 주로 식물, 균류 등에 관련된다. 여러 유형(형태)의 꽃이 한 개체군에 공존할 때, 식물의 경우에는 "이화주성"이나 "꽃의 다형성" 현상이 나타난다고 말한다. 이 형태들은 수술과 암술의 길이에 따라 다르다. 의미 3.3(생식세포 유형)의 경우, (동물에게서 가장 흔하게 나타나는) 이형접합에서는 두 개의 성이 존재한다고 대답해야 한다. 그것이 "암컷"과 "수컷"이라는 용어의 생물학적 정의의 기초이며, 생식세포만을 암컷과 수컷이라고 말할 수 있다. 그러나 그 대답은 3.3′(생식선 유형)이나 3.3″(생식기 유형)에서도 명확할까? 의미 3.5는 몇 개의 성이 존재하는지 물을 때 특히 관련되는 것이다. 특정 생식세포를 생산하는 개체 유형은 몇 개나 있을까? 이에 대해 여전히 "두 개"라고 답한다면 생식세포에 집중하느라 생물 개체의 층위는 경시하는 것이다. 즉 3.5를 3.3으로 몰아가는 것이다. 그러나 생물 개체를 고려한다면 모든 개체는 서로 유사하지 않다는 점을 깨닫게 된다. 생물학자들은 다수의 종에서 동일한 생식세포를 생산하는 개체 유형이 두 개 이상 있을 수 있다는 점에 주목하면서 "젠더"에 대해 말했다. 이에 대해서는 6장에서 다시 살펴볼 것이다.

로널드 피셔R. A. Fisher*는 이형접합을 염두에 두면서 우리는 두 개의 성만 존재하는 세계에서 살고 있다고 주장했다. "성의 진화"에 관

---

* 1890~1962. 영국의 진화생물학자이자 통계학자.

한 생물학적 질문은 생물학의 이형접합의 기원 문제, 다시 말해 두 유형의 생식세포로 이해되는 두 성의 기원 문제를 대개 포함한다. 피셔에 따르면, 성은 항상 두 개지만 다른 의미로도 사용된다는 주장은 잘못일 것이다. 가령 동일한 종 내에 두 개 이상의 형태(두 개의 개체 유형)가 있다고 가정하면서 "성"을 "생식 유형"(교배형mating type)의 의미로 사용하는 경우가 그렇다.[13] 실제로 **자가불화합적인 교배형**은 가령 다수의 균류에서 볼 수 있듯이 두 개 이상의 "성"을 가지고 있지만, 이형접합과는 아무 관련이 없다. 균류를 말하면서 이형접합을 논박하지는 않는다. 두 경우에서 "성"이라는 단어는 다른 의미를 갖는다.

그러나 무엇보다도 신경 쓰이는 인류의 경우는 어떨까? 생물학에서는 두 유형의 생식세포를 확인하지만, 이 생물학적 특성에는 여러 유형이 다수 드러난다.

〈표2〉의 10계층은 이원론적 해석이 쉽게 적용되며, 각 층위에는 두 형태의 유형이 대응한다. 이 이원론적 해석은 절대적이지 않으며, 스포츠 전문의들은 어떤 "부조화"[14]를 나타내는 개체들과 관련해 결정을 내려야 할 필요성에 부딪히게 된다. 이러한 생명의학적 맥락에서는 몇 개의 성이 존재할까? 앞서 강조했듯이 〈표2〉는 시간에 걸쳐 전개되는 현상들을 불러 모은다. 그런데 개체는 전 생애에 걸쳐 배아의 양능적인 원형에서 점진적으로 발달해가므로 분화가 조금씩 일어나면서 다른 두 경로를 따라 다른 단계에서 중단할 수 있다. 두 개의 발달 경로가 있다면 수많은 형태의 개체가 존재하게 되며, 기준형이 아니라는 이유만으로 이들을 기형적이라거나 병적이라고 규정짓는 것이 정당한지는 명백하지 않다. 따라서 〈표2〉는 두 가지 해석에 적합하다. 하나는 이원론적 해석이고 다른 하나는 〈표5〉에 요약되어 있는 다원론적 해석이다.

〈표5〉. 〈표2〉의 10계층에 대한 이원론적, 다원론적 해석

구성 요소	이원론적 해석	다원론적 해석
2.1. 유전적 성 (염색체의 성)	XX/XY	XX, XY, X0, XXY······
2.2. 생식선의 성	난소/고환	난소, 고환, 난정소
2.3. 생식세포의 성 또는 배아의 성 또는 배아세포의 성	난모 세포/정자. 난소는 배 단계부터 무수한 난모 세포를 갖고 있다. 고환은 서서히 정자를 만들어낸다.	
2.4. 내부 생식체의 성	자궁/정관의 관, 본체 경부, 정낭, 사정관, 전립선	
2.5. 외부 생식체의 성 또는 회음부의 성	대음순, 외음부, 음핵과 질 구멍 ; 페니스(음경)와 음낭에 고환과 부고환이 위치한다.	외음부, 페니스, 기타
2.6. 호르몬의 성	에스트로겐/안드로겐	호르몬 비율에 따른 여성화/남성화 호르몬
2.7. 신체 또는 육체 또는 형태학적 성	유기체 전체가 성의 특이성(여성 또는 남성에게 고유한)을 갖추고 있다.	개개인 (여성, 남성, 기타)
2.8. 법적인 성	사회보장번호 1/2 성인 남성/성인 여성 남자아이/여자아이 여성/남성	삭제: 진정한 보편주의
2.9. 정신적 성	여성/남성	인간?
2.10. 리비도의 성	다른 성에 대한 [성향]/같은 성에 대한 [성향]	비지향적인 다형성

이원론적 해석은 통계적 분포에 두 개의 큰 집단이 존재한다는 점을 강조한다. 대부분의 개체는 두 유형 중 하나에 대응한다. 다원

론적 해석은 주로 두 층위에서 작용한다. 무엇보다도 회음부 층위 (2.5)에는 인터섹스 문제의 핵심이 있으며, 아기가 태어나자마자 생식기를 "정상화"하기 위해 외과 교정 수술을 시행해 자의적인 이원론에 몰아넣는 행위를 중단할 것을 촉구한다. 그러나 염색체 층위(2.1)에서도 몇몇 염색체 구성(X0 또는 XXY)의 유병률prévalence*과 관련해 질문이 제기된다. 이원론적 해석은 그것에서 벗어나는 모든 것을 이상이나 병리로 간주하는 반면, 다원론적 해석은 더 넓은 의미의 정상성을 인정한다. 다원론자들은 이원론자들이 병리적 조건으로 보는 것을 단순한 변이로 해석하는 경향이 있다. 그런데 모든 층위의 성이 다원론적 해석에 적합할까? 가령 생식선의 성(2.2)이나 생식체의 성 (2.4)과 관련해 난소도 고환도 아닌 해부학적 구조, 양성적인 난정소는 무엇이 될 수 있을까? 생식세포의 의미에 대해 말하자면, 근본적인 생물학적 의미(2.3)를 구성한다고 본 그 의미는 다원론적 해석에 대항하는 것 같다. 그런데 이 의미, 아마도 이 의미에서만 생물학은 두 개의 성이 존재한다고 말할 수 있을 것이다.

---

* 일정한 기간에 병에 걸린 사람의 비율.

5.   무엇이 성을 결정하는가?

성의 염색체적 결정에서는 적어도 네 개의 다른 체계를 볼
수 있다:

- 암컷은 동형배우자이고 수컷은 이형배우자인 **XX/XY 체
  계**(초파리의 경우와 포유류의 일반적인 경우).
- 암컷은 이형배우자이고 수컷은 동형배우자인 **ZW/ZZ 체
  계**(조류 그리고 곤충류, 파충류, 갑각류 일부 경우).
- 수컷은 X0이고 암컷은 XX인 **XX/XO 체계**(선충류 경우).
- **반수성-이배성 체계**(벌이나 개미의 경우)에서 암수는 배수성
  으로 구별된다(수정란에서 태어났는가의 여부에 따름).

그러나 동일한 체계 내에서도 결정 메커니즘은 다를 수 있
다. 인간과 초파리 모두 XX/XY 체계에 속해 있지만, 가령 초
파리에게는 SRY 유전자*가 없다. 초파리에게 Y 염색체는 수
컷의 정상적인 발달을 보장해주지만, 엄밀하게 말해 "수컷의

---

*   성결정 유전자Sex determining Region on the Y chromosome로 남성성을 결정짓는다.

성질을 발현시키는"[1] 요인은 아니다.

오랫동안 염색체와 유전자만으로 한 개체의 성을 결정짓는 것은 충분하다고 믿어왔다. 게다가 여러 연구에서는 능동적으로 결정된 성과 "기본적" 성을 대립시켰다. 환경적 요인을 고려하면 성결정이 더 복잡하다는 것이 드러난다. 생물학적인 성전환 현상에 대한 연구는 환경적 요인이 개체의 성을 형성하는 데 기여한다는 접근법에 도움이 되었다.

유전학은 초창기부터 유전자가 갖고 있는 신비로운 창조적 힘을 보여줌으로써 우리에게 놀라움을 안겨주었다. 철학자 레몽 뤼이에Raymond Ruyer*가 지적했듯이, "우리는 유전자 구조와 성체 기관의 복잡한 구조 사이에서 어떻게 대응이 이루어질 수 있는지 이해하지 못한다". 그가 볼 때 이 점은 성기관 같은 개별적인 구조처럼 개체의 발달 전체에도 적용된다. 특히 에티엔 볼프Étienne Wolff**가 동물의 배아에 행한 성 변환 실험은 호르몬의 영향에 따라 유전자 작용이 방해받거나 차질을 받을 수 있다는 점을 보여준다. 이는 유전자를, "직접적으로 행동하지 않으며 다른 유인이나 길잡이를 매개로 행동하는 단순한 유인이나 길잡이"[2]로 만들어버린다. 이러한 문제 제기는 DNA의 이중나선 구조와 유전자 코드가 발견되기 이전에 제기된 것이라고 반박할 수도 있을 것이다. 어쨌든 발생과 유전자형에서 표현형으로의 이행이 매우 복잡한 신비로 남아 있다는 점은 사실이다.

인간 종에 대해 만들어진 재현은 성의 특징은 확고하게 규정되어 있으며, 두 개의 성이 있다고 생각하게 한다. 이론의 여지가 없다고 여

* 1902~1987. 프랑스 철학자로 특히 생물철학에 관한 다수의 저서가 있다.
** 1904~1996. 프랑스 생물학자로 실험발생학과 기형학 전문가이다.

겨지는 이 대중적인 개념은 보통 자연 전체에서 일반화되면서, 오직 두 개의 성인 수컷과 암컷, 아빠와 엄마만 존재한다고 본다. 그리고 각각의 성은 종을 뛰어넘는 보편적이고 이상적인 규범에 상응하는 데, 이 규범이 인간이나 비인간 개체의 형태와 기질을 결정한다. 따라서 모든 수컷은 짝짓기를 갈구하고, 모든 암컷은 정숙하고 신중하며 교미에 소극적인 태도를 보일 거라고 여겨진다.

발정기에 있는 수사슴들이 나무숲 아래에서 뿔을 맞대고 힘겨루기를 하는 것이나 공작이 안상반점이 있는 깃을 펼치면서 열성적으로 구애 행위를 하는 것이 이를 증명해주지 않을까? 이 전형들과 차이가 있는 모든 것은 이상으로 간주된다. 실제로는 어떨까? 생물학에서 생식세포로 암수를 정의한다면, 유전적 구조의 역할은 무엇일까? 성의 자연사에서 두 가지 교훈을 끌어내야 할 것이다. 유전적 층위의 우위를 상대화하는 것, 개체의 성을 확립하는 데 염색체의 역할을 복합적으로 만드는 것이다. 그러므로 어떤 염색체를 갖고 있다고 해서 성이 필연적으로 결정되는 것이 아니며(온도 같은 다른 요인에 의해 결정될 수도 있다), 다른 한편으로는 그런 염색체를 갖고 있다고 해서 자동신호처럼 작용하는 것이 아니라("그런 염색체에는 그런 성"이라는 함축 방식으로), 염색체와 성결정 사이에는 여러 매개(가령 호르몬)가 필요하다는 것이다.

따라서 배아가 특정한 방식으로 발달하게 하는 메커니즘과 관련된 성**결정** 그리고 성적 이형성*의 구조가 만들어지는 과정을 가리키는 성**분화**를 구별할 수 있을 것이다.

---

* 같은 종의 암수가 다른 특징을 보이는 상태.

5. 무엇이 성을 결정하는가?

유전적 결정 또는 환경적 결정?

염색체는 [염색액에] 잘 염색되는 (그래서 염색체chromosome라는 단어에는 색chromos이 언급된다)* 세포핵의 요소로서 19세기 말에 확인되었다. 유전자가 염색체 위에 위치해 있다는 생각은 (가령 윌리엄 베이트슨William Bateson** 같은 유전학 분야의 선구자에게조차 인정받지 못했지만) 서서히 받아들여졌다. 염색체는 20세기 후반에야 디옥시리보 핵산 DNA, DeoxyriboNucleic Acid이 배열된 것으로서 유전자로 구성된 기능 단위로 유전 형질을 책임지는 것으로 정의되었다. 이 기간 동안 개체는 RNA(리보핵산RiboNucleic Acid)에 포함된 "청사진"을 통해 형성되며, 유전자는 특히 생식기관 발달과 관련해 "열쇠"나 "프로그램"을 갖게 된다. DNA는 세포질에 전령으로 작용하는 RNA를 합성하고, 단백질의 합성, 세포핵에 포함된 "메시지"의 실현을 보장한다. 이 메시지는 단백질에 의해 유전자에서 형질로 전해진다.

이와 같은 맥락에서 각각의 종은 자신의 염색체, 염색체의 수, 염색체의 형태로 특징지어지는데, 그것을 동물 또는 식물 종의 핵형이라고 부른다. 성은 초파리의 붉은 눈이나 흰 눈, 정상 날개나 흔적 날개와 마찬가지로 독립된 형질로 취급되며, 개체의 성은 다른 형질과 정확히 마찬가지 방식으로 발달된다. 성결정에서 염색체의 역할은 19세기 말부터 확립되었다.

초파리의 경우에는 "성"염색체가 강조되었다. 초파리의 두 성은 핵형이 상이하므로 거기에 성차의 원인이 있다고 생각할 수 있었기 때문이다. 사실 초파리는 네 쌍의 염색체를 갖고 있는데, 세 쌍은 암

---

*   세포 관찰에 사용되는 염색액에 잘 염색된다고 하여 염색체라고 부르게 되었다.
**   1861~1926. 영국의 동물학자, 유전학자. 멘델의 유전 법칙을 재발견하고 강력하게 지지함으로써 유전학에 기여했다.

수에서 동일하지만(두 쌍은 V 형태이고, 한 쌍은 작은 구체 형태이다) 네 번째 쌍은 두 개의 염색체가 각기 다른 막대기 형태를 하고 있다. 두 성에서 막대기 형태 중 하나는 동일하지만, 다른 하나는 수컷이 고리가 달린 형태로 되어 있다. 이 T자 모양의 염색체를 "염색체 Y"라고 불렀다. 인간의 경우에는, 일반 세포에 46개의 염색체(23쌍)가 있다는 점이 1940년대 말에 밝혀졌다. 44개의 "상염색체"*는 동일한 쌍들을 형성하고, 다른 염색체로 이루어진 한 쌍은 "성을 결정하는 염색체" 또는 "성염색체"라고 불리며 그 개체의 성을 결정한다. 여성은 46, XX, 남성은 46, XY의 핵형으로 표기한다. 배우자(생식세포 또는 배세포)는 23개의 염색체만 포함하고 있다. 이처럼 반수성 세포(n개의 염색체)와 이배성 세포(2n개의 염색체)를 구별한다. 수정은 23개의 부계 염색체와 23개의 모계 염색체를 결합해 배아 내에 46개의 염색체(이배성 상태)를 복구한다. 따라서 초파리에서 인간에 이르기까지 성은 이형접합체(두 개의 다른 성염색체 소유)로서의 수컷을 나타내는 특정 형질인 염색체 Y를 가지고 있는가에 따라 성이 결정되는 것으로 보인다. 암컷은 동형접합체(두 개의 동일한 성염색체 소유)로 이루어진다.

단순화를 피하려면 어떻게 해야 할까? 우선 한 개체의 성이 반드시 유전계에 의해 결정되는 것은 아니다. 환형동물인 보넬리아Bonellia viridis에는 중요한 성적 이형이 존재한다. 보넬리아 수컷은 매우 작은 기생생물로서 거대한 크기의 암컷에 달라붙어 있다(수컷과 암컷의 크기는 1 대 100의 비율에 달하는데, 수컷의 크기는 몇 밀리미터에 불과하고, 암컷은 10센티미터에 달하는데 흡관이 1~2미터에 이를 정도로 길어진다). 그런데 보넬리아 유생의 성별 생성을 결정하는 것은 순전히 환경적인 요인이다. 암컷 성체에 달라붙은 유생은 수컷이 되는 반면, 암컷을 만

---

* 성염색체가 아닌 염색체.

나지 않은 채 바다 밑바닥에 자리 잡은 유생은 암컷이 된다.[3] 척추동
물의 다양한 형태는 〈표6〉에 요약된 내용에서 볼 수 있다.

포유류의 경우에는 암컷은 동형배우자(XX)이고, 수컷은 이형배우
자(XY)이다. 조류의 경우에는 반대로 일어나므로 암컷이 이형배우자
이고, 수컷이 동형배우자라고 한다. 그러나 이 대규모의 일반성에도
예외가 있다. 주금류*(타조, 아메리카 타조, 에뮤, 화식조) 같은 몇몇 조류
에서는 성염색체를 구별하는 것이 매우 어려우며 불가능하기까지 하
다. 그리고 포유류의 경우에도 XX/XY 체계가 보편적이지는 않다. 포
유류인 단공목**(오리너구리)은 XX/XY 구조에 변이형이 일어나서 암
컷에는 10개의 X 염색체, 수컷에는 5개의 X, 5개의 Y 염색체 복합체
가 존재한다.[4] 생쥐는 인간과 같이 XX/XY 체계를 갖는 반면, 다른 설
치류들은 "특수한 사례"나 "수수께끼"로 보이는 매우 독특한 성결정
체계를 갖고 있다. 나그네쥐(북극레밍이나 숲레밍)의 경우에는 수컷과
암컷에게서 XY가 나타난다. 트랜스코카시안 두더지쥐는 홀수의 핵
형(17개의 염색체)을 보이며 수컷과 암컷은 단 하나의 X만 갖고 있다.[5]
오레곤 들쥐의 수컷은 XY형(2n=18)을 갖지만 두 유형의 정자를 만들
어내는데, 하나는 Y 염색체가 있고(수컷 성을 결정) 또 다른 하나는 성
염색체가 없다. 이 종의 암컷은 2n=17형으로 성장하며, 암컷의 체세
포는 보통 X0이다.[6]

어류의 성은 나이, 알의 부화 온도 등 여러 요인들에 좌우될 수
있다. 경골어류[7]의 경우에는 양성구유가 동시에 일어나는 사례들이
있다. 가령 카브릴라 농어는 난정소를 가지고 있으며, 난형성 과정과
정자 형성 과정이 동시적으로 일어나 성숙기에 이른다. 이 동시적 자

---

* 날지는 못하나 다리가 길고 튼튼해 잘 달리는 새의 종류.

** 원시 난생 포유류로 직장과 생식관이 하나의 총배설강을 형성한다.

〈표6〉. 척추동물의 성결정 방식의 변이

동물 군	성결정 체계		
	유전자		환경 (온도)
	동형배우자의 성	이형배우자의 성	
포유류 진수아강 유대상목	암컷 XX	수컷 XY	
예외: 포유류 단공목 (오리너구리)	다양한 염색체 쌍		
조류, 뱀류 (뱀)	수컷 ZZ	암컷 ZW	
악어, 투아타라			온도
도마뱀, 거북, 양서류, 어류	다양함		

좀 더 완전한 표는 다음 책을 참고하라. Tariq Ezaz, Rami Stiglec, Frederic Veyrunes et Jennifer A. Marshall Graves, 《척추동물 ZW와 XY 성염색체 체계의 관계Relationships between Vertebrate ZW and XY Sex Chromosome Systems》, *Current Biology*, 16(2006), p. R736-R743.

웅동체는 성을 결정하는 염색체 요인이 없다는 점을 확실하게 반영한다. 그리고 고환 조직에서 생성된 남성호르몬이 주위의 난소 조직을 억제하는 데 영향을 미치지 못하게 방해하는 특별한 메커니즘을 필요로 한다. 그러나 대다수의 경골어류는 암수딴몸으로서 수컷이거나 암컷이다. 마찬가지로 양서류와 파충류의 경우에도 양성구유는 예외적인 현상이며, 암수딴몸이 원칙이다.

5. 무엇이 성을 결정하는가?

그렇지만 순차적 자웅동체도 있다. 개체가 생애 기간 중에 우선 하나의 성을 가졌다가 이어서 다른 성을 갖는다. 가장 흔히 나타나는 경우는 개체들이 자성선숙雌性先熟*(원래 암컷이었던 경우)인 종의 사례로서 몇몇 농어과나 블루헤드놀래기[8]에게서 볼 수 있다. 하지만 웅성선숙雄性先熟인 종의 사례 역시 존재하며, 흰동가리 같은 종의 개체들은 수컷이었다가 암컷이 된다. 순차적 자웅동체에서 성결정은 노화 과정과 관련되어 있다.[9]

자웅이체인 종의 경우에는 어느 것이 이형배우자 성인지 질문을 제기해야 한다. 어류, 양서류, 파충류에는 식별 가능한 형태학적 성염색체가 존재하지 않는다는 로베르 마테Robert Matthey의 견해는 오랫동안 폭넓게 받아들여졌다. 이 모델에 따르면, 수컷의 핵형과 암컷의 핵형은 동일해 보이는 핵형을 나타낼 것이다.[10] 오늘날 유전학자들의 접근법은 층위가 바뀌었다. 핵형이 동일해 보이더라도 게놈의 배열측정법 층위에서 차이를 발견할 수 있다. 양서동물의 솔염색체**에서도 차이를 포착할 수 있었다.[11]

파충류 학자들은 파충류의 성결정 방식이 어떻게 확장되었는지 (염색체 또는 온도에 의한 결정), 그 방식들이 서로 배타적인지 검토했다. 양서류의 경우, 온도가 성 발달에 영향을 미친다는 사실은 1920년대부터 알려졌다.[12] 파충류의 경우에는 1966년 마들렌 샤르니에 Madeleine Charnier가 아프리카 도마뱀, 아가마 도마뱀, 회색도마뱀에서 부화 온도가 성비에 미치는 영향을 관찰했다.[13]

---

* 자웅동체 동물에서 난소가 정소보다 먼저 성숙하는 것. 암컷으로 성숙한 후 수컷으로 성전환한다.
** 유성생식을 하는 생물들의 생식세포가 감수분열을 할 때 감수분열 복사기의 난모세포에서 볼 수 있는 거대 염색체. 양옆으로 돌기가 있어 솔 같은 모양을 하고 있다고 해서 이렇게 불리며 램프브러시 염색체라고도 한다.

1969년 오노 스스무Susumu Ohno는 〈표6〉에 대한 계통발생학적 해석을 제안했다.[14] 그에 따르면 현재 존재하는 척추동물은 다양한 정도로 분화되어 있는 성염색체를 통해 포괄적인 범위의 메커니즘을 제시한다. 염색체의 성결정 메커니즘이 없는 어류에는 "원초적" 특성이 보인다. 오늘날 일부 경골어류에서 순차적 자웅동체가 보이는 것은 "3억 년 전에 최초로 나타난 척추동물의 선조" 게놈에 성염색체로 특징지을 수 있는 특수한 염색체가 없었다는 점을 증명해줄 것이다. 염색체의 결정 체계(XX/XY 또는 ZZ/ZW)는 일반적인 상동염색체 쌍에서 획득되었을 것이다. 오노의 계통발생학적 해석은 뱀에게서 보이는 "Z와 W 결정의 연이은 세 단계"의 발견에 근거했다. 즉 이 집단에 속한 여러 종에서는 성염색체 분화가 상이한 상태로 일어났다.[15] 그에 따르면, "하등한 척추동물"인 자웅이체 종은 원시 상태의 분화에 머물러 있는 성염색체를 갖고 있다. 일부 뱀과에서 이형배우자 성염색체는 동일한 외관을 갖고 있지만, 다른 뱀과들은 이형적인 성의 요소를 갖고 있다.

　　이제 성염색체는 훨씬 더 복잡한 진화사의 산물이라고 생각하므로 오늘날 오노의 이론은 시대에 뒤떨어진 것이 되었다. 척추동물의 경우에는 성염색체에서 상염색체 쌍과 무관한 진화가 여러 차례 이루어졌다. Y와 W 염색체는 매우 특수하고 크기가 축소된 성결정 인자가 되기 위해 처음에 가지고 있었던, 멘델 법칙을 따르는 유전자 다수를 제거했다. 이를 "Y 염색체 퇴화"라고 한다.[16] 이 진화는 전혀 피할 수 없는 것이 아니며, 진화의 역사에서는 성염색체 쌍이 다시 상염색체가 되는 일이 일어날 수도 있었다. 초파리의 4번 염색체가 그런 경우로 극소수의 유전자(영어로 도트 염색체dot chromosome라고 부르는 압축된 염색질이나 이질염색질로 이루어져 있는 유전자)를 갖고 있는 이 염색체는 성염색체였다가 다시 상염색체가 될 수 있다.[17] 이와 같이 성

염색체가 필연적으로 진화의 막다른 궁지는 아니다.

게다가 성결정 방식에 적응적 가치가 존재할까? 성이 염색체에 의해 결정된다면 수정되자마자 그리고 출생 전에 정해질 것이다. 반면에 성이 환경에 의해 결정된다면, 발생의 여러 단계에서 변할 수 있으므로 환경적 성결정은 "불확실하다"[18]고 말할 수 있을 것이다. 난생동물 종의 어미는 성비를 조절할 수 있으며, 산란 장소를 선택함으로써 특정한 성을 가진 개체를 더 많이 낳을 수 있을 거라는 추측이 제기되었다. 그 추론에 따르면 환경적 조건에 더 잘 적응하도록 온도를 통해 새끼의 성비를 조정하는 것에 큰 이익이 있다면, 자연선택에 따라 그런 메커니즘이 만들어진다는 것이다.[19] 대니얼 워너Daniel Warner와 로버트 샤인Robert Shine은 자손이 어떤 성을 갖는가가 종에게 유리할 수 있다는 모델을 사용했다. 특정한 성을 가진 자손에 연결된 표현형의 가치는 상황에 따라 변화한다. 자손의 발육에 영향을 미칠 정도로 먹을거리가 한정되어 있다면, 다른 성보다 특정한 성을 가진 자손을 낳는 것이 이득이 될 수 있을 것이다. 가령 번식에 많은 자원이 필요한 암컷 대신 수컷을 선호할 수 있을 것이다. 또는 반대로 수컷보다 암컷을 선호할 수도 있다. 일단 성체에 이르면 교미 상대에게 접근하는 데는 작은 체구가 암컷보다는 수컷에게 불이익이 되기 때문이다.[20]

성의 "유전적"(내적) 결정과 "환경적"(외적) 결정은 매우 단순한 방식으로 대조되지만, 사실 이 대조는 간신히 성립된다. 실제로 환경적 결정이란 무엇일까? 온도가 외적 요인이 될 수도 있을 것이다. 그런데 호르몬이 발생에서 하는 역할은 어떻게 생각해야 할까? 호르몬의 비율을 변화시킬 때 환경적 결정도, 성의 유전적 결정도 억제할 수 있으며, 예측했던 것과 다른 결과를 초래할 수 있다. 오스틴 텍사스대의 두 생물학자 데이비드 크루즈David Crews와 제임스 불James J. Bull은 다음과 같이 지적했다. "설령 태어났을 때 수컷의 생식선이나 암컷의 생식선을 갖고 있더라도 개체의 부화 온도에 따라 호르몬 단계가 일생 동안 변화할 수 있다. 이는 표현형 능력이라는 면에서 부화 온도에 따라 성을 가진 개체들 사이의 차이로 표현되는 다양한 특징을 낳는다."[21]

유전자가 성을 결정한다?

염색체의 성결정은 특징적인 현상이 아니다. 두 성에 공통된 염색체는 "상염색체"라고 불리고, 성에 따라 다르게 나타나는 염색체는 "성염색체"라고 부른다. 염색체가 성을 결정하는 집단 중에 노랑초파리라는 드로소필라가 "성염색체"라는, 인간과 외관상 동일한 성결정 체계를 갖고 있다는 점은 사실이다. 암컷은 XX라고 하는 동일한 성염색체 한 쌍을 가지고 있는 반면, 수컷은 XY라고 하는 염색체 한 쌍을 가지며 이를 "이형배우자"라고 부른다. 무척추 동물인 파리에서 척추동물인 인간에게까지 명백한 일률성이 존재하지만 〈표7〉에서 볼 수 있듯이 이 일률성이 다양한 메커니즘이나 다양한 방식의 성염색체 결정이 나타나지 못하게 하지는 않는다.

태반 포유류의 Y 염색체 유전자 대부분과 X 염색체 유전자 대부분 사이에는 상동관계가 존재한다는 점이 밝혀졌다. 성염색체의 말단에는 두 개의 상동 부위가 있다는 점도 지적되었다.[22] 이 여러 요인은 성염색체가 상염색체 한 쌍에서 분화되었다는 점을 암시한다. 진화적 도식에 따르면 포유류의 X 염색체와 Y 염색체는 재결합되지 않으며, 이는 재결합되지 않은 새로운 부위의 분화 그리고 성염색체의 "마모"로 이어질 것이다—그 모든 것이 염색체의 분화를 일으킨다. 조류나 뱀의 경우에 상동염색체 쌍은 수컷(ZZ)에게 있고, 암컷은 이형배우자 체제에 속한다(ZW). ZW 체계의 진화는 또 다른 염색체 쌍으로부터 실현되었을 것이다. 따라서 여기서 상동염색체 쌍에서 성염색체 쌍으로의 분화로 이해되는 "성"은 생명의 역사에서 여러 번 진화된 것이다. 양서류(옴개구리Rana rugosa)의 일부 개체군은 XX/XY이고 다른 개체군은 ZZ/ZW라는 사실도 알려져 있다.[23]

염색체의 여러 성결정 체계를 나타낸 〈표7〉은 성결정 방식의 다양성을 보여주지만, 집단별로 크게 일반화할 수 있는 가능성도 시사한다. 곤충은 여러 다른 체계에 속한다. 초파리의 성은 염색체 X의 수와 상염색체 수의 비율에 의해 결정된다. 암컷은 2X와 짝수의 상염색체('2X, 2A' 비율)를, 수컷은 단 하나의 X와 짝수의 상염색체('1X, 2A' 비율)만을 갖고 있다. 이 비율이 어떤 의미에서 성을 **결정**하는지는 여전히 토론 대상이다. 이 비율은 성을 적극적으로 명시할까, 아니면 단순히 성을 예측하는 방법에 불과할까?[24] 곤충의 수컷은 이형배우자(수컷 XY, 암컷 XX)로서 수컷화 인자가 Y 염색체 위나 집파리처럼 상염색체 위에 있을 수도 있다. 반대로 인시류* 같은 집단에서 이형배우자 성은 암컷이며, 수컷은 동일한 두 염색체를 갖는다. 이를 ZZ/ZW 체계라고 말한다. 꿀벌이나 개미에게서는 "반수성-이배성" 체계가 발견되는데, 수정란은 암컷으로 미수정란은 수컷으로 성장하게 된다. 따라서 수컷은 암컷이 가진 염색체 수의 절반만 가지며, 수컷은 반수성이고 암컷은 이배성이다. 원칙적으로 수컷은 암컷의 난자를 수정시키고 모든 자손은 이배성이 되므로 필연적으로 암컷이 되는 반면, 암컷은 수컷이나 암컷 모두 낳을 수 있다. 진디의 암컷은 XX 염색체를 갖지만 단위생식**에서 나온 수컷 새끼는 X0 염색체를

---

* 나비류와 나방류 곤충.

** 수정을 하지 않은 채 발생해 새로운 개체가 되는 것으로 단성생식이라고도 한다.

<표7>. 성염색체를 결정하는 주요 체계

	성염색체	성결정의 1차 표지
선충류 (Caenorhabditis)	XX: 자웅동체나 암컷 X0: 수컷	염색체 X의 수
쌍시류 (초파리)	XX: 암컷 XY 또는 X0: 수컷	염색체 X와 상염색체 수의 비율
막시류	반수성(미수정란): 수컷 이배성(수정란): 암컷	반수성-이배성 체계
인시류	암컷: ZW, Z0, ZZW 그리고 ZZWW 수컷: ZZ	ZZ/ZW 체계
어류, 양서류 파충류	XX: 암컷 XY: 수컷 또는 ZW: 암컷 ZZ: 수컷	XX/XY 체계 또는 ZZ/ZW 체계
조류	ZW: 암컷 ZZ: 수컷	ZZ/ZW 체계
포유류	XX: 암컷 XY: 수컷	XX/XY 체계

갖는다. 성을 결정하는 X 염색체가 제거된 것이다.

곤충의 성이 반드시 수정에 참여하는 핵형에 의해 정해지는 것은 아니다. 검정날개버섯파리Sciara에는 X 염색체 제거에 기초한 체계가 있다고 한다. 모든 접합자는 3X, 2A 핵형에서 시작하지만, X 염색체가 제거되어 암컷의 경우 2X, 2A, 수컷의 경우 1X, 2A 핵형이 된다.[25] 그러므로 성은 수정에 관련된 유전적 형질을 소유한 것으로만 결정된다고 볼 수 없다. 금파리 종인 크리솜야 루피파시Chrysomia rufifacies의 성은 모계에 의해 결정되며, 암컷만 낳는 "자성발생성" 어미와 수컷만 낳는 "웅성발생성" 어미가 구별된다.[26] 어미들은 유전적 구조에 따라 구별되고, 그 구조에 따라 일정한 유전자에 대한 동형접합체나 이형접합체가 된다. 볼바키아Wolbachia 박테리아에 감염되면 유전적으로 수컷이었던 곤충이나 갑각류 알의 해부학적 구조를 암컷으로 만드는 자성화가 일어날 수 있다. 박테리아에서 분출된 호르몬은 웅성화하는 염색체 인자의 발현을 막는다.[27]

선충류는 X 염색체의 수가 성을 결정한다. 반면 포유류의 경우는 다르다. 하나의 X 염색체만 가진 개체가 X0이라면(XX나 XXX와 마찬가지로) 암컷이 되는 반면, 그 개체가 XY라면 수컷이 될 것이기 때문이다.[28]

오늘날 인간의 성결정은 **염색체의 구성**에 의한 것이 아니라 개체가 갖고 있는 여러 **유전자**에 의한 것이라고 여긴다. SRY 유전자는 오랫동안 생물학자들의 관심의 중심에 있었지만 이제 Y 염색체에도 없고(가령 DAX1 유전자) X 염색체에도 없는(가령 SOX9나 WNT4 유전자) 다른 유전자를 고려한다.*[29] SRY 유전자가 성을 결정한다는 주장에서는 Y 염색체의 한 부위에 전이가 일어남으로써 포유류의 "수컷" 형질을 결정한다고 보았다.[30] 몇몇 연구에서는 핵형 XY를 가진 일부 여성들에게서 이 유전자의 이동이 일어났다는 점을 밝혔다.[31] 그러나 이 주장은 오로지 수컷의 발달에만 관심을 가지며 암컷의 발달을 "기본값"으로 간주하고 있다는 점에서 이의가 제기되었다. 그 주장은 성염색체 그리고 (SRY 유전자만이 아니라) 상염색체가 지닌 유전자 집합을 고려하는, 성결정에 대한 더 복합적인 시각으로 대체되었다.[32]

---

* DAX1 유전자는 SRY의 작용을 상쇄시키는 역할을 하고, SOX9 유전자는 정소 발생에, WNT4 유전자는 잠재적인 난소 발생에 관련된다.

6.

동물의 젠더에 대하여

섹스투스 엠피리쿠스Sextus Empiricus* 같은 고대 회의주의자들
은 독단론을 반박하기 위해 비유를 사용했다. 마찬가지로 융
통성 없는 주장에 대해서는 일반성에 예외가 되는 다수의 종
을 동원하면서 대응할 수 있다. 이런 퀴어 동물 이야기는 독
단론이 마음대로 이야기할 수 없게 한다.

행동생태학의 훌륭한 연구들은 모든 종은 말할 것도 없고,
특정한 종에도 불변의 규범이 존재하지 않는다는 점을 보여
준다. 생태학적 역학은 유전적 배열과 같은 이유에서 결국
각각의 개체가 정해진 환경에서 행동하는 방식에 영향을 미
친다.

이형접합은 기본적인 생물학 개념으로서 생식세포를 생산하는 두 개
의 전략이라는 의미에서 두 개의 성이 존재한다고 주장할 수 있게 한

---

* 고대 그리스의 의학자이자 철학자로 피론의 유파에 속하는 회의주의자이다.

다. 아마도 여기에서 시원적 성에 도달할 수 있을 것이다. 정자와 난자 크기가 동종이형인 경우에 정자는 비용이 덜 드는 반면 난자는 더 드물고 양분이 많으므로 암컷이 교미에 신중하고 저항하는 행동을 보이게 되었다고 생각하게 할 수 있었다. 난자는 드물기 때문에 대개 번식을 할 때마다 수컷 한 마리가 사정을 하는 것만으로 난자를 수정시키기에는 충분하다. 더욱이 짝짓기와 연결된 다른 위험(잡아먹힐 가능성, 병의 전염)까지 고려한다면, 암컷은 짝짓기에서 어떤 이득도 갖지 못한다고 여겨진다.

그러나 생식세포 생산과는 무관하게 동물생리학 연구에서는 광범위한 일반론을 제시한다. 가령 "태반 동물 중 대다수 경우에서 새끼를 낳고 젖을 먹이는 것은 암컷이다" 또는 "조류에서 알을 낳는 것은 암컷이다"라는 주장이다. 이 일반적이고 중대한 사실은 생물학적 영향을 가지는 자명한 이치와도 같다. 예를 들어 이 집단의 암컷에게 번식의 대가는 단순한 생식세포 생산을 훨씬 넘어서서 때로는 새끼가 젖을 떼는 시기까지 확대 적용되기에 이른다. 다윈도 책에서 다음과 같이 쓰면서 위험을 무릅쓰면서 자신의 주장을 일반화했다.

포유류, 조류, 파충류, 어류, 곤충류 그리고 갑각류까지, 동물계에서 가장 명확히 구분되는 분류에서 성차는 거의 정확하게 동일한 규칙을 따른다. 수컷은 거의 항상 구애를 하고 경쟁자와 싸울 특별한 무기를 갖고 있다. 대개 암컷보다 더 강하고 크며 용기와 호전성이라는 필요한 자질을 갖고 있다.[1]

게다가 이런 말도 했다. "매우 드문 예외를 제외하고는 암컷은 수컷보다 욕구가 덜 강하다. 저명한 헌터Hunter가 오래전에 주지시켰듯이 암컷에게는 치근거릴 필요가 있다. 암컷은 짝짓기에 잘 응하려 하지 않으며 수컷에게서 도망치려 하는 모습이 자주 보인다. 동물의 행동을 관찰한 사람이라면 누구나 그런 예를 다수 제시할 수 있을 것이다."[2]

짝짓기 욕구가 강한 수컷과 짝짓기에 응하려 하지 않는 암컷, 여기에서 종에 상관없이 적용되는 수컷과 암컷의 정의에 도달한 것일까? 생물학자들은 그런 정의를 쉽게 믿었으며, 그것을 "다윈-베이트먼 패러다임"[3]이라고 불렀다. 암수 두 성의 각각의 투자가 번식에서 그들의 역할을 좌우한다고 볼 수 있으며, 암컷은 번식에서 이른바 "콩코드의 오류"[4]를 범한다고 비난받았다. 자손에게 크게 투자하기 전에는 관여하는 데 주저하다가 일단 뛰어들고 나서는 투자한 것을 회수하기를 바라면서 고집스럽게 매달린다는 것이다. 이러한 일반성이 암컷에게는 번식의 임무를 부여하고, 수컷에게는 짝짓기에서 가벼운 태도를 갖게 하는 일종의 견고한 자연법칙을 야기하는 것일까?

여기에서는 인간과 비인간에 대한 연구가 새로운 방식으로 교차한다. 한편으로는 비인간 종에서 추론된 이 결과가 어느 정도까지 인간에게 적용되는지 그리고 규정적으로 적용되는지 자문해보게 된다. 다른 한편으로는 변이성을 많이 보이는 인간과는 대조적으로—"젠더"라는 용어가 그 차이를 가리킬 수 있었다—비인간 종은 확고한 본성을 갖고 있다고 간주하는 경향이 있다. 그런데 "젠더" 범주는 인간에게만 적합하고, 비인간 종은 부득이하게 "성"에만 국한시켜야 할까? "젠더" 연구나 "성의 사회적 관계" 연구에서는 특히 인간 남녀의 노동 분업이나 성 정체성의 구성과 역할을 대상으로 삼았다. 그런데 비인간 종은 어떻게 생각할 수 있을까? 파리 10대학의 동물행동학자 미셸 크로체Michel Kreutzer가 주장했듯이 젠더 개념에 의지해 동물의 행동을 기술하는 것에도 이점이 있다. 생물학자들은 비인간 동물 개체가 각각의 [생물학적] 성에 제한되지 않는다는 점을 말하기 위해 젠더 개념을 사용할 수 있다.[5] 자연사학자가 한 개체를 수컷이나 암컷으로 확인할 때, 개체의 전형적인 행동을 예측하는 데는 암수 구분만으로 충분하지 않다. 게다가 모든 종에서 개체의 섹슈얼리티가 번식을 목적으로 한 교미에만 제한되는 것은 아니다. 동물 집단의 개체들 사이에서의 사회 작용에는 비생식적인 섹슈얼리티도 포함되는데, 논란이 많긴 하지만 보노보 암컷들이 서로 성기를 문지르는 행위인 "GG 문지르기"를 그 예로 들 수 있다. 여기서 "젠더"라는 용어는 유용하게 동원될 수 있다.

일반성에서 개별성으로: 퀴어 동물 이야기

자연사는 생식 형태의 다양성과 고도의 정묘함을 보여주며, 행동의 관점에서 암수의 보편적 개념을 가질 수 없게 한다. 가장 놀라운 예는 분명 수컷과 암컷 모두 음경 형태의 성기를 갖고 있는 점박이하이에나Crocuta crocuta가 될 것이다. 외형상으로는 발기한 생식기의 무게, 음경과 귀두의 직경이 암수 간에 명백한 차이를 보이지 않으며, 수컷의 생식기 길이가 조금 더 길 뿐이다.[6] 암컷의 생식기에는 일종의 음낭까지 있다. 암수가 놀라울 정도로 유사하므로 자연사학자들은 오랫동안 하이에나를 자웅동체라고 생각했다. 이 이야기는 꽤 오랫동안 되풀이되어왔는데 고대 그리스 시대에 아리스토텔레스는 하이에나, 때로는 오소리로 확인되는 트로코스trochos라는 동물을 자웅동체로 추정하는 이야기에 개탄했다.[7] 그런데 그 점에 대해 양성구유에 대한 아리스토텔레스의 적대적인 비판을 믿어야 할까? 현재 분류법에 따르면 스타게이라* 사람들은 줄무늬하이에나Hyaena hyaena를 보았을 가능성이 매우 큰데, 하이에나가 자웅동체라는 소문은 점박이하

116

이에나에게서 나왔을 것이다.

후에 해부학자들은 하이에나 종의 생식기 내부 구조에 관심을 갖고 암수 사이의 유사점과 차이를 확인했다. 암컷의 "유사-음경"은 사실 음핵이 발달한 것으로서 요도가 통과하는데 회음봉선은 완전히 닫혀 있다.[8] 암컷은 이 발기된 음경을 통해 소변을 보고, 교미하며, 새끼를 낳는다. 개체가 성적으로 성숙하기 전에는 암수 간 유사성이 특히 두드러지는데, 그 후 암컷은 비뇨생식기의 도관이 확장되어 교미와 분만을 할 수 있게 된다.[9] 암컷의 음낭은 음순 조직이 모여 불룩한 모양을 형성한 것으로 "가짜 음낭"이라고 불렸다.[10] 하이에나는 이러한 생식기의 유사성 외에도 "역전inversions"을 나타낸다. 특히 성체 하이에나 집단은 암컷의 지배를 받는다. 대다수의 포유류와는 대조적으로 암컷은 수컷보다 공격적이고 몸집도 더 크다.[11]

다른 종들의 사회조직 방식도 자연 속에서 암수에 대한 정의, 위치, 전형적인 행동에 대한 일반적인 주요 견해를 혼란시킨다. 연각, 깝작도요와 같은 몇몇 조류는, 고정관념에 의하면 보통 수컷에게 할당되는 위치를 암컷이 차지한다. 연각의 암컷은 선명한 색을 갖고 있으며, 여러 수컷의 세력권을 총괄하는 넓은 공간을 지킨다. 수컷을 지배하기 위해 암컷들이 서로 싸우며, 연한 색의 깃털을 가진 수컷이 새끼를 돌본다. 깝작도요는 세력권을 주장하지 않는데, 암컷은 처음 낳은 알을 버리고 새로운 상대와 짝짓기를 함으로써 번식의 성공률을 높인다.

연각과 깝작도요 같은 일처다부제의 존재는 일처다부제 사회질서가 일부다처제보다 더 나은지, 어떤 제도가 인간에게 적합한지 말해주지는 않는다. 그러나 수컷이 되는 것과 지배하고 싸우는 것 그리

---

* 고대 그리스의 도시로 아리스토텔레스가 태어난 곳이다.

고 암컷이 되는 것과 둥지에서 얌전하게 있는 것 사이에 필연적인 상관관계가 없다는 점은 보여줄 수 있다.[12] 진화생물학에서는 찰스 다윈이 1859년부터 전개한 성선택 이론 그리고 1971년에 이 이론을 보충한 로버트 트리버스Robert Trivers의 투자 이론investissement parental이 성적행동을 다양성 속에서 설명할 수 있는 이론적 틀을 제공하고자 했다. 이 종들은 생리적 상황(개체의 크기와 관련한 알의 크기 등)이나 환경 조건(세력권을 갖는 종인지 여부, 포식자의 높은 비율)에 따라 수컷은, 암컷들이 경쟁해서 획득해야 할 소수의 자원이 될 수도 있다는 점을 보여준다.

어디에나 있는 성의 무지개

자연에 존재하는 이러한 성의 다양성을 모두 소개하는 것은 어떤 쓰임이 있을까? 단순히 어떤 기묘함을 보여주기 위한 것일까? 특정 유형에 속한 포유류인 우리에게 벌이나 초파리의 성을 결정하는 요소가 무슨 상관이 있을까? 성결정 방식의 다양성과 암수의 다채로움에 대한 이와 같은 성찰은 자연의 성을 정의하는 방법에 영향을 미친다.

2004년에 생물학자 조안 러프가든은 《진화의 무지개Evolution's Rainbow》라는 도발적인 제목의 훌륭한 책을 펴냈다.[13] 그는 성의 자연사를 제시하면서 성과 섹슈얼리티의 자연적 다양성을 표준화된 시각으로 보는 데 반대하고자 했다. 무지개를 이야기하는 것은 생물철학을 위해 이 다양성에서 교훈을 끌어내기 위함이다. 자연은 우리가 제시하는 규범화된 개념에서 벗어나 "인간적인 분류 기획"[14]을 전복시킨다. 러프가든의 책을 읽으며 생물학이 하나의 과학이라는 점을 이해하게 된다. 즉 생물학은 항상 접근법을 개선하고 가정을 재검토하면서, 그리고 자연이 어떠하다거나 어떠해야 한다는 우리의 선입견을 뒤흔들어놓으면서 발전한다.

그에 따르면 생물학은 성의 문제에 대해 오직 두 개의 일반론만 세울 수 있게 한다. 1) 대부분의 종은 성적으로 번식한다. 2) 성적으로 번식하는 종은 거의 보편적이라 할 만한 이원주의에 따라 크기에 차이를 보이는 생식세포를 갖는데, 많은 수의 작은 (정자라고 불리는) 생식세포와 드물고 큰 (난자나 난세포라고 불리는) 생식세포이다. 그것이 유일하게 타당한 추론이며, 수컷과 암컷에 대한 유일한 생물학적 정의이다. 일단 이 두 개의 일반화가 이루어지면, **그 이상 더 나아가는 것은 불가능하다.** 거기에서 시원적 성의 핵심을 보게 될 것이다. 특히 생식세포의 크기에서 보이는 이원주의가 신체 유형, 행동, 개체들의 삶의 과정이라는 면에서 이원주의를 전제하는 것은 아니다.

그는 개체들이 갖는 다양한 외양 형태를 나타내기 위해 "젠더"에 대해 이야기할 것을 제안했다. 일부 종에는 여러 젠더를 가진 수컷이 있다. 북아메리카 호수에서 서식하는 물고기인 블루길 수컷의 한 젠더는 암컷과 유사한 외관을 가질 수 있다. 세 개의 젠더가 있는 목도리도요의 수컷 중 한 종류는 암컷처럼 희거나 검은 어떤 장식깃도 갖고 있지 않다.[15] 벌새 같은 다른 종에서는 수컷과 똑같은 깃을 가진 "수컷화된 암컷"이 있는 반면, 일부 수컷은 암컷과 같은 색을 갖고 있다. 이런 조류 집단에 대한 연구에 따르면, 42종 가운데 7종은 웅성화된 암컷과 자웅화된 수컷을 나타내며, 9종은 웅성화된 암컷이지만 자웅화된 수컷은 아닌 것, 2종은 자웅화된 수컷이지만 웅성화된 암컷은 아닌 것이고, 24종은 웅성화된 암컷도, 자웅화된 수컷도 아닌 것이다.[16] 이와 같이 수컷과 암컷은 한 종 내에서도 여러 형태의 외양과 젠더를 가질 수 있다.

그러므로 생식세포의 크기는 이원주의를 나타내는 반면, 종은 흔히 두 개 이상의 젠더를 갖는다. 이는 고정관념을 반박한다.[17] "한 생물은 일생 동안 오로지 수컷 아니면 암컷이다"라고 말하는 것은 잘못이다. 동시적이든—식물의 경우 가장 일반적으로 보이는 형태이다—몇몇 어류에서 볼 수 있듯이 순차적이든 간에 자웅동체인 개체가 많이 존재하기 때문이다. 마찬가지로 암컷이 수컷보다 더 큰 종이 존재하는 한, "평균적으로 수컷은 암컷보다 더 크다"라는 말도 잘못이다. "수컷이 아니라 암컷이 항상 새끼를 임신한다"라는 말도 잘못이다. 해마는 수컷이 임신을 하기 때문이다. "수컷은 항상 XY 염색체를, 암컷은 XX 염색체를 가지고 있다"라는 말 역시 잘못이다. 앞서 언급한 〈표7〉에서는 염색체 전체와 온도에 의한 성결정의 경우를 보았다. "두 성에 상응하는 두 젠더만이 존재한다"는 말도 잘못이다. 각각의 성은 다른 "외양"으로 존재할 수 있으며, 단지 인간만 그런 것이 아니기 때문이다. (이형태가 아니라) 단일형태인 종이 존재하는 한 "수컷과 암컷은 동일한 외관을 갖지 않는다"는 말도 잘못이다. "수컷은 음경을 가지고 있고 암컷은 젖을 먹인다"는 말도 잘못이다. 조류와 어류 수컷 다수는 음경이 없고, 박쥐의 몇몇 종들은 수컷이 젖을 먹이기 때문이다. "수컷이 암컷을 지배한다"는 말 역시 잘못이다. 하이에나, 연각, 깝작도요 경우에서 보았듯이 사회 동학은 종에 따라 변화하기 때문이다. "암컷은 일부일처제를 따르고 수컷은 바람피우길 좋아한다"는 말도 잘못이다. 그것은 종에 따라 다르기 때문이다.

자연의 성에 대한 우리의 암묵적인 이해는 상당 부분 암수를 생식 유형으로 정의하는 매우 광범위하고 취약한 정의를 받아들이게 만들지만, 그런 이해는 자연의 다양성 앞에서 무너져버린다. 난자/정자라는 이분법이 확실하다고 해도 개체 층위에서도 그런 것은 아니며, 여러 "젠더"가 존재한다. 두 유형의 생식세포가 존재한다고 해서 두 유형의 생식세포 생산자가 존재한다고 볼 수는 없다. 앞에서 언급한 의미 3.3[생식세포 유형으로서의 성]과 3.5[생식세포를 생산하는 개체 유형으로서의 성] 사이에는 단절이 존재한다.

자연사에 존재하는 변이에 대한 이러한 관심은 말린 아-킹Malin Ah-King이 말한 "퀴어 자연주의"를 낳았다.[18] 대안자연주의는 생물학 사에 크게 영향을 주는 발견들로 풍부해지며 생물학의 변화를 위해 생물학 내부에서 제기되는 주장에 의지한다.

인류에 대해 어떻게 생각할 것인가?

퀴어 동물 이야기는 한 가지 문제를 남겨놓는다. 자연에 있는 종들에 다양성이 존재한다고 해도 각각의 종에 적용되는 규범이 존재한다는 생각을 반박하기에는 불충분하다는 것이다. 종에 **따라** 암수의 의미에 다양성이 존재한다고 해서 **종별로** 암수 표현에 특수한 의미가 존재한다는 생각까지 약화시키지는 않는다. 이런 차원에서 인류에게 자연적인 규범이 되는 것을 대략적으로 이끌어내려는 계획을 검토해야 한다. 그런 관점에서 진화적으로 우리에게 가장 가까운 종인 유인원에게 관심이 향했다.

특히 1977년에 쇼트R. V. Short는 놀라운 시도를 제시하면서 수컷의 외적 생식기관의 크기와 사회조직 방식 사이의 상관관계를 도표로 밝혀냈다. 수컷 고릴라는 몸 크기에 비해 상대적으로 매우 작은 고환을 가지고 있지만 매우 위계적인 사회 체계 속에서 사는데, 등에 은색 털이 난 한 마리의 수컷이 암컷 무리를 지배하면서 경쟁자들을 무리에서 배제한다. 반대로 수컷 침팬지는 매우 커다란 고환을 가지고 있으며, 그와 관련해 수컷 사이에서 암컷을 차지하기 위한 치열한 경쟁이 존재한다. 침팬지 무리는 이합집산이 이루어지는 사회조직으로

6. 동물의 젠더에 대하여

121

서 개체들은 지속적으로 재구성되며 10여 마리로 이루어진 여러 집단을 돌아다닌다. 이 기준에 의하면 인간 남성은 상대적인 크기의 고환을 가지고 있으므로 인간의 자연적 사회 상태에서는 수컷의 난혼이 전제된다고 생각하는 경향이 있다. 달리 말해 수컷은 "자연적으로" 부정을 저지르는 경향이 있고, 일부일처제는 수컷에게 다소 강제되는 제도라는 것이다.[19] 이 주장에서 놀라운 점은 그것을 옹호하기 위해 제시되는 이론적 무기는 시간이 흐르면서 바뀌었지만 주장자체는 변하지 않은 채로 있다는 것이다. 쇼펜하우어가 19세기에 쓴 《사랑의 형이상학Métaphysique de l'amour》에서도 거의 동일한 표현을 발견할 수 있다.[20]

그런 논증을 어떻게 생각해야 할까? 그 논증에서는 각각의 종에는 한 형태의 사회조직만이 존재한다고 가정하는 경향이 있다. 그런데 행동생태학의 연구 결과에서는 자연에는 모든 종에 적용되는 피할 수 없는 규칙이 존재하지 않는다는 점을 충분히 볼 수 있다. 한편으로 종의 집단에는 항상 예외가 되는 종이 있다. 다른 한편으로 종에서 성적 상대 간의 사회적 관계 조직—"짝짓기 체제"라고 부르는 것—은 결코 고정되어 있지 않다. 그 조직은 개체 밀집도, 환경 내 자원의 가용성 또는 개체들의 개성 같은 다른 요인들을 함축하고 있는 생태학적 역학에 따라 변화한다.[21] 진화생물학자 프랑크 세지이Frank Cézilly가 설명했듯이 "성 역할의 분화는 자연의 문제보다는 정도의 문제이다". 성 역할의 분화는 상황에 달려 있으므로 "종을 비교하는 것은 자연적인 것과 그렇지 않은 것을 결정하는 데는 아무 소용이 없으며, 무엇보다도 생명체의 다양성은 여러 다양한 '경제적' 압력에 대한 가능성에의 큰 도박을 나타낸다는 점을 이해할 수 있게 해야 한다".[22]

개체의 성으로부터 그 개체가 어떤 부모 역할을 맡을지는 추론할

<그림1>. 암컷이 본 수컷

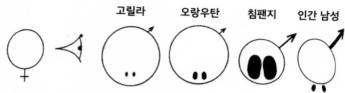

고릴라　　오랑우탄　　침팬지　　인간 남성

신체, 고환, 발기한 음경이 네 개의 종에서 각기 다른 크기로 나타남

<그림 2>. 수컷이 본 암컷

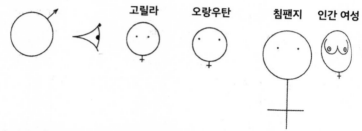

고릴라　　오랑우탄　　침팬지　　인간 여성

신체, 유방, 회음부 발달이 네 개의 종에서 각기 다른 크기로 나타남.
(R. V. Short, 1977, cf. note 154)

수 없다.[23] 이 이론적 불가능성은 개체와 개체의 특이성에 적용되며, 집단에도 적용이 된다. 짝짓기 체제는 개체들의 행동과 사회적 상호 작용에서 나타나며, 유인원을 준거로 삼는 것이 인간에 대한 추론을 이끌어내는 데 타당한 근거가 되지는 않는다.[24]

III.   인터섹스 혁명

: 이분법을
흔들어놓는 것

7.   모든 아이는 동일한 가치와 존엄을 갖는다

인간 종은 생물학적 종의 하나이다. 생물학적 종으로서 인간 개체는 일정한 환경에서 민감하게 반응하며 태아에서 아이, 성인으로 발달한다. 성은 실현해야 할 본질에 예정된 대응물 가운데 정해지는 것이 아니다. 성은 점진적인 과정(임신 그리고 성장으로 이어지는, "발달"로 불리는 메커니즘의 총체) 속에서 만들어지며, 그 과정 중에는 다양한 현상이 원인으로서 개입할 수 있다. 인간의 성은 플라톤주의적인 멋진 이분법을 실현하지 않는다. 모든 것은 변화무쌍하며 그 실현에 이르게 한 우연성을 따른다. 해부학적 구조의 다양성이 인정되는 것이 성의 해방과 정의에 이르기 위해 가장 좋은 방법일까? 앤 파우스토-스털링은 성을 다섯 개로 볼 것을 제안했다. 어쩌면 생식기는 완전히 잊고 사회에서 개인이 자신을 나타내는 바를 따르는 편이 나을지도 모른다. 해부학적 구조에서 추정된 "진실"은 중요하지 않다. 개개인의 말을 듣고 그들이 나타내는 젠더에 관심을 가져야 할 것이다.

칼리페디callipédie란 우수한 아이를 낳는 법을 가리킨다. 전통적으로 우생학적 틀에서 해석되는 칼리페디는 전체적으로 고려할 때 종에 해로울 수 있는 "결함"의 제거를 목표로 한다. 보편적인 칼리페디는 모든 아이는 우수하다고 주장하려 한다. 보편적인 것으로서 칼리페디는 모든 아이는 동일한 가치와 존엄을 갖는다고 주장한다. 그리고 인간의 생명을 적절한 것, 교정하거나 제거해야 할 것으로 서열을 매기는 모든 우생학적 시도에 반대한다. 이 장에서는 이와 같은 우생학/칼리페디의 갈등을 성의 관점에서 논의할 것이다. 보편적인 칼리페디는 모든 생식기의 해부학적 형태에 가치가 있다고 인정하는 데 반해, 우생학은 결함을 바로잡고 제거하려 한다.

성에 대한 부모들의 집착

매일 아기가 태어난다. 그리고 매일 똑같은 두 문장이 나온다. "아들이에요", "딸이에요" 각각의 아기에 대해 오로지 그중 한 문장만을 말하며, 둘 다 말하지는 않는다. 성은 여기에 근거를 두게 된다. 아기가 태어나면 해부학적 구조를 보고 하나의 성을 부여한다. 인간 사회에서 "성"이라고 부르는 것은 태어난 날 영아의 생식기에서 결정된다.

사실 엄밀하게 말해 오늘날에는 태어난 날에 아기의 성을 알게 되는 것은 아니다. 의학용 특수 촬영 기술을 통해 자궁에서 일어나는 신비를 알아낼 수 있기 때문이다. 초음파 검진은 출생하기 훨씬 전에 태아의 성을 확인해준다. 태아의 성은 임신 5개월 차에 이루어지는 초음파 검진(즉 무월경이 일어난 22주에서 24주 사이, 즉 2분기에 이루어지는 초음파 검진)에서 확실히 탐지될 수 있다. 많은 부모(모두는 아니지만)는 가능한 한 빨리, 즉 태아가 성적으로 분화되기도 전에, 생식기가 형성되기도 전에 아이의 성을 알고 싶어 한다. 무월경이 일어난 12주에서 14주 사이, 임신 3개월 차에 제1분기 초음파 검사가 이루어지자마자 태아의 성을 "감별"하기 위해 여러 방법이 동원된다.[1] 태아의 생식 결절이 몸의 척추와 수평을 이루고 있으면 여자아이라고 보고, 수직을 이루고 있으면 남자아이라는 주장이 있는데, 80퍼센트 정도로 믿을 만한 결과가 나온다고 한다. 제1분기 초음파 검사는 태어날 아이의 성을 결정하기 위한 것이 아니라 태아의 생존 가능성을 점검하고 만일의 질병을 찾아내기 위한 것이라고 할지라도 부모들의 집착과 아이의 성에 대한 고착 때문에 사람들은 과학의 발전 속도보다 더 빨리 성을 알고자 하며 의사에게 성별을 알려달라고 닦달한다. 또 다른 사람들은 태아의 성을 모체의 혈중에 있는 융모성 성선자극 호르몬HCG, hormone chorionique gonadotrope의 농도와 관련시키려 한다(이 농도는 성이 여성인 태아의 경우 훨씬 더 높아진다).[2] 영양아층 생체조직 검사나 양수천자 같은 방법은 감염의 우려가 있기 때문에 거의 사용되지 않는다.

이러한 집착은 새로운 것이 아니다. 산부인과 의사들의 글에는 부모와 의사에게 주는 조언이 넘쳐나는데 일단 형성된 태아의 성을 밝히기 위한 것만이 아니라 태아의 성이 형성되기도 전에 영향을 주기 위한 것도 있다. 요컨대 성별에 대한 부모들의 집착은, 가능하기만 하다면 자기 아이의 성을 스스로 선택하려 할 정도이다. 농학자와 사육사가 쓸모없는 수컷보다는 암컷, 젖소, 암탉을 갖기 위해 북풍이 부는 날이나 건조하고 추운 날씨를 피해 교미를 시켜야 한다고 생각했던 것처럼 우리는 인간에게도 성을 선택할 수 있는 방법을 적용한다. 17세기에 프랑수아 모리소François Mauriceau는 의사들에게 조언하면서, 부모들이 바라는 성과 반대 성을 가진 아이를 낳게 될 거라고 말하라고 했다. 그들이 원한 성의 아이를 갖게 되면 의사의 잘못을 너그러이 용서하고 오해를 비웃는 데 그칠 것이고, 반대로 예측이 맞다면 난처해진 부모가 의사의 예측 능력을 칭찬할 수밖에 없다는 것이다.[3] 두 세기 후 알프레드 벨포Alfred Velpeau는 한 단계 더 나아갔다. "몇몇 산부인과 의사들은 우연에 기대어 가족이나 산모가 원하는 아기의 성을 물어본 다음 그들이 바라는 성별을 단순히 약속해버린다. 그러나 반대로 하는 게 더 현명할 것이다. 그들이 여자아이를 바란다면 남자아이가 나올 거라고 하고, 남자아이를 바란다면 여자아이가 나올 거라고 약속하라."[4]

따라서 부모들은 '칼리페디', 즉 우수한 아이를 만드는 법만이 아니라 따라야 할 모종의 규범에 사로잡혀 있다. 물론 각자의 운에 따라 주어지는 행운이나 신의 섭리를 받아들이는 가족이 있는 반면, 상당수의 부모는 언제나 태어날 아이의 성에 사로잡혀 있었다. 오래된 상속법에서는 흔히 여성 상속자보다는 남성 상속자에게 더 큰 중요성을 부여했다. 하지만 오늘날에도 많은 어머니와 아버지가 아들 또는 딸을 절대적으로 바란다. 왜 그렇게 된 것일까? 사회적 요인이나 문화적 재현이 그런 상황에서 결정적인 역할을 한다. 몇몇 국가에서는 여아 살해율이 높은데, 경제학자 아마르티아 센Amartya Sen은 특히 일부 아시아 국가에서의 과도한 여성 사망률을 규탄하기 위해 "사라지는 여성들"이라는 개념을 제시했다.[5] 서구 사회의 많은 부모는 이른바 "왕의 선택choix du roi"을 선호해 아들과 딸을 낳아 핵가족을 재현해내고 싶어 한다. 다른 사람들은 부모의 개인사에서 무언가를 "바로잡기" 위해 이러저러한 성별의 아이를 갖기를 바란다. 죽은 아버지를 다시 살아나게 하기 위해 아들을 갖거나 세상을 떠난 할머니를 잊기 위해 딸을 갖는 것이다. 아이의 성과 관련해 부모의 선호를 다룬 인구통계학적 연구는 매우 드물다. 부모들이 집착하는 "왕의 선택", 즉

아들과 딸을 하나씩 갖는다는 얘기는 환상의 차원에서는 영향을 미칠지 몰라도 실제로 측정 가능한 인구통계학적 차원에서는 영향을 주지 않는다.[6]

아이의 성을 알게 되는 순간은 결정적이다. 그때부터 모든 사회 체계가 작동하기 시작한다. 성은 알려지자마자 더 이상 성이 아니며, 필연적으로 젠더에 물들게 된다. 여자아이와 남자아이에 대한 사회문화적 표상이 개인이 행동하는 방식에 개입한다. 즉 부모와 주위 사람들이 아기의 성을 아는 순간 모든 것이 바뀐다. "남자아이예요" 또는 "여자아이예요"라는 말은 "수행적" 기능을 갖는다고 말할 수 있으며 실재를 변화시키는 힘을 갖는다. "약속할게"나 결혼식에서 "네, 맹세합니다"라고 말할 때와 비슷하게, 말이 약속을 만들어낸다. 물론 "여자아이예요"나 "남자아이예요"라는 말이 본래의 의미에서 아이의 성을 "생겨나게" 하는 것은 아니다. 그러나 그 말의 수행적 성격은 말을 하는 바로 그 순간에 행해지는 모든 것을 강조한다. 마치 가치와 상징으로 이루어진 회오리바람이 아이의 세계를 갑자기 뒤덮은 채 아이의 존재에 "고정관념"이라는 수많은 획일화된 표상을 심어주려는 것 같다. 부모들과 아이들은 이 과중한 고정관념에 맞서 제각각 반응할 수 있다. 그들은 고정관념을 지지하거나 거부할 수 있고, 그것을 받아들이거나 반대하면서 형성해나갈 수 있다. 그러나 고정관념이 존재하지 않았던 것처럼 행동할 수는 없다. 고정관념을 완전히 무시한 채 살아갈 수는 없다. 이 고정관념, 사회적 규범이 관행을 결정하고, 행해질 것과 행해지지 않을 것을 정하기 때문이다. 그것은 허락되는 것과 금지되는 것의 의미보다는 적절한 것과 방해되는 것, 칭찬받을 만한 것과 불쾌한 것의 의미에서 정한다.

물론 태어난 아이는 대개 하나의 성에 속한다는 것을 확인해주는 성기를 갖추고 있다. 아이는 그에게 영향을 미치고, 그를 형성하고 만드는 상징, 기호, 말, 행동으로 넘쳐나는 세계에 갑자기 도달하게 된다. 인간과학과 사회과학은 일정 시기에 일정한 사회에서 여자아이와 남자아이, 남자와 여자의 정상적인 역할이 결정되고 고정되고 지배되고 부여되는 방식에 대한 집단적 고찰을 "젠더"라는 분류 아래 정리했다. 성차의 문제에 역사학, 사회학, 인류학을 적용한 젠더 연구는 남성성과 여성성의 재현, 일정 시기, 일정 사회에서 남자나 여자에 대해 "정상적"이라고 판단하는 것의 다양한 재현을 보여주었다. 그리고 우리 행동의 역사성과 사회 규범의 상대성을 보여주었다. 고대 그리스의 에라스테스Erastes와 에로메노스Eromenos*와 연결된 매우 규약화된 행동을, 현대사회에서, 가령 게이 문화에서 "동성애"라고 부르는 것과 비교할 수는 없다.[7] 마찬가지로 여성 동성애에 대한 재현은 시간이 흐르면서 변화했다.[8] 그리고 우리가 생각하는 이성애는 만들어진 것으로서 역사에 남는 것이 될 수 있었다.[9] 남자아이의 성인 남자-되기, 여자아이의 성인 여자-되기를 억압하는 규범 전부가 시간이 흐르면서 자주 바뀌었다. 너 자신이 되어라!** 예언은 대개 창조적인 성격을 갖는 법이다.

그렇기는 하지만, 인터섹스의 문제

겉으로 보기에 남성적인 것과 여성적인 것은 두 개의 정연한 통계적 집단("클러스터")을 형성하는 것 같다. 그러나 그 특징은 서로 얽혀 있다. 높은 목소리는 여성적인 것이라고 하지만, 날카로운 목소리를 가

---

* 대개 40세 미만의 성인 남성은 에라스테스, 12세에서 18세의 소년은 에로메노스 라고 하며 각각 사랑하는 자, 사랑받는 자라고 칭했다.
** 니체, 《차라투스트라는 이렇게 말했다》.

진 남자도 많이 볼 수 있다. 털이 많으면 남성적인 것이라고 하지만, 털이 많은 여자도 많이 볼 수 있으며 그 외의 예도 많다. 마찬가지로 개인들의 키 분포에서도, 남자들의 신장의 그래프 곡선과 여자들의 신장의 그래프 곡선은 겹친다. 1미터 70센티미터는 남자의 키를 가리킬 수도, 여자의 키를 가리킬 수도 있다. 2차 성징이 변화하면서 남자들의 그래프 곡선과 여자들의 그래프 곡선은 공통된 범위를 갖는다.

사람들은 개체의 염색체형, 호르몬 비율, 성기의 내부 구조 같은 소위 일차적 특성 층위에서도 성이 다양하게 변이한다는 점을 잘 알지 못한다. 동종이형이라는 두 원형으로 환원되지 않는 이러한 성의 변이를 나타내기 위해 "인터섹스"라는 범주가 만들어졌다.

"인터섹스"가 뜻하는 것은 무엇일까? 우선적으로는 성기가 표준적인 식별에 맞지 않는 개체를 가리킨다. 전통적인 정의에 따르면 "명백하게 남성의 것도, 여성의 것도 아닌 성기를 갖고 태어난 아기"[10]를 말한다. 이 용어에 포함된 여러 실재에 대해서는 다시 검토하겠지만, 우선은 인터섹스의 삶이 여러 이론에 편입된 방식에 주목해보자.

"명백하게 남성도, 여성도 아닌" 인터섹스는 이분화된 질서, 오로지 두 개의 성만이 존재한다는 생각을 동요시킨다. 따라서 비표준적인 신체를 "규제하기" 위해 성 재지정이라는 프로토콜이 실시되었다. 그 의도적 개입은 인터섹스에게 "받아들여질 수 있는"[11] 성을 부여하는 것이었다. 인터섹스의 성 "재지정"은 호르몬 치료와 교육과 함께 이루어졌으므로, 성 정체성은 가변적이고 강제성이 거의 없는 요인이며, 성적 행동이나 남성이나 여성에 대한 성적 지향에는 선천적인 근거가 없다고 생각하게 되는 데 결정적인 역할을 했다. 존 머니 박사와 정신과 의사 로버트 스톨러Robert Stoller는 생물학적 성과 성적 정체성(남성 또는 여성으로 자각하고 그에 상응하여 행동하는 현상)을 구별할 것을 제안했다.[12] 그것은 인류학 그리고 남성과 여성에게 부여된 역할의 문화적 변화에 대한 경험과 아울러 젠더 개념의 기원 가운데 하나를 이룬다.[13]

인터섹슈얼리티는 어떻게 일어날 수 있을까? 임신 기간 중 4분의 1분기 동안 태아는 성적으로 분화되지 않은 상태로서, 내부와 외부의 생식기관이 점차적으로 형성되기 시작한다. 생식 결절은 남자아이의 경우 음경으로, 여자아이의 경우 음핵으로 점차 변해간다. 마찬가지로 여자아이에게는 질, 나팔관, 난소, 남자아이에게는 음낭, 고환이 형성된다. 이 과정은 유전적으로, 호르몬에 의해 결정되며, 인간에게 남성의 해부학적 구조와 여성의 해부학적 구조라고 간주하는 전형적인 두 형태의 생식기가 형성되게 한다. 생식기는 단번에 정해지는 것이 아니라 태아 상태에서 발달되기 때문에 이 발달에 영향을 미칠 수 있는 돌발적이고 상이한 사건에 따라 생식기에 변화가 일어나기가 쉽다. 따라서 전형적인 여성의 형태와 전형적인 남성의 형태 사이에는 중간 형태의 집합이 존재한다. 바로 "인터섹슈얼리티intersexualité 또는 intersexuation"라고 부르는 상태이다.

생식기관의 크기를 예로 들어보자. 통계적으로, "정상적인" 음핵은 1센티미터를 넘지 않고, "정상적인" 음경은 2.5센티미터와 4.5센티미터 사이의 크기를 갖는다. 이와 같은 통계적 표준을 넘어서면 이상, 즉 희귀함에 들어가게 된다. 그런데 이 "희귀함"은 병적인 것으로 취급되었으므로 의학적 관점에서 크기가 1센티미터에서 2.5센티미터 사이인 생식기관을 가지고 있는 것은 정상에서 완전히 제외된 것이라고 말할 수 있었다.[14] 아이가 통계 자료에 비해 너무 큰 음핵이나 너무 작은 음경을 갖고 태어나면 외과의사가 수술로 교정한다. 가령 남성(XY)의 유전적 정의에 상응하지만 음경이 없거나 크기가 불충분한 경우(호르몬 치료 후에도 음경이 2센티미터 미만인 경우)에 해당하는 아기는 "인터섹슈얼리티"라고 부른다. 또는 XX를 가진 아기가 너무 큰 음핵을 가지고 있는 경우에도 그렇게 말한다. 따라서 매우 상이한 개체가 이 "인터섹슈얼리티"라는 범주 내에 모이는데, 이들은 양성구유androgyne나 자웅동체hermaphrodisme 같은 다른 개념과 혼동해서는 안된다. 인터섹슈얼리티는 정의상 두 개의 성을 동시에 갖추고 있으며 두 성이 붙어 있다고 보는 "양성구유"가 아니다. 양성구유는 남성성과 여성성이 혼합된 상태로, 양쪽의 일부가 잘못 제거된 채 유기적으로 양립하고 있는 상태를 기술한다. 인터섹스는 "자웅동체(헤르마프로디테)"도 아니다. 자웅동체는 음경이면서도 질인 이중적인 생식기를 갖추고 있거나 외양은 여자아이지만(커다란 엉덩이, 가냘픈 얼굴, 풍만한 가슴) 남자아이의 생식기를 가진 신화적 인간을 지칭한다.

인터섹슈얼리티는 여러 유형의 문제를 제기한다. "인터섹슈얼리티"라는 명명 아래 결합한 비정형적인 생식기는 단순히 종의 정상적인 변이인가, 아니면 질환으로 간주되어야 하는가? 그것은 정상인가(통계적으로 흔하지만 병적이지 않은 것), 이상인가(통계적으로 드문 것), 아니면 비정상인가(치료해야 할 병리, 때로는 치명적인 기형)? 달리 말해, 인터섹슈얼리티의 문제는 이중적이다. 그것은 통계적 측면(관련 개체가 흔한가? 희귀한가?)과 의학적 측면(개체들이 생존 가능한가? 소변을 보거나 생식하는 것 같은 일부 생물학적 기능을 실행하는 데 영향을 받는가?)을 포함한다. 두 번째 경우에는 다음과 같은 문제가 제기된다. 의사의 교정적 개입이 필요한가? 아니면 보편적 칼리페디의 정신에 따라 이 개체들을 있는 그대로 내버려두어야 하는가? 여기에서 생식기 크기의 측정만으로는 인터섹슈얼리티 문제를 철저히 고찰할 수 없다는 점을 알게 된다. 인터섹슈얼리티의 문제는 기능의 실행(또는 변화)에도 관련된다.

이론들에 점령당한 인터섹스

"인터섹스"는 젠더의 규범에 부합하지 않고 비인습적인 생식기를 갖고 태어난 사람을 가리킨다. 특히 너무 작은 음경이나 비대한 음핵 또는 결절이 있는 고환이나 미하강未下降 고환을 갖고 태어난 사람의 경우를 지칭한다. 1970년대에 인터섹스 아동들은 규범에 합류할 수 있도록 여러 외과적 치료나 호르몬 치료를 받았다. 치료가 실패할 경우, 아이들은 정기적으로 교정 수술을 받고 성을 재지정받았다. 가령 XY 염색체형을 가지고 있으면서 음경이 너무 작은 아이는 외과적 수술을 통해 성을 재지정받은 후 부모로부터 여자아이로 양육될 수 있었다. 반대로 음경 모양의 음핵을 가진 아이는 남자아이로 성을 재지정받지 않고 그대로 양육되었지만, 음핵이 너무 "음경처럼 보인다"[15]고 판단될 때는 절단 수술을 받았다.

인터섹스의 의학적 치료에서 이루어지는 외과수술은 트랜스섹슈얼의 경우와 연관시킬 수(그리고 혼동을 일으킬 수) 있었다. 전통적인 문헌에 따르면 "트랜스섹슈얼"은 어느 하나의 전형적인 생식기를 가지고 있으면서 다른 성을 "재지정"하도록 요청할 수 있었다. "트랜스섹슈얼리즘"이라는 의학적 실체는 개인의 성 정체성과 관련된 정신적 상태를 기술하는 것으로서 한 개인이 자신의 생물학적 성과 일치하지 않는 "남성"이나 "여성"으로 의식하면서 하나의 성에서 다른 성으로 "이행하게" 하는 것이었다. 이를 위해 의학에서는 선택한 성에 맞는 몸을 만들기 위해 외과수술을 권장했다. 트랜스섹슈얼의 경우에서나 인터섹스의 경우에서 성은, 개인이 수술을 받음으로써 따라야 할 규범처럼 작용했다. 태어나자마자 수술을 받은 인터섹스에게는 선택의 여지가 없었고, 성 재지정은 생식기의 형태와 연관된 의학적 결정으로서 신생아나 아동에게 통계적 기준을 적용하는 데서

비롯되었다. 트랜스섹슈얼의 경우, 의료 체계에서 제안된 외과수술
은 적어도 환자의 동의하에 이루어질 수 있었다.

역설적이지만 가장 상징적인 인터섹스 아동 외과수술 사례는 인
터섹슈얼리티와는 관련이 없는 것이었다. 문헌상으로는 "존/조앤"
사례로 알려진 브루스 라이머Bruce Reimer 이야기로, 그는 생후 8개월에
포경수술을 받은 남자아이였다. 포피가 요도를 막아 정상적인 배뇨
를 방해하자 가벼운 수준의 포경수술이 이루어졌는데 수술 중에 의
료 사고가 일어나 음경이 손상되었다. 아이의 부모는 뉴욕존스홉킨
스대학 병원의 소아정신과와 심리학 교수였던 존 머니에게 상담을
받았다. 아이의 음경을 복원하는 것이 불가능하다고 판단되자 머니
교수는 브루스의 고환을 절제하고 자궁을 만들어 "여자아이"로 만들
것을 제안했고 브루스는 브렌다가 되어 여자아이로 양육되었다. 게
다가 브루스에게는 쌍둥이 형제 브라이언이 있었으므로, 그의 경우
는 특히 설득력 있는 것으로 여겨졌다. 외과수술을 통해 브루스를 브
렌다로 변화시킴으로써 교육과 수술을 통해 진짜 "여자아이"로 만들
수 있다는 점을 보여준다는 것이었다. 동일한 생물학적 "기반"에서
여자아이(브렌다)를 만들 수도, 남자아이(브라이언, 쌍둥이 남동생, 일종
의 대조 표본이 된 유전적 대응 대상)를 만들 수도 있다는 것이었다.

불행하게도 브렌다 라이머의 인생은 머니 박사의 예측대로 전
개되지 않았다. 고환이 절제된 상태였음에도 열다섯 살이 되었을 때
"그녀"는 자신의 남성 정체성을 되찾기를 원했다. "그녀"는 데이비드
라는 이름을 택했고, 후에 결혼을 해서 아내의 아이들에게 새아버지
가 되었지만 38세에 자살하고 말았다.

데이비드 라이머의 몸, 그의 부모와 의사들이 연루된 일련의 결
정에는 경쟁관계에 있던 두 개의 이론이 연달아 동원되었다.[16] 첫 번
째 이론은 성의학자 존 머니의 것으로서 막 태어난 아기는 성 역할에

대해 중립적인 상태, 백지 상태라는 것이다. 이 이론은 전면적 구성주의를 옹호하면서 논거를 내세운다. "젠더" 개념은 잠재된 생물학적 토대에 관계없이 사회적으로 "남성적"이거나 "여성적"으로 만들 수 있는 가능성이라는 개체의 유연성을 나타낸다는 것이었다. 신체, 생물학적 기반, 염색체형, 출생시 호르몬의 역할은 교육에 비해 부차적인 것으로 여겨진다. 머니 박사가 볼 때 생물학적 기준(유전적 기준)은 결정적인 것이 아니며, 미적이고("적합한" 크기의 음경을 갖는 것) 도덕적인 것이다(이성애적 성교가 가능해야 한다). 최소한의 크기에, 알맞은 형태의 음경을 가지고 있지 않은 인터섹스 아기 대부분은 XX를 갖고 있든 XY를 갖고 있든 간에 여성의 성이 재지정되는데, 목적은 이성애적 성기 결합이 가능하게 하는 데 있다. 음경이 삽입 성교를 할 수 없는 상태라면, 음경을 절제하고 여자아이로 성을 재지정하는 것이다.

두 번째 이론도 데이비드의 몸을 점령했는데 내분비 전문의가 내세운 것이었다.[17] 내분비 전문의가 볼 때 아기는 태아로 있을 때 호르몬의 영향을 받게 되므로 젠더에 중립적인 존재가 아니다. 태어나면서부터 아이는 생체적으로나 정신적으로 발달의 방향이 정해지고 아이는 남자아이나 여자아이의 성향, 행동을 갖게 된다. 다이아몬드 Diamond의 의료적 실천 행위는 사회적인 것이 절대적이라는 주장을 부인한다. 존재의 궁극적인 본성, 호르몬 그리고 염색체에 존재하는 본질이 있으며, 요컨대 모든 사람은 출생하기 훨씬 이전부터 이러저러한 방식으로 행동하도록 결정되어 있다는 것이다.

이분화에 반대하는 인터섹스

인터섹슈얼리티 현상은 다른 이론적 토론에도 소환되었다. 인간의 성의 수 문제와 "이분화"에 대한 반대에 관련된 것이다. 전통적인 접근법에 따르면, "두 개의 성"이 존재한다. 한 개체는 이 성 아니면 다른 성에 속하며, 양자택일은 엄격하게 이루어진다. 다른 가능성은 없다. 인터섹스의 존재는 이원론적 접근법을 좀 더 점진적인 접근법으로 대체하는 것처럼 보인다. 두 개의 성만이 아니라 더 많은 성이 존재한다는 것이다. 따라서 앤 파우스토-스털링은 아이러니하게 당혹함을 일으키면서 "남성과 여성만으로는 충분하지 않았다"면서 남성, 여성, 진성반음양, 남성가성반음양, 여성가성반음양*이라는 다섯 개의 성을 제안한다.[18] 그것은 성의 이원성에 반대하는 이론적 투쟁을 위해 인터섹스의 존재를 끌어들이는 새로운 방법일까? 그는 그런 주장을 부인하면서 자신의 목표는 생식기의 외과적 교정 수술을 중단시키려 하는 인터섹스들의 투쟁을 지지하는 데 있다고 말한다.[19] 엄밀한 이원주의에서 벗어나는 것처럼 보이는 모든 것은 기형이 되기 마련이라는 관점을 거부하면서 파우스토-스털링은 정상과 병리 개념을 소환할 것 없이 단순히 다양성의 문제라고 주장한다. 그러나 이 다섯 개 성의 유형론은 여전히 그 용어 자체에 이원주의가 새겨져 있다. 가령 남성"가성"반음양이라고 말하면 규범을 가리키게 함으로써 개체의 변이에 결점이 있다고 여기게 된다. 결국 "진성"반음양은 매우 희귀하고, "여성가성반음양"이 가성-여성인 것처럼 "남성가성반음양"이 가성-남성이라면, 결국 다섯 개 성의 유형론은 두 개의 성으

---

* 진성반음양은 난소와 고환 조직을 모두 가지고 있는 경우, 남성가성반음양은 정소가 있지만 외부 생식기가 여성에 가까운 경우, 여성가성반음양은 난소가 있지만 외부 생식기는 남성에 가까운 경우를 말한다.

로 단순화될 수 있다. 남성(그리고 남성의 시뮬라크라)과 여성(그리고 여성의 시뮬라크라)은 비어 있는 중심, 즉 대단히 희귀한 "반음양herms" 주위로 분할되어 있다. 게다가 이 유형론은 보통 단순한 이상이라고 무시되거나 거부되는 생식기의 유형으로 대체되면서 잘못된 해부병리학적 고착을 강화할 수도 있다. 파우스토-스털링은 해부학적 구조에 그토록 중요성을 부여하지 말았어야 했을 것이다. 사실 일상생활에서는 생식기를 확인하지 않은 채 "젠더"(남성? 여성?)를 부여한다. 심리학자 수잔 케슬러Suzanne Kessler가 지적했듯이, "일상생활에서 우선적인 것은 수행되는 데 있으며, 옷으로 덮여 있는 육체적 외형은 상관없다".[20] 트랜스 또는 퀴어 운동은 젠더 지정을 가능하게 하는 해부학적 단서 제시를 거부함으로써, 모든 형태의 해부학적 유형론보다 훨씬 더 강력한, 사회질서에 대한 항의의 방편을 조직한다.

　게다가 다섯 개 성의 제안은 개체가 특정한 유형의 생식세포를 생산한다고 여기는 생물학적 성 개념을 가리키는 것이 아니다. 관련된 개체가 생식세포를 생산하는지 여부는 결코 명확히 밝혀지지 않는다. 그 유형론은 개체가 생산하는 생식세포의 유형이나(엄밀한 단 하나의 생물학적 기준) 개체의 염색체형이나 유전자형이 아니라 회음부의 성, 생식기 유형에 근거를 두고 있다.[21] 따라서 이 제안은 생물학적이라기보다는 해부학적인 층위에 있다. 사실 생식기 문제는 부수적인 것이 아니다. 다섯 개 성의 주장은 인터섹스 아동들로 하여금 더 이상 출생 직후에 외과 교정 수술의 피해자가 되지 않게 하겠다는, 긴급한 문제에 대한 대책 강구를 목표로 하기 때문이다. 따라서 파우스토-스털링이 그 정치적 기획에서 회음부의 해부학적 구조의 다양성에 이론적 조명을 고정시킨 데는 충분한 근거가 있었다. 그는 외과의사들의 관행에서 보이는 "규율 방식"이나, 이항 범주에 혼란을 일으키는 신체를 "외과적인 수단으로" 강제로 "밀어넣는"[듯한 태도]을 규탄했다. 그러나 생물학적 관점에서 "성"에 대해 말하는 데 충분한 근거는 없었다.

파우스토-스털링은 "인터섹스" 범주를 위해 다섯 개 성의 유형론을 곧 포기했다. 보편적 칼리페디라는 계획과 아울러, 해부학적 구조뿐만 아니라 널리 퍼져 있는 다양성과 가능한 몰상식 속에서 섹슈얼리티도 받아들일 것을 호소했다. 그가 보기에 몸을 규제하고 몸의 차이를 편입시키는 목적은 이성애적 사회의 유지에 있기 때문이다. 인터섹스의 해부학적 구조는 삽입 성교를 할 수 없는 남성이거나 그와 반대로 상대가 남성이든, 여성이든 상관없이 삽입 성교를 할 수 있는 여성이든 간에 그 생물학적 토대 때문에 이성애적 성교의 절대적인 필요성에서 벗어나게 한다.[22] 신체를 통제하면서 행동에 대한 질서 유지가 작동한다. 그것은 동성애의 가능성조차 배제하기 위한 것으로서, 성차의 큰 격차를 연결하는 것은 무엇이든 가차 없이 쫓아낼 것이다.

파우스토-스털링이 1993년에 논문을 발표한 후 셰릴 체이즈Cheryl Chase는 그에 응해 〈인터섹스들의 권리〉라는 편지를 써 보냈다. 체이즈는 파우스토-스털링의 용기를 강조하며 교조적인 의학계와 싸우고자 하는 의지에 찬사를 보냈다. 인터섹스인 체이즈는 성 재지정 수술을 받아야 했던 모든 아이의 이름으로 발언하면서 환자들의 견해를 들려주었고 이 수술의 파괴적인 영향과 무고한 아이들이 해부학적 "정상성"이라는 독단의 이름으로 견뎌야 했던 폭력을 강조했다. 편지의 마지막 부분에서는 인터섹스들을 위한 지원과 대변인 역할을 할 수 있으며, 그들의 개인사에 대한 자료를 모을 수 있는 북미인터섹스협회의 존재를 알렸다. 2000년 5월, 미국 소아내분비 전문의들의 중요 단체인 로손 윌킨스 소아내분비학회에서는 체이즈를 초청해 환자의 견해를 주장하는 연설을 할 수 있도록 기회를 제공했다. 이에 대해 파우스토-스털링은 같은 해 낸 두 번째 논문에서 인터섹스들이 이제 역사에 기록되었다고 언급했다. 인터섹스들의 존재는 이분화에 대한 반론이 되었다. 더 정확히 말해 그들의 존재는 남녀의 이분법적 질서가 개별적인 존재를 제한하는 정치적이고 폭력적인 질서라는 것을 보여주었다. 인터섹스 아동에게 강요되는 치료는, 사회에서, 특히 의료계에서 모든 아동에게 행하는 "성 감별" 과정을 명백하게 드러내주는 확대경으로 사용될 수 있었다. 물론 일반적으로 대다수 아이들은 성 재지정 외과수술을 받지 않지만 의사들은 우리의 생식기를 관찰하며, 그들의 시선은 우리가 개인이 되어가는 데 영향을 미친다. 그러므로 성 감별은 아이를 젠더 법칙에 따르도록 길들이는 것이며, 개인의 정체성과 그들의 생식기나 섹슈얼리티 형태를 일치시키는 전체 과정이다.[23] 인터섹스들의 경험은 성의 이분화를 비판하는 데 주축이 된다. 사회는 이성애자들의 특권을 유지하기 위해 성적 모호성을 좇아낸다.[24] 결국 사회 전체가 머니 박사처럼 이런저런 해부학적 구조가 고정된 인간성을 만들어낸다고 주장하면서 감당할 수 없는 사태를 일으키는 것을 즐긴다. 질을 갖고 있다면, 딸이여, 너는 여자가 될 것이다. 음경을 갖고 있다면, 아들아, 너는 남자가 될 것이다. 그리고 다른 것을 갖고 있다면, 어서 일어나 말하라!

8.

두 개의 성만 있는 건 아니다
: 인터섹스의 다양성

인터섹스 개체들은 다른 형태의 성이 존재한다는 점을 보여주면서 전형적인 남성과 전형적인 여성에 대한 우리의 생각을 약화시킨다. 또한 그들의 조건이 기능적 결함을 수반할 때는 그런 고정된 관념을 어느 정도 강화시키기도 한다.

인간의 성은 10가지 구성 요소로 이루어져 있으므로 성염색체가 사회적 성, 호르몬의 성, 생식기의 성과 불일치하거나 성이 수컷과 암컷 유형에 부합하지 않는다면, 인터섹슈얼리티가 발생할 수 있다. 어떤 사람은 XY 염색체를 갖고 있고 생식선에서 정자를 생산하는데, 회음부의 외관 때문에 여자아이로 사회화된다. 이는 다음과 같은 문제를 제기한다. 여성/남성이란 무엇일까? 성을 지정하는 데 바람직한 기준은 무엇일까? 회음부의 해부학적 구조, 질의 존재, 염색체형, 정자나 난자를 생산한다는 사실일까? 이 질문들은 스포츠계에서 국제올림픽위원회의 의사들이 이따금 성별 확인을 해야 하는 경우에 제기된다. 그러나 두 유형의 생식세포 생산자와 밀접한 상관관계가 있는 것은 두 유형의 생식세포뿐이다. 그러므로 생식세포의 관점에서 보자면, 인터섹스들은 두 개의 성이 존재한다는 생각을 약화시키지 않는다. 앤 파우스토-스털링이 제기한 다섯 개 성의 주장은 매우 정치적인 범위에 있는 것으로서 해부학적으로는 엄밀하지 않은 이야기이다. 그는 외과의사들의 의료 행위와 인터섹스들의 삶에 관심을 가지지만 생식세포에 대해서는 전혀 말하지 않는다는 점에서 엄밀한 생물학적 감각이 없다고 할 수 있다. 성의 이원론은 염색체형이나 형태학 층위에서 영향을 받게 된다. 그러나 기능의 관점에서 그리고 생식을 고려하면 두 유형의 생식세포가 남는다.

반대로 인터섹스 신체의 존재는 인류의 "수컷"과 "암컷"이라는 개념을 확실히 완화시킨다. 암컷과 수컷은 이상적인 두 유형이 아니라 우주적 질서의 두 개의 힘이며 염색체형조차 아니다. 성은 발달 단계에 있는 실체다. 태아의 발달을 지켜보면 음경이란 결국 일종의 비대해진 음핵이라는 것, 고환이 있는 음낭은 접합된 음순이라는 것을 알게 된다. 남성성의 신비한 정수라고 여기는 테스토스테론은 여성화 효과를 주는 에스트로겐과 매우 유사한 분자일 뿐이다. 실제로 테스토스테론이 들어간 약물을 주사하는 보디빌더는 흉근이 여성적인 유방이 되는 '남성 유방비대증' 현상을 조심해야 한다.

이러한 발달의 복합성은 성염색체, 신분증명서의 성별, 생식선의 성 또는 회음부의 성이 불일치할 수도 있다는 점을 밝혀준다.

인터섹스들 가운데 일부는 그들에게 가해진 교정 치료를 규탄하기 위해 공적으로 발언했다. 사실 "인터섹스"라는 용어는 매우 다양한 실재들을 다수 포함하고 있다. 어떤 조건을(즉 어떤 개체를) "인터섹스"로 정의할까? 일부 인터섹스는 터너증후군(XO 여성)과 클라인펠터증후군(XXY 남성)처럼 XX도, XY도 아닌 비전형적인 염색체형을 갖고 있다. 어떤 사람들은 "진성반음양"을 만드는 난자 두 개의 융합에서 생겨날 수 있다. 또 다른 사람들은 "표준" 염색체형(XX 또는 XY)을 갖고 있지만 생식기 형태는 예상되는 해부학적 구조와 부조화할 수 있다.

인터섹슈얼리티 현상의 다양성을 이해하기 위해서는 태아의 발달 과정을 재검토해야 한다. 인간의 태아는 태어난 이후 첫 몇 주 동안 우선 미분화된 생식선을 갖고 있다. 6주째부터 생식선은 남성 생식선(고환)이나 여성 생식선(난소)으로 변화하며, 이를 "1차 성분화"라고 부른다. 다음 몇 주간 생식선은 태아의 미분화 기관(뮐러관과 볼프관)이 여성이나 남성의 생식기로 변화할 수 있는 호르몬을 만들어낸다. 이 "2차 성분화"는 생식선의 호르몬 생산 능력, 합성된 호르몬의 질, 태아의 미분화 기관의 수용성과 분화 능력 등 다수의 요인에 의존한다. 여러 형태의 인터섹슈얼리티가 존재한다. 일부는 산모가 임신 기간 동안 받은 약물 치료 같은 "환경적" 요인에 의해 발생하는데, 이는 태아의 발달에 영향을 미칠 수 있다(가령 생식 기능과 행동에 남성화를 초래할 수 있다). 이제 다섯 가지 상태의 인터섹슈얼리티를 볼 텐데, 그중 두 가지는 염색체에, 세 가지는 호르몬에 원인이 있다.

'정상적인 것'은 통계적으로 정의된다?

XY와 XX 염색체 구조는 통상적이지만 필수적인 것은 아니다. 다른 염색체형을 갖고 사는 사람도 있다. 21번 삼염색체성은 염색체 구성에 변이가 일어난 유명한 사례이다. 게다가 염색체 자체에는 성이 없다. 예를 들어 SRY 유전자가 발달 과정에서 남성화 효과를 일으키지

〈표8〉. 염색체의 인터섹슈얼리티 유형

성염색체	생식기관의 표현형	빈도
45, X0 (터너증후군)	여성. 난소의 불완전한 발달	1/2500 여자아이
47, XXX ; 48, XXXX	여성. 일반적으로 증상 없음	1/500 여자아이
47, XYY	남성. 일반적으로 증상 없음	1/500 남자아이
47, XXY (클라인펠터증후군)	남성. 작은 고환, 유방 발달	1/500 남자아이
48, XXYY, 48, XXXY, 49, XXXXY	남성. 작은 고환, 유방 발달	희귀함 (1/18000과 1/100000 사이)
46, XX	인터섹스(또는 헤르마프로디테)	1/5000 개체
46, XX	남성	1/20000 개체
46, XY	여성. 생식선이 분화되지 않음.	희귀함 (1/10000?)

다음 책에서 참고. 조엘 비엘Joëlle Wiels, 《성차LA différence des sexes: une chimère résistante》, in Catherine Vidal (éd.), Féminin Masculin – Mythes et idéologies, Paris, Belin, 2006, p. 71-81 (p. 73). 오른쪽 두 개의 열(빈도수와 표현형 기술)은 비엘이 상세하게 명시한 것이다. 여기에는 수정하지 않은 채 그대로 인용했다. 비엘이 단순히 "희귀하다"고 표시한 48, XXYY, 48, XXXY, 49, XXXXY, 49, XXXXY 행은 다음 문헌에서 제시한 추정을 표기했다. 니콜 타르탈리아Nicole Tartaglia et al, 《48, XXYY, 48, XXXY, 49, XXXXY 증후군: 단순한 클라인펠터증후군의 변이형이 아니다48, XXYY, 48, XXXY and 49, XXXXY syndromes: not just variants of Klinefelter syndrome》, Acta Pædiatrica, 100-6 (juin 2011), p. 851-860. 게다가 이 조건은 때때로 "가성-클라인펠터"로 지칭되지만, 타르탈리아 등은 이러한 명칭을 비판한다. 약간 수정이 가해진 표가 다음 문헌에 제시되었다. 《성의 유전적 결정: 복잡한 문제La détermination génétique du sexe: une affaire compliquée》, in Mon corps a-t-il un sexe?, Paris, La Découverte, 2015, p. 50.

않으면 염색체상 XY인 여성이 존재하게 된다. 단 하나의 X만 지닌 채 사는 것도 가능하다. 45, X0은 터너증후군의 핵형으로 여성에게서 나타나며, 일반적으로 불임이지만 난모 세포를 제공받으면 임신이 가능하다. 세 개의 X(47, XXX)를 가지고 있지만 생식 능력에 문제가 없는 경우도 있다(정상 개수 이외의 X가 활성화되지 않는다고 추정된다).

XYY 염색체를 가진 남성은 정상적이고 생식도 가능하다. 47, XXY는 클라인펠터증후군의 핵형으로서 이 증후군이 나타나는 사람은 대체로 작은 고환을 가진 남성으로서 불임 문제에 직면할 수 있다.

정상적인 것은 흔히 통계적으로 정의되므로 프랑스에서 유전학자 조엘 비엘은 〈표8〉에서 요약한 바와 같이 염색체가 인터섹슈얼리티인 경우에 보이는 일정한 통계적 빈도를 강조하고자 했다.

마지막 네 개 행(희귀한 것에서 매우 희귀한 것까지)과 두 번째, 세 번째 행을(무증상) 제외한다면, 염색체형으로는 터너증후군과 클라인펠터증후군이라는 두 가지 증후군이 남는다. 〈표8〉을 해석하면서 조엘 비엘은 "상당수의 사람들이 '비표준적인' 성염색체를 나타낸다"는 점을 강조한다. 그는 프랑스에 X 염색체를 세 개 이상 가진 사람들(2행)의 수가 6만 명에 이르고, 두 개의 X와 하나의 Y를 가진 사람들(4행)도 마찬가지로 6만 명에 이른다고 추정한다.[1] 그리고 이 수치는 "700명 중 1명(프랑스에서는 8만 5000명)에게 나타나는 21번 삼염색체성(또는 다운증후군), 500명 중 남자아이 1명(프랑스에서는 6만 명)에게 나타나는 근병증* 또는 2000명 중 1명이 걸리는 낭포성섬유증** 같은 다른 염색체 및 유전 질환에 비할 만하다".[2] 그런데 일반 대중이 다운증후군(21번 삼염색체성)이나 근병증에는 민감한 반응을 보이는 반면, 클라인펠터증후군이나 터너증후군의 존재는 대개 무시한다는 점을 강조하면서 비엘은 다음과 같이 결론을 내린다. "성의 다름에 대한 금기가 그런 증후군의 존재를 잘 드러나지 않게 하는 원인이 된다."[3] 실제로 이와 같은 다양한 염색체 상태는 거의 동시적으로 발견되었다. 오랫동안 모든 이수성(정상에 비해 염색체 수에 이상이 있는 경

* 근육조직에 이상이 생기는 질환.
** 염소 수송을 담당하는 유전자에 이상이 생겨 폐와 소화기관 등 신체의 여러 기관에 문제를 일으키는 질환.

우)은 치명적인 것이라고 믿었다. 1959년에 제롬 르죈Jérôme Lejeune 교수와 동료들은 "몽고증"이 21번 삼염색체성이라는 점을 발견했고, 같은 해에 터너증후군(X0)과 클라인펠터증후군(XXY)의 염색체형이 확인되었다.[4] 그러면 왜 그렇게 다르게 취급하는 것일까?

우선 수치로 나타낸 이 데이터는 해석하기 매우 어렵다. 비엘이 이 표에서 말하는 "빈도"에 대한 데이터는 정밀하지 않다. "여자아이"와 "남자아이"라는 준거는 이런저런 성별을 가진 아이들의 전체 출생 수와 관련된 수치라는 점을 시사한다. 마지막 행에서는 "개체"라고 말하는데, 이는 정해진 시점에 일정한 개체군에서 나타나는 경우의 수를 기술하는 유병률을 시사한다. 거기에서 불확실함이 생기며, 가령 21번 삼염색체성과의 비교를 좌우하게 된다. 그 경우에 출생 수 그리고 형성된 태아 수 또는 성인 포함 전체 개체군 내 유병률에서 빈도를 고려하는지에 따라 수치가 달라진다. 예를 들어 프랑스 보건감시연구원(InVS)에서 2011년과 2012년의 프랑스 내 출생 수에 관해 정리한 수치가 있다(〈표9〉).

〈표9〉에 따르면, 가령 21번 삼염색체성은 살아 있는 신생아들 중 약 1500분의 1 정도(이 수치는 임신 중절까지 포함한다면 훨씬 더 높아진다)에 일어나므로 터너증후군이나 클라인펠터증후군보다 훨씬 빈번하게 나타난다. 이 다양한 조건이 출생 때에도 마찬가지 빈도를 갖는지는 전혀 확실치 않다. 게다가 〈표8〉에서 비엘이 터너증후군보다 클라인펠터증후군에서 더 다수의 빈도수를 제공하는 반면, 보건감시연구원에서는 반대로 터너증후군에서보다 다수의 빈도수를 제공하므로 이 수치는 매우 신중하게 다룰 필요가 있다.

결국 비엘의 논증은 터너증후군과 클라인펠터증후군을 유전적 질환(근병증, 낭포성섬유증)을 포함해 표현형에 중대한 영향을 갖는 염색체 이상과 비교하는 한 모호하다. 그러한 비교의 효과는 무엇일까?

<표9>. 프랑스 국내 추산 하나 이상의 이상을 갖고 있는 신생아 수

이상	살아 있는 신생아 + 사산아 + 임신 중절			살아 있는 신생아 (NV)		
	빈도	수	유병률 (/10000 임신)	빈도	수	유병률 (/10000 출생)
21번 삼염색체성	1/370	2270	27,0	1/1510 NV	540	6,6
터너증후군	1/2780	300	3,6	1/10890 NV	75	0,9
클라인펠터 증후군	1/11410	70	0,9	1/17490 NV	45	0,6

(2011년~2012년 기간의 선천적 이상에 대한 여섯 가지 항목 데이터의 외삽*)
보건감시연구원 제공 수치. 2015년 10월 1일 참조.
http://www.invs.sante.fr/Dossiers-thematiques/Maladies-chroniques-et-traumatismes/Malformations-congenitales-et-anomalies-chromosomiques/Donnees

빈도수 분석에 의해 이 경우들에서 보이는 일정한 통계적 "정상성"이 강화되는 것처럼 보이지만, 유전적 질환과 비교하면서 오히려 그들의 병리학적('비정상적인') 본질을 고려하게 된다.

왜 빈도에 신경 쓰는 걸까? 인터섹스의 존재가 남녀의 이분법 체계를 위태롭게 한다는 의견이 있다면, 이들이 통계적으로 희귀하지 않으며 인간 다양성의 상당 부분을 구성한다는 점을 보여주는 것이 중요하다. 그렇지 않으면 무시해도 좋은 우발적 증상이 될 수 있기 때문이다. 이 데이터의 계량화에 가장 앞장선 사람은 파우스토-스털링이다. 그의 팀은 남녀 이분법이라는 "이상l'idéal"에서의 일탈이 출생 수 중 약 2퍼센트(출생 수 1000명당 약 17명의 인터섹스가 있다)를 차지

---

* 통계학에서 데이터 영역 밖의 값을 추정하는 것.

한다고 산출했다.[5] 그것은 적은 걸까, 많은 걸까? 프랑스 전체 인구에 따라 수치화하면 수백만 명을 나타낼 것이다. 그러나 출생시 인터섹 슈얼리티가 1.7퍼센트 비율로 나타난다고 해서 1000명으로 이루어진 각 집단마다 반드시 17명의 인터섹스가 존재한다는 의미는 아니다. 표본 추출에 따른 문제가 있다. 가령 선천성 부신 증식증은 1만 6000 명 중 아이 1명에게 일어나지만, 이 유전자의 빈도수는 고려된 개체 군에 따라 크게 달라진다. 이 유전자는 뉴질랜드에서는 100만 명당 43명의 아이들에게서 나타나지만, 알래스카의 유픽족 에스키모 아이 들에게서는 100만 명당 3500명에 달한다. 게다가 5알파환원효소 결 핍증의 통계적 빈도수는 개체군에 따라 변화하며, 근친 교배율이 높 은 섬 인구에서 매우 뚜렷하게 보인다.[6] (빈도) 측정의 또 다른 어려움 은 이 조건들이 각기 다른 형태와 다른 정도로 존재한다는 사실과 관 련되어 있다. 따라서 안드로겐 무감각 증후군은 부분적이거나 전체 적일 수 있으며 다른 정도로 그리고 논란의 소지가 많은 빈도로 발견 될 수도 있는데, 때로는 1만 명당 1명의 아이꼴로 또는 15만 명 출생 당 1명꼴로 일어난다고 본다. 게다가 빈도의 철학적 영향력에는 논란 의 여지가 있으며, 다음 장에서 볼 수 있듯이 조건의 정상성과 병리 성은 유병률과 관련되어 있지 않다. 이런 이유로 이 장의 나머지 부 분에서는 통계적 빈도를 참조하지 않을 것이다.

염색체와 인터섹슈얼리티

클라인펠터증후군

1942년에 처음으로 기술된 클라인펠터증후군의 유병률은 추산하기 어렵다.[7] 전체 염색체 수(핵형)는 47개이고 감수분열 시 생긴 47, XXY

구조를 가지며, 정자나 난모 세포가 만들어질 때 부모의 염색체에서 비분리 현상이 일어난다. 따라서 이 증후군은 돌연변이와 연관된 것도 아니고 한 개체군에 특징적인 것도 아니다. 개체는 균일한 염색체형을 가질 수도(80퍼센트의 경우), 모자이크형(46개의 염색체를 가진 세포도 있고, 47개의 염색체를 가진 세포도 있다)을 가질 수도 있다. 모자이크형의 경우에는 클라인펠터증후군의 영향이 덜한 편이다.

의학 문헌에서는 이 증후군을 '유치증', '유환관증' 또는 '고환 기능 퇴화'라는 용어로 지칭하기도 한다. 이 증후군은 흔히 유아기에는 지각되지 않으며 사춘기에는 고환이 작은 반면(성선 기능 저하증), 젖샘의 크기가 커지는 증상이 나타난다. 반면에 음경과 음낭은 대개 정상적인 크기이다. 치아에서 증상이 발견될 수도 있다. 치아 내부의 치수가 비정상적으로 발달하고(우상형 치관) 치아 법랑질 두께가 줄어들면서 충치의 위험이 커진다. 클라인펠터증후군을 가진 아이들은 현저한 지적 장애를 갖고 있지는 않지만 언어와 읽기 학습, 운동 기능의 발달 같은 일차적인 습득에서 지체를 보일 수 있다.

이 증후군을 가진 남성은 성인이 되면 정자가 거의 완전하게 없는 상태가 되어(무정자증) 불임 상태가 된다. 신장은 대개 형제자매보다 훨씬 더 크다. 성인이 되면 불임을 제외하면 증후군의 진전으로 새로운 문제가 일어나지는 않지만 몇몇 질병의 발생 위험성이 훨씬 높아질 수 있다. 테스토스테론이 충분히 분비되지 않는데도 치료받지 않으면 뼈의 밀도 감소(골다공증)가 성인기에 일찍 나타나며 골절 위험성이 높아진다.

터너증후군

1930년에 오토 울리히Otto Ullrich가, 1938년에 헨리 터너Henry Turner가 발표한 터너증후군은 45, X0의 핵형, 즉 45개의 단일 X염색체에 대응한다. 45, X0 핵형은 임신 10주 중에 자연 유산을 야기하는 것으로 보인다. 따라서 살아 있는 모든 사람은 생명 유지에 필요한 일정 정도의 모자이크 현상을 나타낼 것이다.

터너증후군 여성 중 적은 비율만이(2퍼센트에서 5퍼센트까지) 자연적인 사춘기와 임신 가능성을 나타내며, 일반적인 경우에 터너증후군 여성은 난소 부전을 보이지만 오늘날에는 생식이 가능하도록 인공수정을 할 수 있다.[8] 호르몬 결핍은 대체 요법으로 완화된다. 기증된 난자로 시험관 체외 수정을 할 수 있는데 그 경우 임신 가능성은 일반적인 시험관 수정의 경우와 동일하다. X0 염색체를 가진 여성들은 골반이 작은 경우가 많으므로 제왕절개 분만을 선택하게 된다.

호르몬과 인터섹슈얼리티

테스토스테론 무감응 증후군(SIT)*

이 증후군은 X 염색체에 있는 안드로겐 수용체 유전자에 영향을 미친다. 태아의 발달 과정에서 테스토스테론과 다른 안드로겐은 만들어지지만 효과를 유발하지는 못한다. 이는 XX를 가진 태아의 발달에 뚜렷한 결과를 가져오지는 않는다. 이 유전자와 XY 염색체를 가진 태아는 SRY 유전자가 있으므로 생식선(고환)이 정상적으로 발달한다. 그 성선은 테스토스테론을 분비하고, 뮐러관의 퇴화를 유도하고 난관과 자궁 발달을 방해하는 항뮐러관 호르몬을 분비한다. 그에 반해 볼프관은 부고환과 전립선으로 발달하지 않는다. 테스토스테론 무감응 증후군이 있고 XY 염색체를 가진 사람은 출생시에는 전형적으로

---

* 안드로겐 불감성 증후군이라고도 한다.

여성적인 외형을 나타낸다. 생식 결절은 음핵으로 보이고 음낭은 없고 고환은 내려가 있지 않다. 생식기의 주름은 융합되지 않은 채 외음부의 음순을 형성하지만 자궁으로 통해 있지 않다. 이 증후군을 가진 아이는 회음부 부위의 검사를 받은 뒤 신분증명서의 성은 여성으로 부여된다. 이 증후군은 이따금 출생시 발견되기도 한다(질의 미발달, 피부 밑에서 고환이 만져짐). 그러나 대체로 아동기나 청소년기에 무월경 증상 때문에 진찰을 받으면서 XY 염색체형을 가지고 있으며 여성적인 외관을 갖고 있던 생식기가 사실 완전히 남성화되지 않은 해부학적 구조를 감추고 있다는 점을 알게 된다. 따라서 이 증후군을 '고환의 여성화 증후군'이나 '안드로겐 무감응에 의한 남성 가성반음양증'이라고도 한다.

이 증후군은 스포츠계에서 여성 선수를 대상으로 이루어지는 성별 검사에서 남성으로 판정이 나오는 대다수 경우의 원인이 된다.[9] 사실 이 검사는 체세포에 있는 X염색체 중 하나가 비활성화된 경우인 바소체*의 존재 여부에 좌우된다. 당연히 테스토스테론 무감응 증후군의 영향을 받은 XY 개체들에게는 바소체가 없다. 그러나 이 증후군을 가진 사람들은 그들의 상태와 관련된, 어떤 물리적 이점도 갖지 않는다. 그들은 "남성적"인 염색체, 성선, 호르몬 층위를 가지고 있지만 이차적 성징과 근육조직은 "여성적"이다.

선천성 부신 증식증(HCS)

이 상태는 유전적 요인과 호르몬 요인이 결합되어 나타난다. 상염색체(성염색체가 아닌 염색체)에 돌연변이가 생기는 것으로 아이가 부모

---

* 일반적으로 여성의 세포는 한 개의 바소체를 갖고 있고 남성에게서는 관찰되지 않는다.

에게서 이를 유전받으면, 태아 상태에서 코르티솔 합성을 방해하고 안드로겐 분비 과잉을 일어나게 한다. 아이는 남성화된 생식기를 갖고 태어나며, 출생시 보통 선천성 부신 증식증이 발견된다. 이 돌연변이가 XY를 가진 태아에게 일어나면 영향은 없고, 단지 남자아이들은 멜라닌 색소 침착과 성기의 조기 발달을 보인다. XX를 가진 아기의 경우에는 여성의 생식기를 갖고 태어나지만(잠재적으로 임신 가능) 외부 생식기 형태는 남성화되어 있다(음핵 비후, 음순 융합 현상).

선천성 부신 증식증을 보이는 여자아이는 XX 염색체형을 가지며, 태아는 난소가 형성된 채 태어나고 뮐러관은 난관과 자궁으로 발달한다(SRY 유전자는 없다). 그러나 발달 과정에서 안드로겐 분비 과잉으로 인해 외부 생식기 구조에 다소 눈에 띄는 남성화가 일어난다. 음순은 융합되어 고환이 없는 음낭을 형성할 수 있다. 출생시 선천성 부신 증식증을 지닌 여자아이는 대개 "미적" 명목으로 음핵 절제술을 받았다.[10] 일단 "교정되면"(실제로는 너무 음경처럼 보이는 음핵을 절제하고 질이 벌어지도록 절개하는 것), 이 여자아이는 "정상"으로 간주되었다. "여성" 생식기와 치료를 통해 호르몬을 조절함으로써 XX 염색체형을 가진 그 아이는 여자아이로 교육받고 사회화된다.

그러나 이 여자아이는 임신 기간 동안 높은 비율의 안드로겐에 노출되었으므로 외부 생식기만이 아니라 잠재적으로는 뇌까지도 남성화될 수 있다. 따라서 선천성 부신 증식증을 지닌 여자아이는 남성화된 행동에 대한 연구에서 흥미로운 사례로 발표되었으며, 야외 놀이와 운동을 선호하는 "남자아이 같은" 여자아이, "톰보이즘 tomboyism"에 대한 자연스러운 실험처럼 여겨졌다. 특히 존 머니와 앙케 에르하르트Anke Ehrhardt가 그런 행동을 연구했다.[11] 일라나 뢰비Ilana Löwy가 지적했듯이 그런 분석은 성적 정체성(남자아이나 여자아이로 자각하기), 젠더 역할(장난감 트럭이나 인형을 갖고 놀기, 공부하기 또는 외모에 신경 쓰기), 성적 욕망(동성애, 이성애, 양성애)을 혼동한다. 선천성 부신 증식증을 가진 여자아이들이 연구된 방식은 의사들이 "지정된 성, 성 정체성, 성적 역할 그리고 성적 지향 사이에서 완벽한 합치를 만들어내는 것"[12]에 얼마나 전념했는지를 보여준다. 남성적 행동과 여성적 행동은 다르다고 가정되었다. 뛰어다니고 싸우는 것을 좋아하고, 꾸미기보다는 공부를 하고 싶어 하는 여자아이에 대한 태도에서 보여주듯이, 그 견고한 차이의 규칙을 위반하는 모든 것은 개인의 정신건강과 젠더의 사회화와 관련해 우려의 대상이 된다.

선천성 부신 증식증이 있는 사람들은 두 개의 X 염색체와 바소체를 가지고 있으므로 여성 운동선수의 성별 검사를 할 경우에는 여성으로 판정된다. 그러나 운동선수의 신체에 대한 의학적 기준에 따르면 그들이 가진 조건은 물리적인 이점을 부여한다고 볼 수 있다. 실제로 부신선은 상당한 비율의 안드로겐 호르몬을 생산하므로 근육조직이 발달하고 가끔은 다모증이 동반되기도 한다.[13]

5알파환원효소 결핍증

5알파환원효소 결핍증의 경우에서, XY 염색체를 가진 태아는 부분적으로만 남성화된 외부 생식기 구조를 갖고 태어난다. 남성의 성적 발달 기간 동안 외부 성기 구조가 남성화되기 위해서는 생식 결절이 음경으로 발달하고 생식기의 주름이 융합되어 음낭을 형성하게 하면서 테스토스테론이 디하이드로테스토스테론, 즉 DHT로 변형되어야 한다. 이러한 화학적 변형은 효소(5알파환원효소)에 의해 유발되는데, 이 효소가 결핍된 태아는 불완전하게 남성화된 채로 태어난다. 생식선의 관점에서 보면(내부 생식기), 아이는 정상적인 고환을 가지고 있고, 밀러관에서 파생한 구조(나팔관과 자궁)는 퇴화하고, 테스토스테론의 존재와 연관된 남성의 성적 구조(부고환, 전립선)가 발달한다. 그러나 생식기의 관점에서(외부 생식기) 생식 결절은 발달하지 않거나 아주 조금 발달한 채 음핵 크기로 남아 있다. 남성의 생식선(고환과 볼프관 구조)을 갖고 태어나지만 이 생식선은 눈에 띄지 않으며, 이들은 대개 (항상 그렇지는 않지만) 여성적인 일차 성징을 가지므로 여자아이로 양육된다. 청소년기에는 테스토스테론의 순환율이 증가해 이차 성징의 변형(변성, 체모 등)과 생식기 구조의 부분적 남성화가 발생한다. 생식 결절이 작은 크기의 음경과 닮은 것으로 발달하지만 요도 입구는 아래쪽에 위치해 있다(요도하열증).

매우 다양하고, 다소 회귀한

이처럼 인터섹슈얼리티 현상은 매우 다양하고, 다소 희귀하며, 다소 난처한 생물의학의 실재를 포함하고 있다. 몇몇 경우는 임신 기간에 (출생 전 진단), 다른 경우에는 출생시 또는 사춘기나 성인기에 발견된다. 이 결과 전체는 〈표10〉에 기입되어 있다.

〈표10〉은 외과수술이 이루어질 수 있었던 세 개의 인터섹스 상태를 보여준다. 출생시 수술은 특히 선천성 부신 증식증을 보이는 여자아이(음핵 크기 축소에서 절제까지)의 경우에 행해진다. 테스토스테론 무감응 증후군이나 5알파환원효소결핍증이 있는, XY 염색체를 가진 사람은 적어도 잠재적으로는 정자를 생산할 수 있지만 출생시에는 여자아이로 식별된다. 그들은 사회화된 성이 항상 여성이었으므로 사춘기 때 수술을 받을 수 있다(고환 절제, 질 형성). 이 수술이 이루어지면 불임 상태가 되며, (남성) 생식세포를 생산하는 사람은 갑자기 생식선을 잃게 된다. 모든 사람이 이 수술에 동의하지는 않는다. 오스트리아 스키 선수로서 1966년에 여자 스키 활강 세계 챔피언이었

<표10>. 인터섹슈얼리티 현상의 다양성

조건	성염색체	신분증 명서의 성별	생식 능력	다른 의학적 결과?	발견 시기	출생 후 수술 가능성
클라인펠터 증후군	XXY	남	없음	행동?	사춘기	없음
터너 증후군	X0	여	없음	-	사춘기	없음
선천성 부신 증식증	XX	여	있음	행동 (톰보이)?	출생시	있음 (음핵 절제, 질 절개)
	XY	남	있음	-	출생시	없음
테스토스테론 무감응 증후군	XX	여	있음	-	-	없음
	XY	여	부분적 (남성 생식 세포)	-	출생시 또는 사춘기	있음 (생식선 절제)
5알파환원효소 결핍증	XX	여	있음	-	-	없음
	XY	여?	부분적 (남성 생식 세포)	불완전한 남성화 (고환은 있 지만 음경 크기가 매우 작음), 요도하열	사춘기	있음 (생식선 절제)

던 에리카 쉬네거는 1968년 그르노블 동계올림픽 때 자신의 성염색
체가 XY이며 복강 내 잠복고환을 갖고 있다는 사실을 알게 되었다.
그는 신분증명서의 성별을 바꾸기로 결정하고 에리크 쉬네거가 되었
다.[14]

9.

새로운 정상

병에 걸리는 것은 삶에서 가장 흔한 일 가운데 하나다. 인간 존재의 이 평범한 진실만으로도 정상과 비정상을 발생 빈도에 근거해 구분하는 순전히 통계적인 접근 방법을 전부 무효화할 수 있다. "정상적인 것"의 정의를 둘러싸고 많은 토론이 이루어졌다. 우리가 내린 결론은 정상성의 오만함과 단절해야 한다는 것, 그리고 개인의 신체 구조를 교정할 게 아니라 사람들의 사고방식과 사회를 바꾸어야 한다는 것이다. 인터섹스들의 목소리에 귀를 기울여보자. 그들은 생식기에 대한 외과 교정 수술을 중단하고, 당사자들을 위해 의술의 힘을 샅헤르니아*나 종양 같은 잠재적인 질환 치료에 사용해야 한다고 주장한다. 인터섹스들이 존엄하고 완전한 인간적인 삶을 살 수 있게끔 보장하는 일은 전적으로 가능한 일이다. 우리가 공동으로 결정을 내리기만 하면 된다. 이 사안과 관련해서는 "인터섹스"처럼 일반적인 범주를 가능한 한 사용하지 않고, 각자 다른 상황과 처지에 놓여 있는 당사자 개개인

---

* 샅헤르니아(서혜탈장)은 사타구니나 음낭 쪽으로 장이 튀어나오는 질환이다.

의 의견을 주의 깊게 듣는 것이 바람직하다.

다른 한편, 이들 인터섹스라는 인간 존재들의 사례를 들어 생물학적으로 성의 이분화 또는 양분 구도가 약화되고 있다는 주장을 펼치기에는 무리가 있어 보인다. 비전형적인 염색체형(XXY 또는 X0)의 존재는 모든 사람이 XX 아니면 XY 염색체를 갖고 있다는 통념을 깨트리긴 하지만, 그렇다고 해서 인류에게 두 개 이상의 성, 즉 두 개 이상의 생식세포 유형이 존재한다고 단정할 수는 없다. 호르몬에 의한 인터섹스 조건도 생식세포 유형의 범위와 생물학적 성의 범위를 확장시킬 수는 없다. 적어도 잠재적으로는 XX 염색체를 가진 사람은 난자를, XY 염색체를 가진 사람은 정자를 생산하게 된다는 점은 변함없다. 가령 생식세포를 배출하는 데 필요한 외부 생식기의 부재로 인해 신체 구조상 실제 생식이 가능하지 않더라도 그렇다.

다리 없는 인류

22세기, 인류는 과학기술의 도움으로 노동에서 해방되어 더없이 행복한 상태다. 특기할 사항이 하나 있는데, 인류가 다리의 기능을 잃었다는 점이다. 항상 기계장치로 이동하는 이 인류는 비대한 몸집에 기운은 없고 당연히 행동은 어수룩하기만 하다. 미국의 미래를 그린 이 공상 속에서 인간은 빨대를 손에 들고서 무한 음료 공급기에서 나오는 달콤한 고칼로리 소다수를 온종일 게걸스레 빨아들일 정도의 힘만 겨우 갖고 있을 것이다. 그것은 낙원의 이미지일까, 아니면 악몽일까? 어쨌든 인류가 다리의 기능을 잃어버린 건 다리가 필요 없어졌기 때문이다. 그러나 많은 이는 쓸모없게 된 다리가 퇴화의 표시라고 생각한다. 자기 자신을 망각한 인류, 기계에 지나치게 의존하고 있는 타락한 인류를 나타낸다는 것이다. 인간으로 남기 위해서는 우리 종의 고유한 특징인 직립보행을 포기해서는 안 된다. 직립보행은 인간의 승리를 나타내는 표시이며 진보의 정점이다.[1] 따라서 유일한 관건은—여기서는 영화 〈월-E〉(앤드류 스탠턴 감독, 2008)의 줄거리를 따라가자면—인류에게 직립보행을 되찾게 하는 것, 즉 자신의 운명을 다시금 자기 손으로 (또는 발로) 장악하게 하는 것이다. 라마르키슴Lamarckism*의 학설이 주는 교훈이다. 그에 의하면 신체기관의 쇠퇴는 (돌연변이가 아니라) 더 이상 사용하지 않게 된 데 따른 결과이므로 우리가 원한다면 기능을 되살릴 수 있다. 그러니 우리의 진정한 인간성을 되찾기 위해(또는 잃어버리지 않도록) 좀 더 노력하기만 하면 된다. 그러나 따지고 보면, 아무 어려움 없이 이동할 수 있는 환경이 조성되어 있는 한 다리가 없는 이 사람들에게는 모든 것이 만족스러울 수도 있다. 어쩌면 더는 온전히 인간답다고 보기 어려울지라도 어쨌든 그들은 환경에 완벽하게 적응한 셈이다. 이 쇠약해진 팔다리를 가진 사람들은 그들의 보금자리(행복한 나날을 보내고 있던 우주정거장)가 혼란에 빠졌을 때에야 위기의식을 갖게 되었고, 그들 중 일부는 두 '다리'로 또는 다리를 대신하는 수단으로 걷는 능력을 되찾을 수 있었다.

다윈의 생물학에서는 혹시 이 상황을 다르게 바라볼까? 다윈의 세계에서 수많은 종류의 변이가 존재하는 것은 정상적인 상황이다. 유전학자들은 이 변이를 유전적 다형성polymorphisme**이라고 부른다.

---

* 프랑스 생물학자 라마르크(1744~1829)가 주장한 진화론. 한 생물체가 환경에 적응하는 과정에서 자주 사용하는 기관은 발달하고 쓰임이 적은 기관은 퇴화하며 (용불용설), 이렇게 획득된 새 형질이 유전을 통해 다음 세대로 전달된다는 학설.
** 같은 종의 생물에서 형태와 형질이 다양하게 나타나는 현상.

개체들은 그들이 속한 유형의 표본으로 간주되어서는 안 되며, 따라서 그 개체들이 표현해야 할 본질을 완벽하게 또는 성공적으로 구현한 것으로 평가받아서도 안 된다. 살아 있는 각각의 개체는 살아갈 능력을 충분히 갖춘 하나의 생명 형태일 뿐이다. 로스탕Jean Rostand*은 이렇게 말했다. "살아 있다는 것은 생존력의 증명이지 우수함의 증명이 아니다. 그것은 최상의 적응 능력에 대한 보상이 아니다."[2] 그리고 각각의 생명 형태는 자기만의 생태적 지위**를 만들어낸다. 신체기관을 바꾸어라. 그러면 운명이 바뀔 것이다. 그것이 다윈주의의 철학적 교훈이다. 다윈은 생명체들이 그 가능성을 열고 거기에 적응해가는 "생명선line of life"에 대해 얘기한다.

> 한 생물이 공중 비행 같은 새로운 생명선에 적응하기까지는 긴 시간이 필요하다. 그러나 마침내 비행에 성공한 몇몇 종들이 다른 생물들에 비해 큰 이점을 갖게 된 후에는 비교적 짧은 시간 내에 수많은 변형들이 발생하며, 이들은 전 세계에 걸쳐 빠르고 넓게 퍼질 수 있을 것이다.[3]

다윈의 저서를 독일어로 처음 번역한 브론H. G. Bronn은 "자연선택natural selection"의 번역어로 "생활양식의 선정Wahl der Lebensweise"을 제안했다. 다윈은 브론이 자연선택의 본질을 제대로 이해하지 못한 데다가 라마르키슴의 영향(용불용설)을 과도하게 반영했으며, "선정"(개체의 의지로 오해될 소지가 있다)이라는 용어에 지나친 중요성을 부여했다고 비난했다. 확실히 독일어 번역에서는 다윈의 선택 개념이 사라져

---

* 1894~1977. 프랑스 생물학자.
** 생물이 생태계 내에서 차지하는 위치.

버렸고, 브론의 주관이 과했던 것은 사실이다. 하지만 여기에는 특정한 신체 구조가 그에 적합한 환경을 만났을 때 새로운 종이 형성된다는 직관이 담겨 있었다.

바로 이 직관을 이어받은 생물학자 에밀 귀예노Émile Guyénot*는 자연의 역사에서 이상anomalies이 생존에 성공해 일반적인 것이 된 사례를 광범위하게 조사했다. 그는 고래와 해우류(듀공)는 뒷다리 결손 동물, 두더지는 앞발에 연골발육부전이 있는 동물, 새나 거북이는 "이가 없는" 동물로 기술했다. 귀예노의 이 체계적인 분류는 일종의 기형학tératologie**을 이루었으며, 적응을 내세운 다윈과는 다른 관점에서 "동물 종의 기형학적 기원"[4]을 추적했다. 귀예노가 보기에 "동물의 세계는 유용성도 기능적 의미도 없는 수많은 변이를 보여준다. 생물들은 그들이 지닌 특성들 덕분에 생존하고 있는 게 아니라 그 특성들을 극복하면서 근근이 살아가고 있다". 한편 홀데인J. B. S. Haldane***은 이 진화의 논리를 우주 연구에까지 확장시킨다. 지구보다 중력이 훨씬 강한 목성에서는 일반적인 형태의 두 다리 동물보다는 다리가 짧은 연골발육부전 동물과 네 발 동물이 더 유리할 것이다.[5] 그리고 보면 〈월-E〉의 퇴화된 인간들의 미래가 그렇게 암울하기만 한 건 아닐지도 모른다. 다리 기능을 잃어버린 인류를 여전히 인간으로 봐야 할지 의문을 가질 수는 있겠지만, 자기 생활 터전에 완벽하게 적응한 종의 출현은 아무도 막을 수 없다. 인간의 후손인 그 종은 하반신을 쓰지 않고서도 무난히 살아갈 것이다.

---

* 1885~1963. 프랑스의 생물학자.
** 에티엔 조프루아 생틸레르Étienne Geoffroy Saint-Hilaire(1772~1844)는 프랑스의 해부학자이자 자연사학자로 현대 기형학의 성립에 기여했다.
*** 1892~1964. 영국의 유전학자이자 진화생물학자로 집단유전학을 확립하고 신다윈주의를 세우는 데 기여했다.

진화란 곧 불운한 생물들에 의한 새로운 능력 개발이라고 보는 이 시각은 동물학자 피에르 폴 그라세Pierre-Paul Grassé 같은 보수적인 생물학자들을 격분케 한다. 그는 "바다표범이나 물개가 수영하는 모습을 보고서도 팔다리 기형으로 태어난 동물이 운 좋게 수중 서식지를 발견해서 존속할 수 있었다고 주장할 수 있겠는가?"라고 반문하면서 이렇게 단언한다. "이들의 진화에 기형적인 것, 비정상적인 것의 흔적은 전혀 없다."[6] 베르그송주의자로서 "창조적" 진화*를 옹호하는 그라세는 강한 반다윈주의적인 입장을 갖고 있다. 그는 다윈이 생각해낸 유명한(영국인들의 표현으로는 "악명 높은") 예시를 염두에 두고 있는 게 분명하다. 흑곰 한 마리가 "몇 시간 동안이나 입을 크게 벌린 채 수영하면서 고래처럼 물속에서 벌레를 잡아먹는 모습"이 목격되었는데, 다윈은 다음과 같은 해설을 내놓았다. "이와 같은 극단적인 경우에서도 …… 곰 한 종이 자연선택에 의해 그 신체 구조와 습성이 수중 생활에 적합하게 변해가고 입은 점점 더 커져서 종국에는 고래처럼 기형적인 생물이 생겨나는 것은 터무니없는 일이 아니다."[7] 지난날 장애가 있던 것, 기묘한 것, 주변적인 것, 적응에 어려움을 겪던 것들이 이제는 종의 미래로, "유망한 기형"[8] 집단으로 제시된다. 언뜻 불가능해 보이기는 하지만, 귀예노와 그라세의 화해를 시도해보자. 귀예노는 고래, 해우, 바다표범, 두더지, 거북이를 잘 관찰해보면 생존에 불리해 보이는 기형적인, 돌연변이 형태가 확인되며, 따라서 진화에서는 뭔지 모를 기형학이 작동하고 있다고 주장한다. 그라세는 이에 반발해 그 동물들에게는 기형적인 것이 아니라 매력적인 생명 형태만 존재한다면서 귀예노를 비난했다. 그라세의 말은 우리를 자

---

* 　베르그송은 생명의 진화에서 연속적 변화에서 질적 비약이 일어나는 것을 '창조적 진화'라고 했다.

연의 아름다움에 취하게 하지만 엄밀히 말해 반론이라고 할 만한 내용은 없다. 바다표범이나 두더지가 인류에게서 소인증小人症이 나타나게 되는 돌연변이와 비견할 만한 어떤 원인에 의해 생겨났다는 데는 별 이의가 없다. 모든 문제는 귀예노가 "기형적"이라고 거론하는 게 정당하다고 생각한 데서 비롯한다. 실은 "기형적"이라는 분류 자체를 없애야 하는데도 말이다. 바다표범, 두더지 또는 고래가 두려움을 불러일으키지 않듯이 소인증에 걸린 사람도 "기형적"이지 않다. 우리가 마주하는 것은 생존에 성공한 이상의 사례들이다. 그렇기에 귀예노와 그라세 두 사람 모두 옳다.

인터섹슈얼리티는 새로운 규범인가?

서두에서 부적응 생물들을 다룬 이유는 다양한 범주의 인터섹스 개체들에 대한 연구를 토대로 정상성의 문제를 제기하기 위해서였다. 인터섹슈얼리티 현상을 교정 대상으로 바라보는 상황에서는 그것이 정상적인지 아니면 병리적인지는 해부학적 층위에서 결정된다. 이 주제에 대한 우생학자들의 논지는 꽤나 설득력이 있다. 예를 들어 파우스토-스털링이 1993년에 "다섯 개의 성"을 제시했을 때, 버드R. P. Bird라는 의사는 구순구개열처럼 선천적인 신체적 결함까지도 교정을 포기해야 하느냐고 반문하면서 "기만적인 논리"라고 규탄했다. 교정이 필요한 병리적 현상이라는 이 의심은 해부학적 구조만을 겨냥하지 않고 사람들의 행동 양상으로까지 쉽사리 확장된다. "비정상적인" 신체적 특성은 그 사람의 전부를 사로잡아버린다고 보는 경향이 있다는 것이다. 그리하여 염색체형이 47, XYY인 사람은 "초남성", 염색체형이 47, XXX인 사람은 "초여성"으로 불리게 되었고, "클라인펠터증후군자"(XXY)는 신체 구조와 행동 면에서 비정상적이고 지능은 낮으며 범죄 성향이 있다고 규정되었다.[9]

이렇듯 정상적인 것이라는 개념은 통계, 의학, 생물학, 정치 등 여러 영역에 걸쳐 영향력을 행사한다. 정상적인 것과 병리적인 것에 대해서 프랑스에서 가장 풍부한 성찰을 보여준 철학자는 단연 조르주 캉길렘Georges Canguilhem으로, 그는 개별적인 돌연변이의 논리가 보편적인 진화의 가능성을 열어준다고 보았다. 다윈주의의 돌연변이를 통해 "우리는 하나의 규범에서 벗어남으로써 새로운 규범이 생겨난다는 점을 알게 된다. 규범은 자연선택이 갖고 있는 벗어남의 형식이다. 파멸과 죽음에 의해 규범은 우연에 내맡겨진다".[10] 돌연변이는 정상적인 것을 "일시적으로 생존 가능한 것"으로, 다시 말해 항상 "죽음이 유예된 것"으로 규정한다. 캉길렘은 적응의 두 가지 형태를 구분한다. 하나는 "안정적인 환경에서 정해진 임무에 특화되었지만 환경 변화를 유발하는 우발적 사태에는 매우 취약한 적응"이고, 다른 하나는 "환경 변화에 따른 생존의 난관을 극복해가는 능력"[11]으로 간주되는 적응이다. 후자의 이 적극적인 적응, 역동적이고 점진적인 역량을 "생명체의 규범성"이라고 부른다. 다윈주의의 관점에서 보면 진화는 "빈자리를 점유하기 위한 생활양식의 변화"로서, 여기서 "빈자리"란 "텅 비어 있는 공간이라기보다는 이론적으로는 가능하지만 아직 실행되지 않은 생활양식(주거 형태, 섭식, 공격과 방어 방식)을 의미한다".[12]

그러나 규범성과 관련해 모든 생명체가 동일한 수준의 불리한 상황에 처해 있는 것은 아니다. 눈이 먼 혈거동물은 어떤 의미에서는 어둠에 "적응했다"고 볼 수도 있겠지만, 캉길렘에 따르면 "실명은 드물다는 이유에서가 아니라 그 생명체를 퇴보하게 하고 궁지에 몰아넣는다는 점에서 여전히 이상anomalie"이라고 본다.[13] 진화의 한 시점에서 보자면 모든 생명체는 자신이 처한 환경에서 살기 위해 "적응해" 있다. 그러나 캉길렘의 규범성은 그것 외에도 (자신의 환경에 적응하기보다는) **환경을 자기에게 맞출 수 있는** 역량을 고려한다. 이제 캉길렘의 저작에서 끌어낼 수 있는 "정상적인 것"의 다양한 의미를 살펴봐야 할 것이다.[14]

정상적인 것: 통계적인 것에서 의학적인 것으로

정상성의 문제에서 인터섹스들이 처한 상황을 이해하려면 제한적인 의미에서의 "비정상적인 것"을 생각해볼 수 있다. 이때 비정상적인 것은 이상적인 것l'anomal이라는 의미로, 희귀성이나 통계적 편차를 가리킨다. 사실 이 첫 번째 의미에서 보자면 정상적인 것에 대한 우리의 이해는 그것의 빈도에 근거하고 있는데, 이는 비정상적인 것-이상적인 것l'anormal-anomal의 예외적인 특성과 대비되는 것이다. 물론 통계적 편차(이상적인 것)는 비정상적인 것을 정의하기에 충분치 않다는 이의가 즉각 제기될 만하다. 통계적으로 다수를 구성하더라도 비정상적인 것으로 규정될 수 있기 때문이다. 그렇지만 인터섹슈얼리티 현상이 그렇게까지 "이상적"이지는 않다는 점을 증명해 보임으로써 그 현상을 "정상화"할 수 있다는 주장이 엘자 도를랭Elsa Dorlin에 의해 제기된 바 있다. 이 주장을 검토해볼 필요가 있다.

가령 남성의 신체 구조에서 요도 입구의 위치는 어떤가? 요도 입구가 귀두의 끝부분에 위치해 있으면 건강한 상태이자 가장 흔한 경우로 "정상적"이라고 간주된다. 그에 반해 요도 입구가 음경 끝이 아닌 다른 곳에 위치하고 있는 요도하열 증상은 병리적 상태이자 드문 경우로 여겨진다. 이 요도하열이 특히 배뇨 문제를 야기하는 경우에는 "비정상적"이라는 진단과 교정 치료를 받게 된다. 그런데 1995년에 발표된 남성 500명의 요도 입구 위치를 조사한 연구 결과에 따르면, 대상자 중 45퍼센트가 각기 상이한 수준에서 요도하열 증상을 보였다고 한다.[15] "정상적인 것"에서 벗어난 사례의 이 높은 비율은 남성의 전형적인 신체 구조와 여성의 전형적인 신체 구조를 대립시키는 성적 이형성을 반박할 수 있는 논거가 된다. 45퍼센트라는 수치는 파우스토-스털링 팀이 확인한 2퍼센트의 인터섹스 비율보다 훨씬 높다. 엘자 도를랭은 만일 "이상적인 것"이 희귀한 사례가 아니라고 한다면, 성적 이분법은 실제 육체에는 눈을 감아버린 "성별화된 육체의 정상화 전략"의 일환일 뿐이라고 말한다. "정상적인"(즉 가장 흔한) 집단마저 소위 "병리적인" 조건으로 취급받고, "정상적인"(즉 "건강한") 상태는 사실상 통계적으로 드문 경우가 되면서 그와 동시에 "병리화"된다. 도를랭에 따르면, 통계적 빈도는 "인터섹슈얼리티가 자연의 '실수'로서 교정의 대상이라는 생각을 무력화"할 수 있게 한다.[16] 이 연구 결과가 확실하다면, 성적 이분화는 "자연적인 규범으로서만이 아니라 평균치로서도 무효화"[17]되리라는 게 그의 주장이다. 보편적인 칼리페디의 정신을 옹호하면서 도를랭은 오직 생식 능력만으로 판단하는 "성적 특이성"의 논리를 제안한다. 이 기준에 따라서 "전형적인" 남성과 여성 중에 불임인 개체들과 인터섹스이면서 가임인 개체들을 대조군으로 놓고, 어느 쪽이 정상적이고 어느 쪽이 병리적인지를 물어볼 수 있을 것이다.

요도하열을 다룬 이 논문의 통계 데이터는 이미 반론이 제기되기도 했는데,[18] 도를랭 같은 철학자들은 왜 젠더 문제를 다루면서 그 데이터를 논거로 내세우는 것일까? 그것은 그 데이터가 "평균적인" 해부학적 구조에 대해서, 그리고 요도하열 증상뿐 아니라 더 넓게는 인터섹슈얼리티 현상을 외과적으로 교정하려는 이유에 대해서 문제 제기를 가능하게 하기 때문이다. 이 "교정"은 진정한 의학적 목적보다는 미적인 목적을 추구하고 있는 것이다. 이 예에서 "정상"은 통계적 차원과 병리적 차원에서 이중으로 작동한다. 도를랭의 주장이 갖는 강점은, 만일 45퍼센트의 사람들이 요도 입구가 음경 끝부분에 위치해 있지 않아도 전혀 불편을 느끼지 않는다면 과연 "정상적인 것"이란 무엇인지를 묻게 한다는 점이다. 그렇지만 요도하열에서 인터섹슈얼리티 문제로 넘어가도 괜찮은 걸까? 대체로 요도하열은 제한된 부위의 가벼운 증상으로서 특히 가임성에는 어떤 영향도 끼치지 않는다. 다시 말해서 요도하열의 유병률이 어떻든 간에 그것은 인터섹스 상태의 정상적인 또는 병리적인 특성에 대해서 아무것도 말해주는 바가 없다.

여기서 더 나아가기 위해서는 이상적인 것이 비정상적인 것의 의미를 모두 담아내지는 못한다는 사실을 이해해야 한다. 이상은 개별적인 변이, 다양성, 개체의 대체 불가능성을 가리키며, 반드시 질병이나 병리에 해당하는 것은 아니다. 이상적인 것과 병리적인 것이 각각 "비정상적인 것"의 양상을 나타낸다고 할지라도 이상적인 것이 곧 병리적인 것은 아니다. 그렇기 때문에 역설적으로 완벽한 건강 상태는 통계적으로 드문, 이상적인anomal 사례라는 점에서 "비정상적 사실"이며, 반면 병에 걸리는 것은 흔한 일이고 또 질병은 어떤 면에서는 "생명체에 예정된 것"[19]이라는 점에서 병리적인 것이 곧 비정상적인 것일 수는 없다. 그러므로 이상적인 것(드문 것)은 결코 비정상적인 것의 유일한 양상이 아니다.

실제 희소성 비율 또는 통계적 빈도가 어떻든 간에 인터섹스는 이상적인anomal 사례일 뿐이라고 주장할 수 있다. 타고난 신체 구조가 다른 사람들과 다르긴 하지만 그렇다고 해서 "병든" 상태는 아니라는 것이다. 인터섹슈얼리티가 병리적 상태로 규정되려면, 해부학적 구조가 비정형적일 뿐만 아니라 생식세포 생산 같은 일부 기능에 문제가 있어야 한다. 아무리 건강한 사람이라도 생식세포를 생산할 수 없다면 환자로 규정하는 데 무리가 없을 테고, 일단 병리가 증명되고 나면 통계적 빈도는 부차적인 문제가 된다. 설령 인터섹스가 통계적으로 다수라고 할지라도 일부 기능에 문제가 있다면 병적인 상태라고 볼 수 있을 것이다.

이렇듯 이상과 병리의 구별은 매우 중요하다. 이상적인 것은 종에 속한 개체들의 변이성이라는 문제와 그 의미를 되돌아보게 한다. 종의 통계적 표준에서 벗어나 있는 모든 것은 "종의 형태를 위험에 빠뜨리는" 요인일까, 아니면 "새로운 형태의 발명자"[20]일까?

정상적인 것: 생물학적인 것에서 정치적인 것으로

종의 표준형에서 벗어난 것이 꼭 병리적인 것은 아니다. 그러면 정상적인 개체를 정의하는 것은 무엇일까? 생물학적 정상 형태는 "규범적"이다. 말하자면 그것은 "과거의 형태들, 뒤처진 형태들, 곧 사멸할 형태들 모두를 낙오시킨다". 그에 비해서 병리적인 것은 "생물학적 규범의 결여가 아니라 생명에 의해 상대적으로 배척받는 또 다른 규범이다".[21] 캉길렘은 "이상적인 생명체는 처음에는 돌연변이로 용인되었다가 나중에는 놀라운 확산력을 보일 것이고, 그렇게 예외는 통계적 의미에서 규칙이 될 것이다"[22]라며 진화적 전망을 전개한다. 물론 이상적인 것l'anomal이 곧 병리적인 것은 아니지만, 캉길렘은 이상적인 것이 강력한 생물학적 규범성을 지니고 있을 때에만, 즉 개체군 또는 주변 환경 전체에 "확산"시킬 능력을 보유했을 때에만 가치를 부여한다. 그렇다면 그 자체로 비정상적인 개체는 없다고 봐야 할까? 그 점은 이후에 살펴보게 될 것이다.

캉길렘은 정상적인 것의 생물학적 요소를 강조한다. 정상적인 개체는 "자기를 보존하고 생식한다".[23] 자기 보존 능력에 더해 생식을 요건으로 든 것은 개체의 생존 못지않게 번식 성향이 중요한 요소라는 점을 보여준다. 사소할 수도 있겠지만 두 가지 사실을 짚어두자. 캉길렘은 "병리적 구조와 행동의 문제"[24]를 거론하면서 내반족, 정신분열증, 당뇨병 외에 "성적 도착"도 사례로 든다. 좀 더 뒤에서는 유기체가 "행동의 규범"을 강제한다고 주장하면서 두 가지 예를 제시한다. "소화관과 생식기는 유기체의 행동 규범이 된다."[25] 소화관의 예는 꽤 명백한데, 음식물은 소화관의 한쪽 구멍으로 들어가 다른 쪽 구멍으로 나오기 때문이다. 반면 생식기의 예는 다소 모호해 보인다. 생식기에 함축되어 있는 규범은 무엇일까? 남성의 성이라는 열쇠로 여성의 성이라는 자물쇠를 여는 것? 캉길렘은 말한다. 정신분석학은 "섭취와 배설에 쓰이는 자연적인 구멍을 극pôles으로 규정한다. 하나의 기능은 방향이 바뀌면 똑같이 작동하지는 않는다. …… 거기에 생명의 역동적 극성polarité dynamique이 존재한다."[26] 여기에서 캉길렘이 가리키는 것은 유기체의 발달에 결정적 역할을 하는 전후 방향 극성 축이라고 봐도 좋다. 또는 생식기관의 특정한 용도를 가리킬 수도 있을 텐데, 그렇다면 그것을 항문성교라고 보면 안 될 이유가 있을까? 요컨대 소화관은 극성을 띠고 있고, 기능적인 **방향성**을 갖고 있는데, 항문성교는 이 방향성을 뒤집는 것이다. 캉길렘은 유기체에서의 기능의 대상성*을 논하는 유명한 구절에서, 장이 "자궁처럼, 심지어는 그보다 훌륭하게"[27] 작동할 수 있다고 말하면서 신체기관의 용도나

---

* 신체기관의 불완전한 기능을 다른 기관이 대신하면서 나타나는 성질.

〈표11〉. 정상적인 것과 이상적인 것의 네 가지 특성[30]

통계적 의미: 정상적인 것은 **평균적인 것이다(이상적이거나 드문 것이 아니다)**.
의학적 의미: 정상적인 것은 **건강한 것이다(병리적이거나 병든 것이 아니다)**.
생물학적 의미: 정상적인 것은 **규범적인 것이다(죽은 것이 아니다)**.
정치적 의미: 정상적인 것은 **정상화되거나 규범화된 것이다(일탈적인 것이 아니다)**.

기능에서 일정 정도 유연성을 인정한 바 있다. 그러나 여기서는 반대로 "생명의 역동적 극성"을 강조하고 유기체의 방향성을 상기시키면서 유기체가 모든 해석에 열려 있지는 않다는 점을 암시하고 있다. 즉 정상성이 유연성을 허용하기는 하지만, 캉길렘은 생식이 생명 규범을 구성하는 본질적 요소라고 보기 때문에 생식 능력이 없는 사람들은(가령 '성도착자') 사실상 정상성에서 배제된다.[28]

우리는 이 예를 통해서 정상적인 것의 정의는 필연적으로 정치적 양상을 띤다는 점을 깨닫게 된다. 푸코는 캉길렘을 논하면서 다음과 같이 말했다.

[규범은] 자연법칙으로서 규정되는 것이 아니라 그것이 적용되는 영역에 제약과 강제를 행사하는 역할로 규정된다. 그러므로 규범은 권력 의도를 지니고 있다. 규범은 단순히 명료한 원칙이 아니라 권력 행사의 정당성과 합법성이 마련되는 근거이다. 캉길렘은 이를 논쟁적인 개념이라고 말했다. 어쩌면 정치적인 개념이라고 말할 수도 있을 것이다. 어쨌든 …… 규범은 검정의 원칙과 교정의 원칙을 동시에 지니고 있다. 규범에는 배제와 거부의 기능이 없다. 반면 개입과 개조라는 적극적인 기술, 즉 일종의 규범적인 계획에 항상 **연결되어** 있다.[29]

이처럼 정치적 의미에서의 규범은 모종의 계획에 연결되어 있다. 즉 규범이 개체를 평가할 때는 항상 개조를 목표로 하고 있는 것이다. 그래서 우리는 〈표11〉에서 비정상적으로 평가된 것은 **일탈적** 특성을, 그리고 그에 반해서 정상적인 것은 **정상화된** 또는 **규범화된** 특성을 갖는다고 표현했다. 인터섹스들이 어린 시절 당사자의 동의 없이 이루어지는 외과 교정 수술의 문제를 지적하면서 우리의 주목을 끄는 부분도 이와 같은 규범의 강제적인 측면이다. 규범은 인터섹스들의 신체 구조와는 다른 어떤 이상적ideal 형태에 그들을 끼워 맞추는 역할을 한다.

일탈, 불구, 기형

인터섹슈얼리티가 "정상적"인가를 묻는 일은 정치적 의미를 갖는다. 그 물음은 우리 각자가 인터섹슈얼리티에 대해 느끼는 불편함의 이유를 따져보게 한다. **트랜스** 정체성의 반대인 '**시스**cis'* 정체성을 가진 사람들은 왜 인터섹스의 존재를 거북해할까? 왜 이와 같은 동요, 불쾌함, 교정 의지가 생겨나는 걸까? 그저 인터섹스들이 자연과 사회의 평범한 질서에서 벗어난 소수자이기 때문일까?

사실 가장 일상적이고 평범한 경험에서도 알 수 있듯이 사회적 세계는 세계를 더 예측 가능하게 만들기 위한 작은 의례들로 빼곡히 차 있다. 정상화 과정은 대개는 아주 사소해 보이지만 우리를 구성하고 있는 것stuffs[31]을 일상적으로 통제하고, 우리는 거의 아무 생각 없

---

* 시스젠더란 타고난 지정 성별과 본인이 인식하는 성 정체성이 일치하는 사람을 뜻한다.

이 자발적으로 그 과정을 기꺼이 따른다. 우리가 양치질을 하는 이유는 치아 손상 방지뿐 아니라(건강) 외모 관리 때문이기도 하며(미용) 다른 사람들에게 불쾌감을 주지 않기 위해서이기도 하다(사회성). 언젠가는 래퍼들이 과시하는 '그릴즈grillz'나 금니 같은 장식용 보철물이 유행이 되어 우리의 치아를 뒤덮을지도 모른다. 그렇다면 머리 모양이나 옷차림처럼 치아도 자기의 정체성과 지향을 드러내는 수단이라고 할 수 있다(정치적인 면). 이러한 기호를 통해 우리는 우리가 맺고 있는 관계와 소속을 표명하기도 하고, 자기를 드러나게 하거나 혹은 감추기도 하며, 사회 주류를 따르거나 아니면 일탈 또는 정치 투쟁을 감행하기도 한다. 사회는 응원 또는 제재로 이 기호들에 대응한다. 이제 한 사람의 인터섹스를 생각해보자. 그는 어쩔 수 없는 상황에 처해 있다. 앨리스 도무랏 드레거Alice Domurat Dreger*가 힘주어 강조하듯이, 인터섹스는 머리나 신체의 부위가 서로 붙은 채 태어난 두 사람(흔히 '샴쌍둥이'라고 부른다)처럼 "적어도 '선택'이라는 말의 단순한 의미에서 자신의 신체를 선택한 것이 아닌데도 종종 의도적으로 사회 규범을 위반한 것처럼 취급받는다. 더 나아가 어떤 면에서는 실제로 규범을 위반한 것"이 된다.[32] 그런데 위반하지 않고서도 위반한 이 불가사의한 규범이란 무엇일까? 드레거는 샴쌍둥이와 인터섹스의 유사성을 주목하면서, "정상성"에 관한 한 통계적 빈도는 둘 모두에게 좋은 출발점이 아니라는 점을 강조한다. 확실히 샴쌍둥이는 대단히 희귀한 사례로, 그 출생률은 20만분의 1 또는 아무리 높게 잡아도 5만분의 1을 넘지 않는다. 그러나 그런 희귀성이 그들을 대하는 우리의 사회적 태도를 설명해주지는 않는다. 그들을 배척하는 태도에는 생소한 대상을 마주할 때의 놀라움 말고도 다른 요소가 있다.

---

* 미국의 생명윤리학자, 역사학자로 인터섹스와 샴쌍둥이에 대해 연구하고 있다.

이 단계에서 캉길렘이 "통속적이지만 유익한 개념"이라고 평한 "불구" 개념을 개입시키는 게 좋을 것 같다. 불구는 "상상할 수 있는 모든 상황에 의도한 대로 적응할 수 있는 이상적인 정상 인간에 비해, 멸시를 받는 단 하나의 불변 조건에 한 인간 존재가 부득이하게 제한받는 상태"[33]를 가리킨다. 따라서 불구는 결핍과 취약의 감정과 연결되어 있다. 불구인 사람은(캉길렘은 마비환자, 다리를 저는 사람, 혈우병 환자 등 여러 사례를 제시한다) 자신이 해를 입었다고, 즉 박탈당했다고 느낀다. 이와 마찬가지로 인터섹슈얼리티 역시 "완전한" 인간 상태에 못 미치는 어떤 결함으로 느껴질 것이다. 그러나 우리는 캉길렘보다 더 나아가서 "이상적인 정상 인간"이라는 관점에서 보자면 우리 모두는 불구라고 말할 수 있다. 즉 우리를 구성하고 있는 것stuff은 필연적으로 일종의 제약이자 제한이기도 해서 우리는 저마다 현재의 역량을 넘어설 수 없다는 사실에서 쓰라린 결핍감을 느끼게 되는 것이다.

우리의 태도를 특징짓는 두 번째 개념은 기형monstruosité이다. 캉길렘은 괴물monstre을 "부정적 가치를 지닌 생명체"로 규정하면서 괴물에 대한 우리의 공포심을 설명한다. 그에 따르면 "괴물은 단지 가치가 하락한 생명체가 아니라 그 상실된 가치로 다른 존재를 돋보이게 하는 생명체"이다.[34] 여기서 괴물의 첫 번째 양상이 생물학적인 것이라면, 두 번째 양상은 감각과 지각에 관련된 것으로서 정치적 차원에도 확실히 영향을 준다. 캉길렘도 말했듯이 기형은 나에게 두 번 영향을 미친다. 한 번은 나에게 일어났을 수도 있다는 점에서, 또 한 번은 나로 인해 생길 수도 있다는 점에서 그렇다. 그런데 일부 사람들이 느끼는 이러한 공포가 어떤 "기형적" 특성을 입증할 수 있다고 하더라도 과연 그것이 무엇을 의미하며 또 우리는 거기서 어떤 결론을 이끌어내야 할까?

특정한 조건이나 상태를 "기형적"이라고 간주하는 것은 아마도 발생학적 발달의 관점에서 볼 때나 의미가 있을 것이다. 그런 관점에서만 이상적인anomal 것을 기형학의 대상으로 삼을 수 있고, 이상을 병인학적으로* 접근해 그것이 어떻게 나타났는지를 설명할 수 있으며 또한 이를 통해 이상에 "질병의 의미"를 부여할 수 있다. 그러나 캉길렘의 지적처럼 "이상에서 질병으로의 전환"은 "발생학자들의 과학"에서는 의미를 가질 수 있겠지만, "알이나 자궁 밖으로 나와 외부 환경을 맞닥뜨린 생명체의 행동 양태는 그 특수한 신체 구조에 의해 처음부터 고정되어 있기 때문에 생명체 자신에게는 그런 전환이 아무 의미도 없다".[35] 그러므로 결국 이 문제는 병리적 특성을 판단하는 의사의 소관이 된다.

결합쌍둥이의 반증

우리는 흔히 이상적인 것은 "불구"일 확률이 높다고 보고, 또한 이색적이거나 생소한 형태를 "기형적"이고 "퇴화한"(〈월-E〉의 발육부전 상태의 인간들) 형태로 규정짓는 데 익숙해져 있다. 그럼에도 이러한 시각이 바뀔 여지는 있다. 특정한 상태를 "비정상적" 혹은 "병리적"이라고 보았던 시각이 나중에 바뀌게 된 경우는 과거에도 여러 번 있었다.

동성애는 오랫동안 "기형", "반反자연" 현상, 나아가 "퇴행성 질환"으로까지 불리며 조소를 받았다. 한동안은 영향력이 높은 《미국의 정신질환 진단 및 통계 편람Diagnostic and Statistical Manual of Mental Disorders,

---

* 질병의 원인과 작용 방식을 연구하는 학문.

DSM》에서 정신질환으로 분류되기도 했다. 1980년 판에 다시 등재되기는 했지만, 그전에 1973년 판에서 동성애를 정신질환에서 제외하기로 했던 결정은 확실히 게이와 레즈비언이 벌인 정치 행동과 관련되어 있었다. 동성애자들의 강한 문화적 정체성과 정치적 행동력이 정신의학계의 시선을 바꾸어냈던 것이다.

이들처럼 인터섹스를 비롯한 여러 다른 범주의 사람들도 자신들에게 찍힌 낙인에 맞서 정치적 저항을 전개해나간다. 1990년 3월 12일, 워싱턴 국회의사당의 장중한 계단 앞에 휠체어를 버려둔 장애인들이 남녀노소 할 것 없이 모두 팔 힘에만 의지해 고통스레 계단을 기어올라갔다. '국회의사당 기어가기Capitol Crawl'라는 이름으로 알려진 이 시위는 상원의원들을 충격에 빠트렸고, 그 결과 장애의 종류를 막론하고 모든 장애인들에게 차별로부터의 보호, 접근성과 일할 권리를 보장하는 미국 장애인 법American Disability Act, ADA이 제정될 수 있었다. 이러한 시위가 "정상적인 것"에 대한 일반적인 인식에 남긴 영향은 양면적이다. 어떤 면에서 보면 장애인을 사회의 특별한 보호를 받아 마땅한 지위에 올려놓음으로써 장애는 "비정상적" 상태라는 인식을 더 강화시키는 것처럼 보인다. 그러나 다른 면을 보자면 그 시위는 사회의 변화를 이끌어내고 개개인의 다양성에 한층 더 호의적인 분위기를 조성한다. 오늘날에는 '장애학'(영어로는 disability studies)을 따라서 우리의 시각도 변화하고 있다. 여기서 "장애"와 "질병"의 명확한 구별을 시도해볼 만하다. 장애는 개인이 살고 있는 환경에 따라 달라진다. 개인의 성공 가능성이 장애를 판단하는 유일한 기준이 될 텐데, 이는 전적으로 사회 환경에 달려 있다.[36] 반대로 질병은 개인을 둘러싼 환경과 무관하게 그 개인에게 국한된 어떤 상태를 가리킨다. 그렇지만 개인의 의욕을 약화시키는 질병도 다수 존재하므로 이런 식의 구별은 유지되기 어렵다. 흔히 질병은 환경을 변화시켜도 고

처지지 않는 장애로 이어지는 경우가 많다. 만일 "정상적인" 개인이 어떤 질병 때문에 하루 중 몇 시간 또는 생애 중 몇 년 동안만 "능력 발휘"가 가능하다면 그것이 "장애"가 아니겠는가? 장애인 인권운동은 장애로 고통받고 있다는 이유로 낙인이 찍힌 개인이 아니라 사회에 우리의 관심이 집중되도록 유도한다. 사회는 애초에 특정한 신체를 더 잘 "수용"하게끔 만들어졌을지 모르지만, 그것이 거스를 수 없는 것은 아니다.

이런 맥락에서, 드레거의 주장에 따르면 결합쌍둥이에 대한 우리의 태도를 이해하는 데 중요한 것은 이상이나 기형 같은 주제가 아니다. 한 인간에 대해 우리가 갖고 있는 사회적 기대, 나아가 인격에 대한 형이상학적 인식 체계까지도 들여다봐야 한다. 결합쌍둥이에 대해 우리가 느끼는 불편함은 그들이 어떤 경계선을 넘어갔다는 인식과 관련 있다. 우리는 한 개인이란 우리를 구성하고 있는 것에 깃든 유일한 인격이라고 생각하는데, 이 신체와 정체성의 결합에 갑자기 균열이 생기는 것이다. 드레거가 보기에 문제의 원인은 "단독 개체들singletons", 즉 결합되지 않은(쌍둥이가 아닌) 개인들 쪽으로 기울어져 있는 우리의 선입견이다. 그는 결합쌍둥이들의 증언에서 자신들의 몸에 만족한다는 점을 확인할 수 있다고 주장한다. 이 주장은 신체 구조의 다양성(결합쌍둥이, 왜소증 또는 인터섹슈얼리티 등)을 이상화하려는 게 아니라 "'기형'을 반드시 교정/치료가 필요한 의학적 비극으로 보는 대신에 다른 방식으로 사고할 수도 있다는 점을 알리려는 것이다".[37] 중요한 것은 결합쌍둥이라는 조건을 동정하는 게 아니라 당사자의 말에 귀를 기울이고 정상성에 대한 그들의 관점을 존중하는 것이다. 물론 그들의 삶은 순탄치 않았다. 세상은 그들을 '괴물freaks'로 취급했고 장터를 순회시키며 돈벌이에 이용했다. 그래도 어쨌든 결합쌍둥이 형제 엥과 창 벙커(1811~1847)는 가정을 꾸려서 각자 10여 명의 자식을 두었다. 결합쌍둥이인 데이지와 바이올릿 힐튼 (1908~1969) 자매는 해리 후디니에게 배운 최면술을 활용해 한 사람의 정신을 잠재워둔 상태에서 다른 사람과 성관계를 가질 수 있었다. 당연히 그런 성교 방식은 거센 논란을 불러일으켰지만 힐튼 자매가 만족했다는 사실까지 외면할 이유는 없지 않은가?[38]

결합쌍둥이들이 사회적 지탄을 무릅쓰고라도 자신들의 조건에서 나름의 행복을 찾아내리라는 생각이 불가능한 것일까? 인터섹스들의 증언은 이 가정을 뒷받침한다. 뱅상 귀요Vincent Guillot*는 이렇게 말했다. "내가 아는 어떤 여성들은 질강**이 아예 없거나 통증이 심한 인공 질강을 가졌는데, 그들은 비삽입 성교를 즐기며 거기에 아주 만족해한다. 또 지인들 중에는 삽입 성교가 불가능하거나 선 채로 소변을 볼 수 없는, 혹은 그 둘 다 불가능한 음경을 갖고 있으면서도 만족하며 지내는 사람들도 있다."[39] 당사자들의 목소리를 중시하자면 그들이 제기하는 세 가지 요구 사항도 들어봐야 한다. 우선 장애를 "교정"한다는 구실로 행해지는 외과수술의 중단인데, 그 수술이 오히려 장애를 유발하는 경우가 많기 때문이다(즉 결합쌍둥이를 본인들의 의사에 반해 분리 수술을 하지 말 것, 건강이 위험한 상황이 아닌 한 인터섹스로 태어난 아이들에게 성 재지정 치료를 하지 말 것). 그리고 당사자들의 요구에 귀를 기울여달라는 것이다(인터섹스로 인한 고통 중에서 어떤 것을 완화시켜야 하는가). 마지막 사항은 정상적인 것에 대한 우리의 관점을 바꾸는 것이다. 앨리스 도무랫 드레거는 자신을 묘사하면서 흔히 "여성다움womanhood"이라고 불리는 "XX" 증후군에 시달리고 있다고 말하고, 뱅상 귀요는 "평균보다 훨씬 큰 음경 때문에 극심한 고통을 겪고 있

---

* 프랑스의 인터섹스 인권운동가.

** 질 속의 빈 공간.

는 남자들은 말할 것도 없고, 사회 인습에 부합하는 성기를 지녔지만 그에 만족할 수 없어서 정신과와 성형외과의 단골이 되어버린"[40] 수많은 사람들의 증언을 들려준다.

정상적인 것에는 역사가 있다

역사는 성과 인종이 겪어왔던 유사한 운명을 보여준다.[41] 1850년대 미국에서 일부 의사들은 흑인 노예나 여성의 지위를 사회적 지위가 아닌 장애로 설명하면서 그들을 아이 같은 인간으로 간주했다. 가령 흑인은 오직 종속과 복종 상태에만 적합한 "천성적인 노예"로 인식했고, 여성은 의사나 변호사가 될 능력이 없을뿐더러 대학 학위를 따면 건강을 해치게 될 거라고 보았다. 정상적인 것과 병리적인 것에 대한 우리의 이해가 시간의 흐름에 따라 변하고 있다면, 신체 구조보다는 정신을 바꾸는 게 중요할지도 모른다. 드레거는 '국회의사당 기어가기'로 촉발된 스캔들을 상기하면서 이렇게 말한다.

> 흔치 않은 신체를 가진 사람들이 벌이는 집회는 볼썽사나운 퍼레이드라며 비난받을 수도 있다—그러나 예전에 여성 참정권 운동가, 시민권 시위 참가자, 게이 및 레즈비언 활동가에게도 그런 허튼소리가 쏟아졌다는 점을 잊지 말아야 한다. 마찬가지로 흔치 않은 신체를 가진 아이와 성인에 대한 의학적이고 사회적인 대우는 그것이 선한 의도에서 나왔다는 이유로 일체의 비판도 제기할 수 없는 것처럼 보일 수 있다—그러나 과거에도 여성에 대한 법적 통제나 흑인 노예제도가 선의에서 나왔다는 이유로 비판의 여지가 전혀 없다고 여겨지던 때

가 있었다.[42]

그렇다면 신체 구조에 관한 담론이 미래에는 어떻게 전개될지 의문이 생긴다. 정상적인 것은 정치적 차원을 갖는다. 제롬 고페트Jérôme Goffette가 "인간공학anthropotechnie"이라고 지칭한, "정상화"와 "개선"을 특징으로 하는 의학은 우리의 존재에 미치는 영향력을 점점 더 넓게 확장시키고 있다.[43] 미용과 건강은 짝을 이뤄 기묘한 춤을 추면서 과거에는 불가항력적이라고 여겼던 노화, 폐경 또는 남성의 정력 감퇴 같은 현상에 대한 우리의 시각을 바꾸고 있는 중이다. "정상적인 것"의 성질은 시간의 흐름과 함께 바뀌어간다. 그것에 과거가 있듯이 미래도 있으리라는 사실을 우리는 잘 알고 있다.

이제 '클라인펠터증후군자'의 경우를 다시 살펴보자. 만일 생식이 정상성의 핵심 요소라면 XXY 염색체 보유자에게는 치료를 제안할 수 있을 것이다. 사춘기 초기부터 호르몬 요법(테스토스테론)을 실행할 경우 클라인펠터증후군 특유의 물리적, 정신적 증상 대부분을 방지할 수 있다. 이 치료는 남성의 2차 성징(체모, 변성, 근육 발달)을 촉진하고, 유선의 발달을 막으며, 골밀도를 높여 골다공증을 예방한다. 유방 절제(또는 유선 절제) 수술을 받을 수도 있고, 고환이 너무 작아서 문제인 사람에게는 인공 고환을 삽입할 수도 있다…… 이처럼 클라인펠터증후군 남성의 몸은 당사자가 원하기만 한다면 다양한 정상화 절차를 따를 수 있다.

다음으로는 골다공증을 비롯해 클라인펠터증후군 남성들에게서 발병률이 높다고 알려진 질환을 살펴보자. 생각나는 대로 나열하자면, 당뇨병, 갑상선 기능 저하증, 홍반성 루푸스, 승모판 탈출증, 유방암, 고환 또는 고환 외 부위의 배세포종 등이 있다. 다수의 역학 연구에 따르면 특히 심혈관 질환, 당뇨병, 유방암, 폐암으로 인한 사망 위험이 높다. 최근의 한 코호트* 연구(781명의 덴마크인 클라인펠터증후군 남성과 총 3803명의 남성 대조군 조사)에서는 클라인펠터증후군자는 다양한 병리 문제의 영향으로 기대 수명이 대조군보다 약 2년가량 적을 수 있다는 결과를 제시했다. 그러나 이러한 데이터와 클라인펠터증후군 사이의 직접적인 연관성은 항상 명확하게 해명되지 않으며, 각종 병리적 현상은 낮은 수준의 사회경제적 환경과도 관련이 있을 수 있다.[44]

클라인펠터증후군자에게는 여전히 생식 능력이 가장 중요한 문제다. 그러나 그 문제는 인공 생식으로 해결할 수 있다. 정자가 확보되었다면 세포질 내 정자 주입술을 활용한 시험관 수정을 시도할 수도 있고, 아니면 생식세포 기증을 알아볼 수도 있다. 의사들은 클라인펠터증후군자의 말과 욕구에 주의를 기울이면서 그들의 심리적, 성적 발달 과정 전반에 동행할 수 있을 것이다.

* 특정한 기간 동안 공통된 특성이나 경험을 공유하는 사람들의 집단.

IV. 노아의 방주에서 벗어나기

10.

생물학의 성 개념을 어떻게 재구성할 것인가?

"두 개의 성"이라는 실재가 있다. 우리는 그 실재를 배우자 gamètes의 이원성(난자/정자)에서 확인한다. 그런데 거기에 어떤 의미를 부여해야 할까? "수컷"이나 "암컷"이라는 성이 **세포**나 생식**기관**뿐만 아니라 한 **개체**에까지 적용될 때 비로소 성은 우리에게 온전한 의미를 지니게 된다. 수컷 또는 암컷인 이 **개체**가 과연 무엇인지를 이해하는 것이 우리의 관심사다. 개체의 성은 시간과 장소에 따라 다양하게 발달된다. 물고기에게서는 순차적 자웅동체 현상이 발견되고, 진디는 계절에 따라 생식 방법을 바꾼다. 많은 종에서 유성생식과 무성생식이 교대로 일어나며, 배의 발생 단계에서 2차 성징이 발달하기도 하고 인간의 경우에는 평생 지속되는 다양한 인터섹슈얼리티가 존재한다. 성은 그 어떤 본질 속에도 온전히 담겨 있지 않으며, 여러 가지 사건과 우연을 야기할 수 있는 메커니즘을 다수 동원하면서 시간의 흐름에 따라 자기를 펼쳐낸다. 따라서 성을 암컷과 수컷, 여성성과 남성성, 여성과 남성이라는 두 개의 상징적 형상으로 실체화하게 만드는 암묵적인 본질주의를 타파해야 한다. 성 유형(교배형)의 다수성이 보여주는 풍경을 양성의 풍경과 대조하면서, 양성에 대한 망상을 키우는 애니미즘과도 결별해야 한다. 결국 일반적인 생물학적 과정으로 이해된 성은 서로 다른 개체들 간의 유전자 교환일 뿐이며, 그것도 다수의 교환 형태 중 하나일 뿐이다.

아이를 무릎에 앉히고 함께 동물 그림책을 본다. '돼지', '암소', '오리'…… 동물 그림 위에 있는 버튼을 누르면 그 동물의 울음소리가 흘러나온다. 그림, 소리, 이름이 모여 하나의 종을 완성한다. 우리가 어린아이들에게 자연을 보여주는 방식이 대개 이렇다. 이 그림책 시리즈 중에는 열대 동물('뱀', '악어'), 새('멧비둘기', '박새'), 탈것('자전거', '자동차', '전차')을 소개하는 책도 있다. 아이는 이 책들을 보면서 아담이 한 것처럼, 동물들이 차례차례 등장할 때마다 그들에게 이름을 지어주는 일을 되풀이한다. 페이지마다 어느 한 동물의 원형(전형적 이미지)이나 스테레오타입*이 제시되어 있는데, 그것은 그 동물 이름에 따라붙었던, 틀에 박힌, 종종 부정확한 관념을 드러낸다. 예를 들어 '호랑이'는 '줄무늬'와 연결되어 있어서, 노란색 고양이에게 줄무늬가 있으면 호랑이를 떠올리게 되는 것이다. 이때 백호랑이의 존재 여부는 중요치 않다. 스테레오타입은 한 개체만이 아니라 종 전체를 대상으로 작용하며, 어떤 종이든 스테레오타입으로 굳어질 수 있다. 그런데 아담의 명명은 노아의 방주에서 두 배로 늘어난다. 각각의 종마다 하나가 아닌 암수 두 개의 스테레오타입이 필요하면서 종을 대표하는 유형도 둘이 되는 것이다. 노아의 방주에는 모든 종이 암컷과 수컷 둘씩 짝을 지어 오르는데, 이 이미지 자체가 종에 대한 일종의

---

* 특정 대상에 대한 고정된 견해나 사고. 고정관념이라고도 한다.

메타스테레오타입métastéréotype이다. 노아의 방주는 모든 종이 두 개의 유형, 두 개의 성으로 나뉘어 있다고 우리에게 말한다. 이에 대한 우리의 확신도 아주 강해서 1972년에는 존재할지 모를 외계 생명체에게 이 얘기를 들려주는 게 시급한 일이라고 판단했을 정도다.

이런 것을 성과학이라고 할 수 있을까? 우리가 이미 알고 있는 것, 제도가 정해놓은 것, 몇몇 종교가 아득한 옛날부터 이야기해온 것을 그대로 인정하거나 숨기고 있는 이 과학에는 무언가 의심스러운 것이 있다. 바로 성이라는 사실, 암컷과 수컷으로 이루어지는 한 쌍이라는 사실이다. 누군가는 우연한 일치라고 말할 것이다. 성과학은 [물체의] 자유낙하 현상에 관한 과학과 약간 비슷하다. 이 과학은 돌이 낙하하지 않는 경우를 상정하지 않는다. 다만 돌이 어떤 원리로, 어떤 식으로 낙하하는지를 설명할 뿐이다. 게다가 이 자유낙하의 과학은 생각만큼 단순하지 않다. 갈릴레이의 법칙은 자연적 장소로의 낙하가 아니라 상대 운동을 설명하는 것이다. 낙하하는 돌에 대한 우리의 지각과 물체의 낙하에 대한 물리 이론 사이에는 원리, 방정식, 개념 등 각종 이론 도구가 가득 들어차 있어서 현상에 대한 물리학적 설명과 일상적 지각의 간극을 벌려놓는다. 그러면 성의 경우는 어떨까?

과학의 소명은 우리가 늘 알고 있다고 믿었던 것에서 우리를 자유롭게 해주는 것이다. 과학에 힘입어 우리는 어린 시절부터 반복해 받아온 가르침에서 벗어날 수 있게 된다. 이와 관련해서 칸트가 확신conviction과 신조persuasion를 구별하는 대목을 참조할 만하다.[1] 우리는 본능적으로 우리의 신조가 객관적인 근거를 갖고 있다고 생각하지만, 사실 신조는 주관적 원리에 의거한다. 나의 판단에 다른 사람도 동의하리라는 확신이 있을 때에만 객관적 타당성을 주장할 수 있다. 나의 견해는 객관적인 확신일까 아니면 단순히 주관적인 신조일까? 그 점을 확인하려면 나의 인식을 기꺼이 시험대에 올려놓고, 그 견해가 나 혼자만이 아니라 모든 사람에게 타당한지를 물어야 한다. 얼핏 보기에 우리의 생각은 모두 충분한 근거를 지닌 것처럼 보이지만, 과학적, 철학적 시험은 그 생각을 경험이라는 심판에 맡긴다. 그런데 성의 경우, 두 개의 성이 존재하고 이들이 한 쌍을 이룬다는 신조는 과학적 확신에 의해 강화되는 것처럼 보인다. 철학과 마찬가지로 과학은 **의견(독사**doxa)*의 치료제, 즉 반-의견(안티독사antidoxe)으로서 사회의 통념을 타파하는 것이 그 역할인데, 이 경우는 이상한 예외가 아닐 수 없다. 가스통 바슐라르Gaston Bachelard의 인식론은 의견에 대해서 더 철저한 경계심을 가지라고 한다. 과학이 어떤 특정 사안에서 "의견을 정당화하는 것처럼 보이더라도 그것은 의견을 근거로 삼고 있는 이유와는 다른 이유에서 그러는 것이다. 따라서 엄밀히 말해 의견은 항상 틀린다. 의견은 잘못 생각하거나 또는 아예 생각하지 않으며, 욕구를 인식으로 나타낸다".[2] 이러한 철학적 교훈은 반물질이나 하이젠베르크의 불확정성 원리 같은 개념들로 인해 급격한 변화를 겪었던 20세기 전반기의 물리학에서 잘 드러난다. 상대성 이론도 그렇지만 특히 양자역학 이론의 철학적 파급력은 철저하게 의견에 반하는 것이었다. 생물학 역시 의견을 바로잡는 과학의 역할에 충실했다. 동물들이 아담에게서 이름을 부여받았다거나 짝을 지어 노아의 방주에 들어갔다거나 하는 전통적인 시각을 반박하며, 종이 역사적 변천을 거쳐왔다는 점을 밝힌 것이다. 반면 동물들이 암수 한 쌍씩 짝을 이루어야 한다는 생각에 대해서 생물학은 입을 굳게 닫고 있는 듯하다. 생물학은 성이 없는 종들의 존재를 인정하지만 만일 성이 존재하는 종이라면 반드시 두 개의 성이 있어야 한다고 여기며, 그런 종은 전

---

* 플라톤은 앎에는 참된 지식epistēmē과 의견doxa이 있다고 본다.

부 암컷 또는 수컷으로 분류된다는 것을 유일한 가르침으로 삼고 있는 것처럼 보인다. 성은 항상 우리를 노아의 방주로 되돌려보낸다.

두 개의 성이 존재한다는 의견은 여전히 과학적 구성 작업에서 예외로 남겨진 것처럼 보인다. 그런데 바슐라르에 따르면, 과학이 의견과 일치하는 경우는, 순전히 우연적으로 그리고 전혀 다른 근거에서 과학이 의견을 확인하거나 과학이 탈피하지 못한 인식론적 장애의 개입으로 인해 과학 본연의 역할을 수행하지 못했기 때문이다. 뱅상 봉탕Vincent Bontems이 지적하듯이 이 인식론적 장애는 두 가지 유형으로 나뉠 수 있다. "인식론적으로는 사고에 기생하면서 그 기능을 마비시키는 함축성이 풍부한 이미지 그리고 심리학적으로는 이 이미지에 과도한 중요성을 부여하게 된 원인인 '콤플렉스'이다."[3] 이러한 함축적인 이미지와 정신적 콤플렉스를 극복하기 위해서는 성과학의 인식론적 본질을 살펴봐야 한다.

생물학은 자연과학이다. 이는 실재와 이성이 접합하는 지점에서 학문이 성립한다는 뜻이다. 이 고전적인 인식론적 문제에는 여러 유형의 해결책이 있는데, 크게 두 진영으로 나뉜다. 그중 실증론 진영은 사물의 관찰을 통해 이성 법칙의 근거를 찾고, 관념론 진영은 관념 속에서 세계 인식의 원리를 찾는다. 관념론 진영에 속한 구성주의자는 정신이 물질을 토대로 관념을 구성한다는 다소 완화된 입장을 제시하기도 한다. 실증론자들은 귀납적인 철학에 의거해 먼저 사실을 기록하고, 관념론자들은 선험적인 철학에 의거해 범주를 출발점으로 삼는다. 양쪽 모두 진정한 실재론자라고 자부한다. 이 주제는 바슐라르가 자신의 시대와 특정 분야(20세기 전반기의 물리학)의 관점에서 전개했던 것인데, 생물학의 인식론은 그가 과학철학을 재구성한 방식에서 분명 배울 점이 많다.

이 인식적 과제를 달성하고, 그 암묵적인 직접성으로부터 성생물학을 구해내기 위해서 바슐라르의 인식론에서 참조할 것은 인식의 차원을 다섯 층위로 설정한 부분이다. 그 층위는 각각 애니미즘, 경험주의, 실증주의, 합리주의, 초합리주의[4] 철학에 대응한다. 이런 다양한 접근법은 동일한 개념이 이질적인 의미를 갖는 현상을 떠올리게 하는데, 생물학적 성 개념도 이 다섯 단계로 접근할 수 있다. 바슐라르의 다섯 가지 단계 구분은 성 개념의 재구성을 따르도록 한다. 그런데 바슐라르의 합리주의적 정신분석을 성에 적용하는 것은 그의 연구에서 섹슈얼리티가 항상 인식론적 장애로 취급된다는 점을 고려할 때 매우 역설적인 일일 수 있다. 성적 생식은 광물들의 화학 현상과 거기서 촉발되는 사유 현상을 비롯해 모든 유형의 현상을 오염시키는 대표적인 인식론적 장애다. 더구나 그는 생물학이 인식론적으로 취약한 과학이라고 보았다. 《부정의 철학La Philosophie du non》에서는 "생물학은 합리주의가 통하지 않는다"[5]면서 유감을 표명하기도 했다. 그럼에도 우리는 바로 이 생물학을 실증주의로부터 그리고 암묵적 철학인 소박 실재주의로부터 빼내야 하고, 그와 동시에 반자연주의라는 위험에 빠지지 않도록 해야 한다.

바슐라르가 제시한 다섯 개의 인식론적 층위에 따라 성 개념이 다양하게 굴절되는 과정을 따라가 보자.

1. **"애니미즘"** 단계에서, "성" 같은 개념은 "장애 개념"으로 기능한다. 사람들은 **두 개의 성**을 서로 대립되면서도 보완적인 두 개의 본성처럼 말하면서 그 개념에 대한 인식을 요약하고 있다고 느낀다. 하지만 다른 맥락에서 바슐라르가 강조했듯이 "이 개념은 인식을 가로막기만 할 뿐, 인식을 담아내지 않는다".[6] 애니미즘 단계에서 개념은 일종의 스크린과 같으며, 사유되지 않은 형이상학을 나타내 보인다. 어떤 생물학자도 서로를 보완하는 "두 개의 성" 담론이 형이상학적 이분법이나 양극성 등의 담론을 일신시킬 거라고 여기지는 않을

것이다. 그러나 이 투박한 성 개념은 그 안에 웅크린 채 추위를 달래고 싶은 안식처 역할을 한다. 성에 대한 이 같은 직접적인 개념 작용은 떨쳐내기 어려운 강력한 "원초적 유혹"을 발휘하며, 사유는 은신처로 숨어들듯이 자발적이고 규칙적으로 그 유혹에 빠져든다.

우리의 분석을 좀 더 심화시켜 보자. 애니미즘은 확신에 가득 차 있다. 그것은 대상을 실체화하고 숭배한다. 애니미즘은 눈에 보이는 것을 어떤 우월한 힘과 관련짓는 한 가지 방식이다. 공쿠르Goncourt 형제가 예술에 대해 말한 바를 애니미즘에 그대로 적용할 수 있을 것이다. "그것은 한순간, 덧없이 사라지는 것 그리고 인간의 특징적인 모습을 절대적이고 결정적인 최상의 형태로 영속화하고 고정시킨다."[7] 성 또는 두 개의 성은 가치의 현현으로 이해되며, 각각의 개인은 **남성다움**maleness과 **여성다움**femaleness, **남성 존재**와 **여성 존재**, 남성성과 여성성과 같은 어떤 영속적인 유형의 표본이 되어야 한다. 모든 개체는 이 양극을 기준으로 거기서 얼마나 멀고 가까운지에 따라 분석되고 해석된다. 전쟁의 신 마르스와 미의 신 비너스는 그 양극의 생물학적 상징, 태양과 달은 우주적 상징이다. 그리하여 애니미즘 신봉자는 성과 관련해 그 불변하는 본질이 잘 드러나지 않는 경우를 성이 퇴화한 형태 또는 변질된 형태로 간주하고, 그것을 성의 전형적인 형태와 구분짓는다. 남성은 수컷을 가리키며 수컷은 남성적인 것을 가리킨다. 마찬가지로 여성은 암컷을, 여성적인 것을 부른다. 그리고 이 바깥의 것은 모두 기형이다.

성적 애니미즘은 두 개의 성 사이에 신비로운 인력이 작용한다고 가정하는데, 자기장 패러다임을 통해 이를 이해할 수 있을 것이다. 자석과 같은 두 극은 자기와 다른 극은 끌어당기고, 같은 극은 밀어낸다. 이런 특성은 유성생식을 하는 모든 종에서, 그리고 유성생식을 하지 않는 짚신벌레에게서도 확인할 수 있다. 짚신벌레의 두 "성"은 두 개의 "교배형"으로서, 짝수는 "E(even)"로, 홀수는 "O(odd)"로 부른다. 이 단세포 동물에게서도 O형 개체와 E형 개체라는 두 개의 극이 발견되며, 유전적 교환이 일어나기 위해서는 이 유형의 접합이 필요하다. 이는 극성이 다른 개체들 간에 인력이 작용한다는 사실을 보여주는 일반적인 예시이다.[8]

그런데 애니미즘적 성 개념이 대체로 별다른 이의 제기 없이 받아들여진다는 점은 매우 놀랍다. 애니미즘적 접근법은 당연하다고 여겨지며, 즉각적이고 열렬한 지지를 불러일으킨다.[9] 애니미즘에는 모든 비판 정신을 유보시키거나 또는 아예 박탈해버리는 힘이 있다. 누가 감히 두 개의 성만 존재하는 게 아니라고 말하겠는가? 애니미즘적 의미의 성 개념에 의문을 제기하는 것은 명백한 사실로부터 등을 돌린 채 상식을 공격하는 일이며, 또한 반박할 수 없는 것을 부인하는 일이자 광기로 빠져드는 일이다. 이렇듯 애니미즘적 차원은 과학적 인식과 일상적 인식을 아무 매개 없이 직접적으로 연결해놓는다. 모두가 성이 무엇인지는 잘 알고 있으며, 성과학의 도움은 필요 없었다. 그러나 이 원초적인 성 개념에서 우리를 벗어나게 해주는 것이 "객관적 인식의 정신분석"이 맡은 역할이다. 사실 애니미즘적 성 개념은 이미 문제적이다. 그것은 우리를 분할의 수수께끼와 마주하게 한다. 왜 종은 둘로 분할되어 있을까? 왜 종은 암수라는 상반된 두 역량을 다시 결합시키는 걸까?

현대 생물 분류학의 창시자인 칼 폰 린네Carl Linné*가 들오리 수컷과 암컷을 두 개의 다른 종으로 분류했다는 일화가 있다. 들오리는 유럽의 동물 생태계에서는 무척 흔한 종이므로 신빙성이 없어 보이긴 하지만, 이 일화가 보여주는 것은 린네가 열정적으로 모방했던 아

---

* 1707~1778. 스웨덴의 식물학자로 저서로 《자연의 체계》가 있다.

10. 생물학의 성 개념을 어떻게 재구성할 것인가?

담의 신화(종, 유형, 이름)와 모든 종이 두 개의 성으로 나뉘게 되는 노아의 방주 사이에 존재하는 긴장이다. 찰스 다윈도 그가 연구한 만각류* 중 일부 종의 경우, 암컷의 외피 주름 틈에 서식하고 있는 매우 작은 기생생물이 실은 그 종의 수컷이었다는 사실을 깨닫기까지 몇 해가 걸렸다. 보넬리아도 수컷의 몸 길이는 몇 밀리미터에 불과한 반면 암컷은 10여 센티미터에 달해서 그 둘의 비율이 1 대 100까지 이른다. 이러한 성적 이형성은 '엄청난 차이가 있는 수컷과 암컷을 왜 동일한 종으로 분류하는가?'라는 물음을 던지게 한다. "여자는 남자의 기형이다"라는 디드로의 말은 어쩌면 이런 이형성을 가리켰던 것일지도 모르겠다. 물론 그 반대의 경우가 참일 수도 있지만 말이다. 수컷과 암컷을 서로 다른 두 개의 종으로 분류해야 할까? 하나의 성이 다른 성에 기생한다고 봐야 할까? 한 유명 작가는 여성이라는 성은 외부로 드러난 남성의 생식기관처럼 "지니고 있기에 너무 거추장스럽다"[10]고 말했다. 성의 본질을 탐색한 철학 중에는 성 에너지론을 파고든 경우도 있었다. 수컷은 이화작용이 활발해 격해지기 쉽고 감정을 잘 분출하며 활동적인 반면, 암컷은 동화작용이 활발해 축적과 보존에 능하며 수동적이라는 것이다. 따라서 두 성의 결합은 상반되는 두 성향이 섭리에 따라 화합을 이루는 길이자, 평화와 조화의 보증이라고 여겼다.[11] 성 역사를 연구하는 이들은 성을 형이상학적 이원성으로 보기 시작한 게 비교적 최근인 19세기 초의 일이라는 시각에 반대할까? 사실 토마스 라커가 '유니섹스unisexes'라고 부르는 개념조차 음경/질의 이원성이 재연하는 외부/내부, 따뜻함/차가움, 완전함/불완전함 등의 극성을 벗어나지 못한다.

---

* 절지동물 갑각류로 몸은 석회질 껍데기가 덮고 있고 여섯 쌍의 발이 있다. 거북손, 따개비 등이 이에 속한다.

2. **개념의 경험주의적 용법**은 애니미즘적 성 개념을 분열시킨다. 바슐라르에 따르면, 경험주의 단계에서는 도구적 매개를 통해 개념에 접근한다. 물리학을 예로 들면, 애니미즘적 정신이 질량을 단순히 지각하는 반면에, 경험주의자는 저울을 이용해 질량을 측정하고 파악한다. 생물학적 사안에서는 현미경이나 메스를 떠올려볼 수도 있겠지만 도구가 그렇게까지 결정적인 역할을 하는 것 같지는 않다. 해부학적 구조가 성을 지배할 경우 성 개념은 더 세밀해지는데, 라이디히 세포,* 세르톨리 세포,** 나팔관, 뮐러관, 볼프관 등 상당수의 기관, 조직, 구조가 발견되고 이름을 얻게 되기 때문이다. 애니미즘으로부터 경험주의적이고 실험적인 접근법으로의 이행을 이끄는 다른 길이 있다. 가령 양성의 문제는 도구의 도움 없이 어떤 **기준**critérium을 이용해 접근할 수도 있다. 양성이 형성되는 이유는 한쪽 성끼리의 교미에서는 번식이 일어나지 않는 반면 양쪽 성이 만났을 때는 번식 능력을 갖게 된다는 점 때문이다. 이 두 개의 성은 단순히 해부학적 구조의 차이(남성적인 것과 여성적인 것의 형이상학적 극성을 설명해주는) 속에서만 드러나는 게 아니라 그들의 상보성이 특정한 효과를 생산할 수 있는지, 즉 자손을 낳을 수 있는지의 여부에 따라 측정 또는 평가된다. 생식이라는 **사실**은 생식에 관련된 그 어떤 **이론**보다 우선한다. 다시 말해서 우리는 생식이 어떻게 일어나는지는 모르더라도 생식을 확인할 수 있다. 어느 순간 생식은 양성 이론의 수중에 놓이게 되는데, 양성이 각자의 방식으로 기여한 덕분에 생식이 가능해진다는 논리 때문이다. 그렇게 해서 생식은 결정적인 성 경험으로 내세워진다. 생식이 일어났다면 서로 다른 두 개의 성이 관련되었다고 봐야 한다

---

*   테스토스테론을 생산하는 내분비계 세포.
**   정자를 형성하는 정세관 벽에 있는 지지세포.

는 것이다. 오랫동안 우리는 그 이상은 전혀 알지 못했다.

이 점은 특히 성 개념을 동물에서 식물로 확장할 때 특히 두드러진다. 세바스티앙 바이양Sébastien Vaillant*이나 칼 린네는 "식물의 성"을 주장하면서 식물의 성과 동물의 성 간의 확인되지 않은 유비를 그 근거로 삼았다. 화분과 정자, 암술과 난소는 어떤 공통점이 있는 걸까? "모든 생물은 알에서 나왔다omnia ex ovo"는 윌리엄 하비William Harvey**의 주장만 되풀이했을 뿐, 생식이라는 공동 작업에서 수컷과 암컷이 실제로 어떻게 기여하는지는 잘 알려지지 않았다. 하지만 바이양과 린네는 식물의 성에 대해 말할 만한 충분한 근거를 확보했다고 생각했다. 가령 그들은 종려나무가 열매를 맺기 위해서는 수나무의 꽃가루를 암나무로 옮겨주어야 한다는 점을 발견했고, 그로부터 양성은 접합이 예정되어 있는 두 부분으로, 적절한 방식으로 연결되면 생식이 발생한다고 결론지었다. 이와 마찬가지로 단세포 생물에도 "성"이 부여되었다. 19세기에 제라르 발비아니Gérard Balbiani***를 비롯한 몇몇 연구자들은 어떻게 해서든 세포 구조에서 수컷 인자와 암컷 인자를 찾아내고자 했다. "세포핵은 생식세포나 난자를 생산하는 기관이고, 핵소체는 번식 기능이 있는 소체나 정자가 발달되는 기관이다. 적충류의 경우 세포핵은 난소, 핵소체는 고환으로 간주되어야 한다. 이 동물의 생식기는 이 두 기관으로만 구성된다."[12] 생식이 일어나는 곳이면 어디서나 성의 존재를, 즉 수컷 인자와 암컷 인자를 찾고자 했다. 성은 적충류에서 인간에 이르기까지 모든 번식의 근원에 위치한, 아담과 이브 같은 존재였다. 관찰로 얻은 결과는 별로 중요하게 여겨지지 않았다.

---

* 1669~1722. 프랑스의 식물학자.
** 1578~1657. 영국의 의사, 생리학자로 혈액순환론과 동물발생학에 기여했다.
*** 1823~1899. 프랑스의 발생학자.

이 단계에서 성은 매우 단순한 방정식으로 표현된다. 하나와 하나를 더해야 수가 늘어나며, 하나만으로는 생식이 일어나기 어렵다.[13] 애니미즘 단계에서 성은 상보적인 극성으로서, 서로 상반되는 양성 간의 필연적인 결합이 조화를 되살려낸다. 반면 경험주의 단계에서 성은 하나의 역설이자 이유를 알 수 없는 우회처럼 여겨진다. 자연은 왜 이렇게 우회하는 길을 택했을까? 번식을 위해서는 복제가 더 간단하고 직접적인 경로가 아니었을까? 이 문제는 18세기에 폴립의 출아법*과 진디의 단성생식의 발견과 함께 성이 번식에 필수 요소가 아니라는 사실이 드러나면서 더욱 첨예화되었다. 피타고라스주의가 주창한 조화는 자연이 부모와 자식으로 이루어진 삼각형을 좋아한다는 이유로 성을 정당화했는데, 뷔퐁Georges-Louis Leclerc Buffon**의 조롱을 피할 수 없었다. 세 번째 꼭짓점을 만들기 위해서는 두 개의 꼭짓점을 필요로 하는 삼각형의 형이상학과 달리, 경험주의에서는 성을 규정하려면 우선 **경험**에 의거해야 한다고 주장한다. 성은 사실의 문제이다. 예컨대 자연의 경제법칙에 훤한 라이프니츠주의자 같은 기하학자도 성을 확인하지 않았다면 성의 존재를 예상할 수 없었을 것이다. 그러나 성은 실재하며, 우리가 직접 성을 목도하는 이상 이를 인정해야만 한다. 따라서 성에 관해서 그 원인이 아니라 방법, 즉 현실적 양상을 따질 뿐이다. 성이 존재하고, 두 개의 성이 있다. 그것이 전부다.

'성의 기원'에 대해 질문을 던지는 진화생물학은 성의 **원인**을 묻고 있는 것처럼 보인다. 그것은 복제가 명백히 더 효과적인 번식 방법임에도 불구하고 생식이 더 발달하게 된 **원인**이 무엇인지를 설명

---

* 생물체의 몸에서 싹 또는 혹이 자라나 새로운 개체를 이루는 무성생식법.

** 1707~1788. 진화론의 선구자로 거론되는 프랑스의 박물학자.

하려 한다. 그러나 그 시도에서 진화생물학이 할 수 있는 일이란, 거의 대부분이 이해가 가지 않지만 사실로 받아들일 수밖에 없는 현상에 대해서 몇 가지 이론적 모델을 제시하는 것뿐이다. 유성생식은 무성생식에 비해 어떤 장점을 갖는가? 개체의 쇄신? 변이와 표현형의 다양성? 유리한 특질들의 재조합을 유도하고 불리한 조합은 제거하는 유전적 혼합? 이에 대해서 몇몇 가설을 세우고 검증해볼 수도 있다. 그러나 생물학의 역할은 무엇보다도 실재하는 것의 재현 모델을 만들어내는 일이다.

여기서 놀라운 점은 생식의 메커니즘과 관련해 여전히 아무것도 알 필요가 없다는 사실이다. 수컷은 암컷이 미리 만들어놓은 생식세포의 성장에 시동을 거는 역할을 할 뿐이든지, 아니면 암컷은 수컷만이 갖고 있는 생식세포에 자양분을 공급하는 역할을 맡았든지 별 상관이 없다. 두 개체의 기여도가 동등하든지 동등하지 않든지 상관없다. 각자가 맡은 역할도 상관없다. 왜냐하면 일단 생식이 일어났다면 복수의 성과 그들의 상보성은 이론의 여지없는 실재로서 충분히 확고한 지위를 얻기 때문이다. 그러므로 생식은 두 성의 존재에 대한 실질적인 증거, 확실한 지표가 된다. 바슐라르가 지적했듯이, 경험적 사고는 "결정적이면서도 단순한 경험에 묶여 있으며, 그로 인해 **실재론적 사고**라는 이름을 얻는다".[14] 물론 이 단계는 아직 애니미즘적 사고와 명확하게 분리된 것은 아니며, 애니미즘적 특유의 직관이 수정된 채로 여전히 이어지고 있다.

성적 경험주의는 우리가 아는 모든 것이 실질적으로 아무 소용이 없을 때 난관에 부딪힌다. 아무리 우리가 정자와 난자를 잘 안다고 하더라도 성생물학이 확인한 바로는 바늘도 정자 역할을 대신할 수 있다. 이는 으젠 바타이용-Eugène Bataillon*의 인공 단성생식에서 밝혀진 내용이다. 반대로 정자와 난자를 접근시켜도 아무 일도 일어나지 않을 수 있다. 많은 사람의 경우 섹슈얼리티는 생식과 무관하다. 이 사실은 성의 존재에 어떤 영향을 미칠까?

3. **실증주의**는 우리의 성 개념을 단순하고 고립된 하나의 일반 개념에서 일반 개념 집단으로 이행시킨다. 이 단계에서 성은 더 이상 원초적이고 직접적인 경험이 아니며, 경험론적 실질성으로 정의되지도 않는다. 성은 하나의 개념이 되는데, 이 개념을 정의하는 것은 서로 상관관계에 있는 다양한 일반 개념이다. 이 단계는 종종 물리학에서 현상을 수학적으로 정의하는 경우에 해당하는데, 예컨대 '힘(F)을 가속도(a)로 나눈 값이 질량(m)'이라는 식으로 정의하는 경우를 가리킨다. 성생물학에서는 그와 같은 방정식으로의 환원이 일어나지 않는다.

반면에 생물학도 마찬가지로 성 관념을 여러 다양한 단계로 나누어 배치함으로써 일반 개념을 확대시킨다. 애니미즘 단계에서는 성 개념을 수컷과 암컷을 준거로 삼아 설명하고, 경험주의적 접근에서는 거기에 세 번째 항(자식)을 더해서 삼각형을 만들거나 서로 연결을 지어 설명한다. 실증주의적 성 개념은 무엇보다도 이론적 실체가 증가한다는 게 특징이다. 이 개념은 생물학자들이 마음껏 활약할 수 있게 해준다. 생명체의 외양을 뚫고 들어가 표층에서 심층으로 파헤쳐가는 것이 그들의 임무다. 그것은 "암컷"과 "수컷"이라는 포괄적 명칭에서 외부 생식기관의 해부학적 구조로 넘어가는 일이며, 그다음에는 내부 생식선(난소, 나팔관, 고환) 분석으로, 또 그다음에는 번식세포나 생식세포(난자, 정자)의 발견으로 넘어가는 일이다. 내부 깊숙한 곳으로의 이 하강은 성염색체의 발견, 이어서 호르몬의 발견으로 강화된다. 이제 더 이상 성은 암수의 대립이나 상보성으로만 설명되

*   1864~1953. 프랑스의 유전학자, 생물학자

지 않으며, 생식기 또는 성기관 이외에 생식선, 생식세포, 염색체, 호르몬 등을 모두 고려해야 한다. 많으면 많을수록 좋다는 속담처럼 이 모든 단계에서 늘 동일한 성이 발견되는 것처럼 보이므로 문제가 될 건 없다. 그러나 이 다양한 층위 가운데 **어떤 것이 "실제로 성(들)"을 만드는지** 생물학자에게 순진하게 물어보자. 그러면 그는 전부라고 답할 것이다. 앞서 우리가 유형별로 제시한 개별적 성의 10개 층위를 참조해보라.

대개의 경우에는, 그 대답으로 족할 것이다. 다만 그 대답은 만족감보다 더 큰 당혹감을 유발하기에 완전히 받아들이기는 어렵다. 순진하든 급진적이든 실증주의자에게는 "모든 게 실재이다". 이 구절은 분명 바슐라르가 실증주의의 소박 실재론에 가한 비판의 요점을 담고 있다. 실증주의 단계에서의 성은 바슐라르가 물리학에 대해 얘기했던 바와 유사한 상황에 처해 있다.

> 포괄적이고 일률적인 실재주의에 다시 한 번 기댄 채 '전자, 원자핵, 원자, 분자, 교질 입자, 광물, 지구, 천체, 성운 등 **모든 게 실재적이다**'라고 답하는 것은 너무 쉬운 일이다. 우리가 보기에는 모든 것이 똑같은 방식으로 실재적인 게 아니며, 실체가 모든 수준에서 동일한 일관성을 갖는 것도 아니다. **존재는 획일적인 작용이 아니며**, 언제 어디에서나 동일하게 나타나지도 않는다.[15]

이와 마찬가지로 성생물학에서의 실증주의적 입장은 음경, 음핵, 염색체, 호르몬, SRY 유전자, DAX1 유전자, 정자와 난자, 고환과 난소, 남성과 여성, 볼프관과 뮐러관, 배아의 양능성과 성결정 등 이 모든 것이 동일하고 일관되게 실재적이라고 주장한다. 그렇다면 어디서든 동일한 존재를 만나게 될까? 또 다른 예는 존 헌터John Hunter*가 확립한 "1차" 성징과 "2차" 성징의 구별로, 이는 성을 여러 개의 층위 또는 계층으로 나누어 개체에게 분배한다. 1차 성징은 성기관을 가리키고, 2차 성징은 성기관 이외의 것으로서 체모나 특별한 깃털, 보호용 수단 및 공격용 수단 등이 이에 해당한다. 바슐라르는 모든 차원에서 균일한 실재 대신 **포개져 있는** 실재를 말한다. 다시 말해서 실재는 개체의 차원에서나 세포의 차원에서나, 또한 물리적 실체에서나 진화 과정에서나 여러 존재론적 단계에 따라 분산되어 있다는 것이다.[16]

4. **합리주의적 성**은 실증주의가 밀어낸 이 "실재"를 낚아챈다. 실재의 이 "포개져 있는" 특성은 실재를 구성하는 여러 단계 중 일부는 드러나 있고 다른 일부는 숨겨져 있다는 데서 기인한다. 이 단계에는 명증성이 부족하며 다른 데서 명증성을 구해야 한다. 라이엘Charles Lyell**은 이렇게 말했다. "당신이 보았기 때문에 나는 그것을 믿는다. 하지만 나 자신이 보았다면 믿지 않았을 것이다."[17] 이 발언에서 과학적 격식의 유머로 즐길 수도 있지만 과학은 개인적인 기획으로 남아 있을 수 없다는 점도 확인할 수 있다. 바슐라르는 이렇게 평한다. "우리는 다른 이를 놀라게 하려고 배운다. 서로에게 배운다는 것은 서로에게 놀란다는 것이다. 그것은 문화 전체를 고양시키는 혁신의 필요성을 멋지게 증명했다!" 그리고 이어서 이렇게 말한다. "소규모의 이론 문화에서조차 …… 새로운 사건은 교조주의적 잠에 빠져 있던 학자를 깨어나게 한다."[18] 진정으로 합리주의적인 성과학이라면 그렇게 교조주의의 잠에서 깨워줄 아주 작은 사실에도 주의를 기울일 것

* 1728~1793. 영국의 외과의사.
** 1797~1875. 영국의 지질학자로 그가 쓴 《지질학 원리》는 다윈의 진화론에도 영향을 주었다.

10. 생물학의 성 개념을 어떻게 재구성할 것인가?

이다.

　마찬가지로 성과학이 공동의 작업이 되기 위해서는 개별적인 명증성에서 벗어나야 한다. 생물학자 에티엔 볼프Étienne Wolff는 1946년에 그 차이를 다음과 같이 지적했다.

　성 개념만큼이나 흔히 쓰이는 개념은 없다. 겉으로는 매우 명백해 보이지만, 현상의 본질을 이해하려는 사람에게는 상당히 복잡한 개념이다. 한 개체의 성이란 무엇인가? 우리는 일단 매우 흔한 정의를 내릴 텐데, 그것은 거의 자명한 이치로 보일 것이다. 개체의 성은 수컷 개체가 동종의 암컷 개체와 비교해 (암수를 바꾸어도 마찬가지다) 차이를 보이는 특성의 총합이다. 그러나 이 잠정적인 정의에서 우리는 성 개념의 모든 내용을 끌어낸다. 일부는 긍정적인 특성, 곧 존재를 나타내는 특성이고, 다른 일부는 부정적인 특성, 곧 부재를 나타내는 특성이다. 성적 특성은 보는 관점에 따라서 그 중요도가 달라진다. 본질적으로 보이는 어떤 속성이 외적이고 부차적인 특성일 수 있다. 또 어떤 속성은 문외한에게는 하찮아 보이지만 심층적인 과학 연구의 도움으로만 드러나는 근본적인 특성일 수 있다.[19]

　이렇게 볼프는 세속적인 접근과 과학적인 접근을 분리한다. 세속적인 접근은 교미와 관련된 특성을 상당히 중요하게 여기는 경향이 있는데, 가령 물속에 정액을 분출하는 물고기에게는 그런 특성이 없다. "그러나 이 동물들에게도 성이 있고, 수컷과 암컷이 있다. 교미 기관의 존재는 근본적인 특성이 아니다."[20] 그러므로 경험주의적 접근으로는 충분치 않다. 성의 명증성은 일종의 눈속임이다. 대다수의 새나 물고기에게는 음경이 없지만 성은 있다. 음경이나 질 등의 생식 기는 성의 피상적인 특성으로서 거기에만 매달릴 수는 없다. 그럼에 도 일반 상식인 이것들을 매우 중요하게 여기며 사전에서도 그렇게 다루어진다.

확연히 드러나 있지만 기능하지 않는 것과 감추어져 있지만 결정적인 것의 이 대립 구도는 2차 성징(수탉의 볏)과 1차 성징(생식선 혹은 성선, 생식기의 관, 암컷의 난관, 수컷의 정관)의 전통적인 구별의 연장 선상에 있다. 말하자면 생식선의 차이가 가장 우선하며, 이것이 배우 자나 생식세포의 차이, 즉 수컷의 정자 또는 암컷의 난자를 만들어내 는 것이다. "두 성의 근본적인 차이는 생식선이 만드는 생식세포의 형질에 달려 있다."[21] 이와 같이 차이를 정식화하는 정도로 만족할 수 있을까? 볼프는 눈에 보이지 않는 차원으로 더 파고들어갈 것을 권 한다.

수컷 유기체와 암컷 유기체 사이에는 아주 이른 시점에 형성 되어 다른 모든 것에 영향을 미치는 훨씬 더 내밀한 차이가 존재한다. 초기 성장 단계에서는 암수 사이에 어떤 형태적 차 이도 없다. …… 암탉의 경우 1차 성징은 부화되고 나서 7일 후에서야 나타나기 시작한다. 인간의 배아에서는 1차 성징이 7주째부터 나타난다. **그러나 배아는 이미 성별을 가지고 있 다.** 일찌감치 거세되어 생식기관이 없는 어린 동물에게서는 2차 성징이 나타나지 않는다. 그러나 **그 동물에게도 성이 있 다.**[22]

실험적 접근(거세가 성장을 어떻게 변화시키는가)은 성을 뒤덮고 있 는 현상학적 두께를 깎아냄으로써 성의 본질만 남기고자 하는 합리주의적 기획의 자양분이 된다. 성의 근본적 차이는 세포핵의 구조에서 찾아야 한다. 볼프는 그 차이가 세포핵 내의 성염색체나 이질염색체에서 기인한다고 여겼고, 다른 이들은 호르몬을 원인으로 내세웠다. 성의 변화를 초래하는 여러 층위들(호르몬, 염색체, 생식선)은 저마다 본질적이라고 주장한다.

볼프는 인간에게 Y 염색체가 존재하는지에 대해 확신하지 못했다. 그는 남성은 여성보다 염색체가 하나 적다고 보고 다음과 같이 말한다. "일부 저자들은 X 염색체 이외에도 아주 작은 Y 염색체가 존재한다고 생각한다. 그 물질의 작은 크기, 염색체 수의 증가, 염색체들의 복잡한 얽힘이 이 부차적인 문제의 해결을 가로막고 있다."[23] 게다가 그는 인간의 염색체 수가 48개(남성은 47개)라고 보았는데, 오늘날 인정되고 있는 수는 46개다.[24] 어쨌든 중요한 문제는 아니다. 초파리에서 인간에 이르기까지 핵심적인 열쇠를 쥐고 있는 것은 염색체형 그리고 아마도 염색체 Y인 것처럼 보인다. 합리주의적 단계에서는 애니미즘 신봉자가 그토록 중요하게 여기는 암컷과 수컷이라는 개념이 보편적인 범주가 인정될 만한 자격을 전부 잃어버리게 되며, 그에 따라 애니미즘의 출발점과도 완전한 단절을 이루게 된다. 수컷이란 무엇인가? 암컷이란 무엇인가? 그 모든 것은 염색체에 달려 있다.

합리주의적 접근에 따르면 단순히 XY 염색체와 XX 염색체를 제시하는 것만으로도 그 질문에 대한 답이 될 수 있을 것 같다. 어쨌든 그 대답은 우리 인류에게는 대체로 맞는 이야기이며, 우리와는 매우 다른, 작은 날벌레인 초파리에게도 들어맞는다. 그러나 더 정교한 실험에 의하면 성염색체를 기준으로 한 구별은 전혀 보편적이지 않다. 이형염색체(XX가 아닌 XY)를 가지고 있는 성이 반드시 수컷은 아니다. 나비의 경우에는 수컷이 두 개의 X를, 암컷은 X와 Y를 하나씩 갖고 있으며, 암탉은 32개의 염색체 중 X와 Y가 하나씩, 수탉은 X가 두 개 있다. 이런 유형을 XX/XY 유형과 구별해서 ZW/ZZ형이라고 부른다.

그러나 각각의 종마다 갖고 있는 특수한 메커니즘이 무엇이든 간에 한 유기체의 모든 세포에서는 동일한 차이가 발견된다. 그 차이는 수정되는 순간 결정된 것이기 때문이다. 만일 염색체의 성이 성 이론에서 결정적인 역할을 한다면, 그리고 경험주의에서 합리주의로의 이행을 가능하게 한다면, 그것은 "이 성**결정론**이 차후에 일어나는 모든 성**분화**의 기원"[25]이기 때문이다. 그리하여 볼프는 유전적 성(또는 체세포 성)과 생식기의 성을 구별하기에 이른다. 유전적 성은 접합체가 형성되자마자 모든 세포에서 나타나는 반면, 생식기의 성은 생식기관 세포와 2차 성징에 관련된 조직의 세포에만 한정해서 영향을 미친다.

염색체는 성의 경험주의와 실증주의로부터 성의 합리주의로의 전환을 가능케 한다. 이제부터 다원성이 구성된다. 염색체형은 암컷과 수컷을 만들어내는 1차 성징, 2차 성징 등의 복잡한 논의를 간명하게 정리한다. 성에 대해 말할 때 우리는 더 이상 수컷 또는 암컷을 떠올리지 않는다. 이 암수 개념은 신체 구조와 행동 양식에 관한 현상학의 무게를 짊어진 채로 여성적/남성적 대립 구도의 허구적 심급으로 기능해왔는데, 이제 우리는 XY와 XX, ZZ와 ZW라는 두 쌍의 염색체 유형만 살펴보면 된다. 이 단순하면서도 보편적인 모델은 성과 연관된 모든 특성을 XY와 XX 또는 ZZ와 ZW라는 대립쌍 속에 포괄한다는 이상을 꿈꿀 수 있게 했다. 가령 어떤 사람이 거세되어서 자기 성의 특징을 드러내던 생식기관을 잃었다고 해보자. 그럼에도 그는 보이지는 않지만 존재 깊숙이 숨어 있는, 그가 형성된 순간 이래로 모든 세포 속에 존재하는 성을 가지고 있을 것이다. 달리 말해서 성은 꼭 발달되지 않더라도 존재할 수 있다는 뜻이다. 그 이유는 그의 표현형이 아니라 유전자형 속에 담겨 있다.

일단 염색체형이 확립되고 나면 과학적 정신은 휴식을 취해도 괜찮을까? 성에 대한 합리주의적 접근은 언제든지 경험주의적 해석에 따라잡히거나 나아가 원초적인 애니미즘에 흡수될 위험에 노출되어 있다. 한편 생물학적 관점에서 수립된 성 개념은, 서로 대립하는 혹은 생식을 위해 서로 보완하는 극성으로서의 성이라는 표상에 항상 사로잡혀 있다. 생물학적 성은 직접성을 극복함으로써 획득된다. 생물학적 성을 과학적 개념으로 확립하기 위해서는 매 순간 (애니미즘, 경험주의, 실재주의의) 허위 명증성에서 그것을 구출해내야 한다. 바슐라르의 말을 빌리자면, "아무것도 자명하지 않다. 아무것도 정해져 있지 않다. 모든 것은 구성된 것이다".[26] 합리주의적 접근에서조차도 그 이전 단계의 접근법들이 호시탐탐 기회를 엿본다. "원초적인 감각적 가치가 합리화의 근거들을 일정하게 조정하는 것은 아닌지 결코 확신할 수 없다."[27] 한순간의 부주의만으로도 과학적 사고는 "심리적으로 매우 과중한 구체성을 짊어지게 되고", "너무도 많은 유비, 이미지, 은유를 그러모으며", "추상화의 동력을, 추상적인 예리함을 조금씩 잃어버리게 된다".[28] 염색체에 근거한 합리주의는 일상적인 상황에서 다시 경험주의에 빠져들기 쉽다. 음료를 마시기 전에 그것이 물 분자로 구성되어 있는지 그리고 분자식 H_2O가 맞는지를 확인하지 않듯이, 우리의 일상에서 한 개체의 성을 결정하기 위해 염색체 검사를 하는 경우는 없기 때문이다. 이뿐만 아니라 성염색체 도식에는 예외(X0나 XXY 개체)가 있어서 유심히 살펴보면 잘 정렬된 듯한 염색체 조합에도 균열이 일어난다.

여권이 신장됨에 따라 어떤 이들은 Y 염색체를 약화되고 소멸 위기에 처한 남성의 상징으로 여기기도 하는데, 이를 보면 애니미즘은

합리주의에서 완전히 배격된 것이 아니다.[29] 염색체형은 성의 다양성
을 효과적으로 보여주는 배열 장치로서 가치가 있다. 그것은 성적 발
현의 모든 가능성을 기술하는 데 유연하게 쓰일 수 있는 개념적 도구
일체를 제공함으로써 성의 합리주의를 출현시킨다. 우리는 이형염색
체를 지닌 성이 수컷(XY/XX)인 집단과 암컷(ZW, ZZ)인 집단을 열거
할 수 있고, 가령 말벌이나 꿀벌에서 보이는 반수배수성 체계를 반영
해 더 복잡한 체계를 만들 수도 있으며, 특이한 집단(한 쌍 이상의 성염
색체를 필요로 하는 포유류의 단공류 동물)도 표기할 수 있다.[30] 사실 단공
류 같은 이상적anomaux 집단들은 설명 체계가 달라서가 아니라 동일한
설명 요소들의 새로운 조합(오리너구리는 다섯 쌍의 X염색체를 갖는다)
때문에 예외적으로 보일 뿐이다.

그런데 한 가지 의문이 생긴다. 초파리의 XX/XY와 인간의 XX/
XY에는 단순한 동음이의 이상의 것이 있는가? 실제로 그 둘의 진화
적 기원에는 아무런 공통점이 없다(상동관계가 아니다). 동일한 명칭의
염색체형을 갖고 있지만, 두 체계는 공통의 조상에서 유래한 것이 아
니다. 초파리에 존재하는 "Y" 염색체는 포유류의 경우에서처럼 성결
정에 직접적인 역할을 하는 것으로 보이지는 않는다. 중요한 것은 X
염색체의 개수와 상염색체 쌍의 개수 간의 비율이다. 그래서 초파리
의 경우, X0 개체는 암컷이 아니라 불임 수컷이 되는 반면, 인간의 경
우에는 암컷이 되는 것이다.[31] 초파리와 인간의 XX/XY 체계는 식물
의 "성"과 동물의 성이 그렇듯 서로 유비관계만 있을 뿐이다.

마지막으로 성의 합리주의는 전혀 설명할 수 없어 보이는 종류의
현상에 직면하게 된다. 가령 온도 의존적이라고 분류되는 일부 파충
류에서 성은 염색체가 아니라 부화 온도에 의해 결정된다. 이제는 새
로운 염색체 조합을 고안하는 정도가 아니라 완전히 다른 틀을 찾아
야 할 것이다. 염색체 이론의 선험적 원리는 여기서 작동을 멈춘다.

성결정의 문제는 처음부터 다시 논의되어야 한다. 흰동가리의 경우에도 염색체가 아니라 개체의 나이나 주변 환경에 따라 성이 바뀐다. 여기서 염색체 이론이 떠받치고 있던 성의 합리주의는 좌초하고 만다. 염색체의 성은 통일적 이론을 수립하기 위한 유력한 시도였지만, 그 계획을 실현하기에는 역부족이었다. 그러므로 이제는 염색체의 성을 변증법적으로 발전시켜야 한다. 즉 대안자연주의로의 길을 열어야 한다.

5. 생물학적 성의 합리주의 이론이 가진 이 한계들은 바슐라르가 말한 "초합리주의surrationalisme"[32]와 우리가 말하는 **대안자연주의의** 성을 통해서 넘어서야 한다. 바슐라르는 초현실주의에 호응하는 "초합리주의"를 통해 이론의 역할을, 실재에 간직된 미지의 특성을 탐사하고 발견하는 데까지 확장시키고자 했다. 초현실주의든 초합리주의든 그 출발점은 기성 과학에 대한 불만, 그리고 현재의 인식 원리를 송두리째 전복시킬 미래의 과학 이론에 대한 확신이다. 《합리주의적 약속L'Engagement rationaliste》에 따르면 "인간 이성에게 소동을 일으키고 공격하는 기능을 돌려주는 것"[33]이다. 그리고 이런 견지에서 바슐라르가 말한 "초대상surobjet", 즉 "비판적 대상화의 결과물, 비판적 대상화가 비판한 것만을 대상으로 취하는 대상성의 결과물"[34]에 도달하는 것이 중요하다. 우리에게는 그것이 바로 대안적 성altersexe이다. 대안자연주의는 개념의 혁명이 이미 여러 번 일어났으며, 그런 혁명을 일으키는 것이야말로 과학적인 작업의 본질이라는 점에 유념한다. 과학은 경험적인 것에 과도하게 집착하지 않고, 감각적 명증성을 부풀리지 않으며, 경솔하게 사용되는 은유를 비판하고 바로잡는다.

어떤 사안이 염색체 이론의 실패를 유발하고 성의 재개념화를 초래하는지 우리는 확인할 수 있다. 바로 그 사안들에서 대안자연주의적 성 개념의 얼개가 가장 명확하게 드러난다. 앞서 말했듯이 성이 염색체가 아니라 온도나 환경에 의해 결정될 수 있다는 생각은 성결정의 문제를 급진적인 방식으로 재고할 수 있는 기회를 제공한다. 알다시피 유전자는 그것이 작동할 수 있는 환경이 조성되지 않으면 아무것도 할 수 없다. 그러나 온도 의존성은 서로 다른 염색체형으로도 동일한 결과(암컷 또는 수컷 표현형)를 산출해낸다는 점에서 훨씬 급진적이다. 성과학이 확정지어야 할 사안은, 예를 들어 성염색체가 어느 정도로 성을 결정하는지를 밝히는 일이다. 그것은 성염색체 이론이 상징하는 일종의 성 본질주의를 비판하는 일이 될 것이다. "XX/XY"를 염색체 Y의 유무로 설명하는 것은 그 자체로 문제는 없다. 단 그로 인해 XX를 "결핍 상태에서의 발달"로 낙인찍는 일만 없다면 말이다. 그 점은 "인터섹스 혁명", 특히 XX, XY와는 다른 X0이나 XXY 등의 염색체형에서 얻게 되는 교훈이다. 이러한 형태는 종의 정상적인 변이성의 일부를 차지하며, 염색체 이론의 합리적 명증성에서 벗어날 수 있는 기회가 된다.

본질주의는 새로운 이론으로 계속 교체되고 매번 반박된다. 유전학 초기에 본질주의는 **염색체**를 따라다녔고, "수컷의 본질"이 Y 염색체가 아니라 SRY 유전자에 담겨 있다는 새로운 주장과 함께 1990년대에는 **유전자**를 따라다녔다. SRY 유전자는 "전이"를 통해 X 염색체로 옮겨붙기도 한다. 염색체에서 유전자로 넘어가면서 드디어 진정한 성의 위치를 찾아냈을까? 생물학자 스코트 길버트Scott Gilbert는 학생들에게 자주 이런 질문을 던진다고 한다. '수컷을 수컷으로, 암컷을 암컷으로 만드는 것은 무엇일까? XX나 XY를 갖고 있다는 사실일까? 아니면 더 멀리 가서 SRY 유전자에 기대거나 혹은 성의 본질이 자리를 잡고 숨어 있을지도 모를 다른 실체를 믿어야 할까?' 길버트는 그 답을 농담 같은 말에서 가져온다. 성은 "WTF", 즉 "What the Fuck" 속에 있다는 것이다. 이 말은 '무엇이든'이라는 뜻으로 이해해볼 수 있겠다. 여기서 중요한 것은 유전자나 염색체는 세포의 기능이 개입하지 않으면, 일정한 환경에서 세포가 활성화되지 않으면, 그들 단독으로는 아무것도 할 수 없다는 점을 상기시키는 것이다. 번식하는 것은 유전자가 아니라 유기체이다. 따라서 어떤 유전자를 갖고 있거나 또는 갖고 있지 않다는 사실은 세포가 그 유전자의 유전 정보를 전사하는 데 필요한 기능을 갖고 있을 때에만 의미가 있다. 한 개체가 다른 성이 아니라 이 성을 "갖고" 있거나 "그 성으로 존재"한다는 사실은 그렇게 되기까지 숱한 사건이 오랫동안 이어져왔음을 시사한다. 우리는 이 사건들의 중요성을 잊지 말아야 한다. 성은 발달과 관계된 사안이다. 어떤 은밀한 요소가 우리의 세포 깊숙이 숨어 있다고 해도 그것은 성에 관한 최종적이고 결정적인 열쇠를 갖고 있지는 않다.

마침내 성의 생물학적 정의 중 일부가 성적 애니미즘의 이원적 극성을 완전히 탈피하려는 경향을 보인다. 한편에서는 성을 암수 구별이 없는 교배형mating type으로 보는 시각이 성에서의 2라는 수를 다시 검토할 기회를 마련해주고, 다른 한편에서는 분자생물학이 박테리아의 성 개념을 고안해냄으로써 대안자연주의에 이론적 자원을 제공해준다. 분자생물학은 박테리아를 의인화하는 대신 번식 기능이나 암수 성별과 분리된 성, 일반적인 유전자 교환 과정으로서의 성을 사고할 수 있게 해준다. 이러한 바탕 위에서 시원적 성에 다가가는 새로운 방법들이 모양을 갖추어간다.

11.

이분법이여, 안녕

"아빠 암탉"?

우리 아이는 아기 동물을 무척 좋아한다. 아기 토끼, 아기 올빼미, 아기 스컹크 인형을 갖고 자주 놀기 때문에 우리는 아기 동물들에게 음식을 먹이고, 돌보고, 여우와 늑대로부터 보호해야 한다. 그래서 나는 《아기 동물들》이라는 제목의 아동 도서를 자주 읽게 된다. 갈리마르 출판사의 '나의 첫 발견들'이라는 이 시리즈의 표지에는 "유아들을 즐겁게 해주는 계발 교육 전집, 어른과 아이 사이의 대화 유도"라고 외쳐대는데, 시리즈 중에는 《아기 동물들》이라는 14장짜리 보드북이 있다.[1] "아기 원숭이는 엄마 등에 매달려 있어요. 놀이터에 갈 때 엄마가 이렇게 안아주나요?" "엄마 고양이는 아기 고양이를 혀로 핥아서 닦아줘요. 엄마가 이렇게 씻겨주나요?" 아이는 생각해본 다음, 자기의 생활과 동물의 생활을 비교하게 된다. "엄마 다람쥐와 아기 다람쥐는 나무에서 살아요." "엄마 올빼미와 아기 올빼미들은 밤에 놀아요." 이 책에서 아빠는 단 한 번도 언급되지 않는다. 이 명확한 부재는 "어른과 아이의 대화"를 유도하기 위한 것일지도 모르겠다. "자, 인간 아기인 너는 아빠를 부를 수 있어. 아빠가 씻겨주고 안아줄

수도 있고, 아빠랑 놀이터에 놀러 갈 수도 있지. 하지만 동물들에게
는 그런 일이 일어나지 않아. (올빼미와 달리) 우리는 밤에 자고 (고양이
처럼 혀로 핥지 않고) 샤워를 하는 것과 마찬가지란다."

갈리마르 출판사에서 나온 또 다른 책은 좀 더 높은 연령대의 아
이들을 대상으로 한다. 《작은 백과사전: 나의 첫 발견들》이라는 전
집은 교육적 효과와 정보를 제공하고자 한다.[2] 책의 시작은 '토끼'다.
"아기 토끼가 태어나면 엄마 토끼는 땅굴에서 3주 동안 아기 토끼를
보살펴요." 그리고 '고양이'는, "엄마 고양이는 아기 고양이를 입으로
살짝 물어서 옮겨줘요". '말'은 "말 가족에서 엄마는 암말, 아기는 망
아지라고 불러요. 말 가족은 마구간에서 살아요". '당나귀'("아기 당나
귀는 새끼 당나귀, 엄마 당나귀는 암탕나귀라고 불러요."), '오리'(암컷 오리,
새끼 오리), '사슴'(암사슴, 새끼 사슴), '늑대'(암컷 늑대, 새끼 늑대)도 마
찬가지 방식으로 소개된다. 종의 총칭이 남성형일 경우, 암수를 나타
내는 어휘를 제시한다. 그러나 "여기 아빠 수퇘지, 엄마 암퇘지가 있
어요"라고 소개하는 '돼지'를 제외하면, '아버지'나 "수컷"은 한 번도
언급된 적이 없으므로 가족이 아니라는 암시 효과를 주게 된다. '병
아리'는 물론 '암탉'과 연결되어 있지만, 수탉은 보이지 않는다.

이와 같은 동물행동학적 설명은 아버지의 부재를 확고하게 만든
다. '고슴도치', '마르모트', '기린', '하마', '원숭이', '돌고래'에 관한
설명에서는 엄마가 젖을 주고, 아기는 젖을 빤다는 점을 강조한다.
그리고 이러한 일반적인 진실은 열두 개의 젖이 달려 있는 포동포동
하고 행복한 암퇘지가 있는 눈부신 광경으로 마무리된다.

그러나 엄마의 역할은 젖 먹이기를 훨씬 넘어선다. "엄마 곰은 아
기 곰에게 수영하는 법을 가르쳐줘요." "엄마 곰은 물고기 잡는 법도
가르쳐줘요." 포유류의 특징인 수유가 나오지 않더라도 어미가 땅굴
에서나 둥지에서 새끼들을 돌보며 맡는 분담을 이야기한다. '독수리'

의 경우, '아빠'는 물론 동물들을 잡아오는 데 전념하지만, "고기를 잘게 잘라서 아기 독수리들에게 먹여주는 것"은 '엄마'이다. 올빼미의 경우, "엄마 올빼미가 알을 품고 있는 동안 아빠 올빼미는 먹을 것을 찾으러 가요", 그리고 아기 올빼미들은 "한 달 동안 엄마 올빼미와 둥지에서 지내요"라고 한다. "새끼 새에게 먹이를 주는 것"은 '올빼미'(수컷인지 암컷인지는 명시되어 있지 않은데, 성적 유사sexuisemblance에 의하면 여성형 명사가 암컷을 가리킨다고 연상하기에 충분하다)이다. 이 책은 '작은 발견' 시리즈의 변형으로서, 그림과 글이 약간 수정된 채 다양한 크기로 제시되어 있는데, 악어의 경우에는 다음과 같이 이야기한다. "엄마 악어는 세 달 동안 알을 돌봐요."³ '코끼리'의 경우, 여러 암컷이 새끼를 돌보며, 새끼 코끼리는 엄마 코끼리와 할머니 코끼리 사이에 서 있다. 아기 동물들의 삶에 실제로 관여하는 수컷 동물을 보려면 이 백과사전의 끝에서 두 번째에 나오는 동물을 봐야 한다('펭귄'). "아빠 펭귄은 작은 돌로 둥지를 만들어요. 엄마 펭귄이 알을 낳은 후에 아빠 펭귄에게 알을 맡기면, 아빠 펭귄은 두 발로 알을 품어요. 알에서 나온 아기 펭귄은 아빠 펭귄 곁에서 따뜻하게 지내요."

아이들에게 자연에 대한 관심을 일깨워주는 많은 책에서 어머니의 보살핌을 강조한다. 자연은 그렇게 되어 있다면서 어쩔 도리가 없다는 것이다. 포유류는 임신과 수유를 하므로 새끼가 젖을 뗄 때까지 어미가 돌본다. 조류의 경우, 알을 낳고 대개 품는 것은 어미로, 요컨대 아비는 부재해 있다. 그리고 책의 페이지마다, 예시마다, 갈리마르 출판사를 통해 자연이 우리에게 반복해 말하는 것은 어미는 양육 아니면 교육을 맡고, 아비는 멀리 떨어져 있다는 점이라고 생각하게 된다. 이 책들을 읽으면서 몇 가지 지적할 문제가 떠올랐다.

우선 이 책들에는 부정확한 내용이 포함되어 있다. 한편으로는 유아살해를 저지르는 수컷을 언급하지 않은 채 수컷의 부재만을 보여준다는 점에서 사실성이 부족하다. 가령 사자는 암컷에게서 성적 수용성을 일으키기 위해 암컷이 돌보던 새끼를 죽일 수 있다. 아이들을 위한 책에서 그와 관련된 다수의 동물행동학 연구를 언급하지 않는 것은 아이들에게 두려움을 주지 않기 위해서일까?[4] 책에서는 그저 가족을 보호하고 집에 머물러 있는 암컷을 먹여 살리는 통솔자로 수컷의 이미지를 제시할 뿐이다. 그런 가족의 신화는 확고하다. 다른 한편으로는 많은 종에서 볼 수 있는 성 역할 분담에 대해서도 전혀 이야기하지 않는다. 동물행동학자 프랑크 세지이Franck Cézilly가 쓴 갈리마르 출판사의 책, 《아버지의 수컷성에 대하여?De mâle en père?》에 나오는 한두 사례를 아이들의 책에 포함시키라고 제안해야 할까?[5] 이 책은 생물학적 관점에서 자연의 "부성 본능" 형태를 분석하는데, 수컷의 부재가 예외 없는 현상이라는 주장을 바로잡으며 동물계의 부성 투자 사례 목록을 작성했다. 이는 수컷이 육아에서 모종의 역할을 맡는다고 알려진 모든 종의 목록이다. 물론 임신을 하는 수컷 해마를 비롯해 산파개구리나 키위의 다수 종 같은 조류에서도 수컷만이 임신을 한다. 이런 예들을 책에서 보여준다면 아주 멋질 것이다. 그리고 아이를 돌보는 것을 좋아하는 아빠들에게 그들의 행동이 그렇게 이상한 게 아니며 자연에도 존재하는 현상이라고 생각할 수 있게 해줄 것이다. 조류의 경우 부모 모두의 돌봄은 정상적인 것이다. 알려져 있는 9000종 가운데 90퍼센트 이상에서 발생한다. 포유류의 경우는 부모 모두의 돌봄이 5퍼센트에서 10퍼센트에서만 일어난다는 사실로 결론을 내리는 대신 말이다.[6] 결국 아이들을 위한 책에서 보여주는 것은 우리는 조류가 아니라 포유류라는 점뿐이다. 그렇다면 우리 인간의 양육 분담에 대해서는 **어떻게 생각할까?**

아동 도서에 나오는 이야기로부터 거리를 두는 것은 매우 어려운 일이다. 페이지마다 나오는 귀여운 아기 동물과 그들을 그토록 극진하게 보살피는 엄마 동물에 대해 반복해 말하는 이야기를 멀리하는 것은 불가능하다. 그리고 자연에서 거의 보편적으로 수컷이 부재한 현상을 보면서 우선적으로 우리에 대해 말하는 것은 아니더라도 아이들에게 이 책을 읽어주는 우리, 인간과 관계가 없는 것처럼 구는 것은 불가능하다. 이 이야기를 아이들에게 들려주는 부모들(엄마들이라고 말해야 할까?)은 속삭인다. "봐, 이게 정상이야. 자연적인 거야. 엄마가 다 해. 아빠는 거기 없어." 그러면 그 점을 묵묵히 받아들여야 하는 것이다. 자연의 완고한 법칙 앞에서 머리를 숙이는 것이다. 이야기하기를 좋아하는 사람으로서, 아이에게 이야기해주는 것을 좋아하는 아이 아빠로서, 책에서 아빠가 아이 곁에 없다는 것, 어느 날 여자아이는 엄마가 되어 아이를 낳고 젖을 먹이며 홀로 아이의 교육을 맡아야 한다고 되풀이해 말하는 이야기가 언짢게 느껴졌다. 이 동물들의 이야기는 중립적이지 않다. 우리는 그 이야기를 듣고 토론하고 비판적 거리를 둘 수도 있지만, 날마다 반복해 가르치면서 아이들의 작은 머리 안에 그런 원칙과 행동을 조금씩 불어넣게 된다. 유년기 아이를 위한 이런 책은 각자 준수해야 할 자리, 맡아야 할 역할이 있다는 질서에 대한 관념을 공고하게 만든다. 이 책들은 자연 속 어머니의 역할에 대해 강조하면서 수컷을 중요치 않은 존재로 만들어버린다. 인간에게서 임신과 수유는 여성의 소관이고, 적어도 인공자궁이 이론에 불과한 한, 아이를 낳는 것은 여성의 역할이다. 인공자궁은 여성에게서 생식의 비밀을 빼앗으려는 남성의 꿈이면서, 생식과 분만의 부담에서 벗어나려는 여성의 꿈이기도 하다.[7] 그렇기는 하지만 모성 예찬이 남성의 부모 역할을 완전히 배제하는 것이 되어야 할까? 아기 동물들에 대한 이야기를 들려주면서 부모들 사이의 엄격한 역할 분담을 확고히 해야만 할까? 역할 분담이 아빠와 엄마 사이가 아닌 관계에서 일어나는 동성애자 부모는 말할 것도 없겠지만, 이성애 부모가 과연 고양이, 사자, 코끼리에 대한 이야기에서 영향을 받을 필요가 있을까?

이런 이유 때문에 부모들은 이 책들을 사지 않거나 누군가에게서 받았다면 치워버리기로 결심할 수 있다. 그들은 자신들이 하마도, 타조도, 고래도 아니며, 인간은 원하는 것을 할 수 있다면서 소리 높여 주장할 수 있다. 적어도 자신의 가족은, 자신의 집은 아이들을 돌보는 방법이 다를 수 있다고 주장하는 것이다. 자신이 그렇게 하고 싶기 때문이라고 주장할 수도 있다. 또는 국가가 양육 보조금을 지급해서 그렇게 만들었기 때문이라고 주장할 수 있다. 1920년대와 1930년대에는 양육수당 지급이 격렬한 정치 토론 대상이었다는 점을 떠올려보라. 당시에는 아이들의 어머니에게 가족 보조금을 지불하는 것은 명실상부한 가장인 아버지의 힘을 약화시키는 것처럼 여겨졌다.[8] 오늘날에는 아버지들도 육아휴직을 요구하면서 가정 내 역할 분담에 대한 사고방식에도 변화가 일어나고 있다. 이제 재구성된 가족도 많고, 아빠와 엄마보다 사회적 부모가 훨씬 넓게 분포되어 있으니 언젠가는 의부 부모에게도 사회적 지위가 생기지 않을까? 인간 사회는 올바른 질서를 결정짓는다. 그런데 다른 동물계가 그런 질서에 동의하지 않는다면 유감스럽지만 어쩔 수 없는 일이다. 이리하여 유대-그리스도교 문명사회에서 인간들은 평생에 걸쳐 지속되는 배타적인 일부일처제 결혼제도를 도입했다. 이런 형태의 사회조직은 전혀 '자연적이지' 않다. 생식생물학에 따르면, 인간이 일생에서 한정된 기간 동안 매우 제한된 횟수의 짝짓기만 해도 생식, 따라서 '종의 존속'이 보장될 수 있기 때문이다. 부부간 정조의 가치를 주장하고 오래 지속되는 결혼생활을 찬양하면서, 우리가 알고 있는 그대로 결혼을 확립하고 일생 동안 배타적인 관계를 갖는 것이 옳다고 믿었으며, 그와 관련해 생물학의 의견에 대해서는 신경 쓰지 않았다. 그렇다면 부모의 역할, 더 정확히는 아버지와 다른 성인들이 아이에게 미치는 영향은 어떨까?

어린이 책만이 아니라 진화심리학에 관한 학술 연구서에서도 어머니의 역할을 권장한다. 데이비드 기어리David Geary는 '부모의 투자'라는 장에서 다음과 같은 인류학의 교훈을 끌어낸다. "전 세계 모든 지역에서 생계 활동이나 사회적 이데올로기와 무관하게 …… 아버지보다 어머니가 아이에 대한 직접적인 돌봄에 더 많은 시간과 에너지를 투자한다는 점을 관찰 연구가 보여준다."[9] 그 연구가 증명하는 것은 보편적 관점에서 볼 때 지구상 어디에서나 인간 어머니는 특히 유아기에 있는 자식에게 매우 집중한다는 점이다. 그것이 호르몬이나 유전자 또는 환경의 영향에 의한 것일까? 그 점은 논의가 필요하지만 생물학은 다른 종들과 비교함으로써 그 영향을 확고하게 만들고자 한다. 이 비교에 따르면, 인간 수컷은 주로 수컷(새끼들을 먹이는 조류의 수컷처럼)이 새끼를 돌보는 종보다는 영장류 수컷(수컷이 새끼의 보호, 운반, 놀이를 보장하는 경우)과 더 유사한 행동 방식을 나타낸다는 것이다. 진화생물학, 인류학, 심리학의 접점에 위치하고자 하는 이 비교연구 담론은 인간 아버지에게 무자비하다. "포유류의 번식 단계 차원에서 보자면, 여성이 남성보다 아이에게 더 많은 투자를 하는 것은 매우 흔한 일로 보인다. 여성은 임신 후에 수유를 하기 때문이다."[10] 따라서 "여러 종들을 통해 볼 때 번식의 전략을 위해서는 암컷이 부모로서 양육을 하고, 수컷은 교미에 애쓰는 것이 유리하다는 점을 인정하게 된다". 부모로서 보살핌에 더 많은 투자를 한다는 것은 "짝짓기의 기회를 감소시키므로 수컷에게는 비용이 드는 일"이 된다.[11] 그것이 전부다. "짝짓기의 기회"에 관한 이런 주장을 읽으면 저자가 과연 무슨 말을 하는 것인지 자문하게 된다. 정말로 번식을 목적으로 하는 행동에 관해 말하는 것일까, 아니면 그저 수컷의 방탕한 행동에 대해 변명하는 것일까?

아이의 양육에 관여하는 아버지들은 이해할 것이다. 자연에 관한 담론에서는 그들의 자리가 거의 없으며, 인간 본성에 관한 담론에서는 더욱 자리가 없다. 어디에서도 볼 수 없는 것에 대해 말하기 위해서는 표현이 필요한 법이므로 아이의 양육에 헌신적인 아빠를 "암탉 아빠"[12]라고 부르고 싶은 마음이 들기도 한다. 그 재미있는 표현은 아빠 수탉과 엄마 암탉의 역할이 분명히 구별되어 있는, 잘 정리된 미스 우아-우아의 세상을 전복시킨다. 그런데 그 표현에는 다른 의미도 있다. 아이를 돌보는 아빠는 "암탉"이 되어버리므로 수탉이 되는 것은 포기해야 한다는 점도 암시한다. 이제 그에게 짝짓기 기회는 영영 사라지고 말 것이다! 그는 이제 여성화되어버린 것이다. 그렇다면 성인은 부모가 되기도 한다고 말할 수 있을까? 아이를 하나 또는 그 이상 낳거나 맞아들일 수 있었던 은총에 의해서든, 이미 아이가 있는 상대를 만나 표현도 그럴듯한 "의부 부모"가 되는 우연에 의해서든 말이다. 따라서 "아빠"나 "엄마"가 되기에 앞서 부모가 되는 것이며, "남자아이"와 "여자아이"의 부모가 아니라 한 아이의 부모가 되는 것이다. 아이는 자신을 둘러싸고 있는 모든 성인에게 많은 사랑과 관심을 구하고 찾는다. 그 성인들이 한 사람이든, 두 사람이든, 세 사람이든 아니면 그 이상이든 간에, 그리고 그들의 성이 무엇이든 간에 아이에게는 상관없다.

여성은 출산을 하고 남성은 출산을 하지 않는다는 것, 여성은 대개의 경우 아이에게 젖을 먹일 수 있고 남성은 젖을 먹일 수 없다는 것, 여성은 월경을 하고 남성은 월경을 하지 않는다는 것을 인정하는 것. 그것은 당연하다. 그리고 그런 점이 "여성"의 생물학적 특성을 구성한다고 하면 왜 안 되겠는가? 통계적으로 여성은 남성보다 키가 작고, 뼈가 가늘고 근육이 적다는 주장에는 문제가 없진 않지만[13] 일단 인정해보자. 남성에 대해서도 비교 가능한 진술을 할 수 있다(남성은 사정을 할 수 있지만, 여성은 할 수 없다 등). 그 모든 것을 인정할 수도 있다. 그리고 사회는 그런 현상을 그대로 받아들일 수 있고, 그로부터 별다른 사회적 결과가 나오지 않는다고 바로 덧붙이는 것이다. 사회학자 어빙 고프먼Erving Goffman이 말했듯이, 생물학이 우리의 사회생활에 어떤 영향도 끼치지 않게 하기 위해서는 "현대적 규범으로 보면 상대적으로 대단치 않은, 작은 조직화만 이루어져도 충분"할 것이다.[14]

이분법에서 빠져나오기

지금까지 이 책에서는 성생물학은 실증주의에서 벗어나야 하며, 신화적, 상징적, 우주적 극성으로서의 암수 구별이 동물계만이 아니라 모든 생명체, 우주 전체까지 관통한다고 보는 애니미즘에서는 더욱 벗어나야 한다는 확신을 갖게 했다. 이제는 사회가 생물학주의에서 벗어나게 해야 한다. 앞에서 우리는 성 담론과 관련해 생물학에게 자리를 내주길 바랐다. 그렇다면 사회를 이해하기 위해 생물학에서 결과를 도출해서는 안 되는 것일까? 도입부에서 **자연주의**를 목소리 높여 주장했으니(설령 접두사 '대안'이 동반된 '대안자연주의'였다고 해도) 우리는 사회를 **자연화할 수밖에 없는 것은 아닐까?** 유전학이나 자연의 선천적인 것에 찬성할 수밖에 없는 것은 아닐까? "자연"이라는 깃발을 휘두르기 위해 사회를 생물학적으로 설명하게 된 건 아닐까?

전혀 그렇지 않다. 생물학은 인간의 문제에 아무런 영향도 끼치지 않는다. 우리의 사회조직은 생물학의 결과에 영향받지 않으며, 다른 원칙에 따라 구성된다. 에릭 파생Éric Fassin은 그 원칙을 "성적 민주주의(또는 민주화)"라고 부르는데, 그 과정에서 선험적인 규범이 법칙을 세우는 능력에 이의가 제기된다. 특히 성 문제에 관한 한 자연을 기준으로 삼는다고 해도 우리가 최종적으로 세우는 사회질서를 확고하게 하거나 약화시킬 수 없다.

사회를 이분법에서 벗어나게 하는 것은 어렵지 않게 할 수 있다. 이분법을 포기하려면 우선 자연과 문화의 분할이 인류에게 의미가 있다고 보지 말아야 한다. 따라서 우리는 자연과 문화를 넘어서라는 호소를 따르는데, 필리프 데스콜라Philippe Descola,* 스테판 아베르, 도나 해러웨이, 앤 파우스토-스털링 등이 제기한 주장이 그와 같다.[15] 우리 안에서 자연과 문화를 분리하는 것은 중요하지 않으며, 게다가 의미도 없다. 그런 분리는 생물학적 차이와 그 차이의 "사회적 구성"에서 만들어지는 까다로운 변증법을 교묘히 피해가는 것이다. 인간과학과 생물학을 무익하게 마주하게 한 채 대립시키는 토론에서 빠져나오는 것이다. 질문이 잘못 제기되었다! 해러웨이가 제안한 사이보그 혼합체라는 표현을 빌려 말하자면, 우리 사회는 "자연문화적"인 것이다. 파우스토-스털링이 말한 대로, 우리는 "100퍼센트 자연적이고, 100퍼센트 문화적"이다. 우리의 행동은 선천적이기도 하고 후천적이기도 하며, 어느 정도로 생물학적이고 어느 정도로 문화적인지 결정하는 것, 그 효과의 규모를 평가하는 것은 대개 불가능하다.[16]

전적으로 생물학적인 인간은 어디에도 존재하지 않는다. 우리는 태어나기 전부터 전해진 기호와 말을 통해 그리고 우리에 대한 꿈을 통해 언어와 문화를 받아들인다. 마찬가지로 전적으로 문화적인 인간은 그 어디에도 존재하지 않는다. 우리는 수정되자마자 자기 몫의 물질을 받아들인다. 그리고 어떤 인간도 자연이나 문화 없이 살 수

* 1949~ . 프랑스의 인류학자로 《자연과 문화를 넘어서》를 썼다.

없으며, 앞으로도 그럴 것이다. 우리는 순수한 영혼도, 순수한 육체도 아니며, **우리를 구성하고 있는 것**stuff이자 정신신체적인 것 양쪽 모두 이며, 그 둘은 분리될 수 없다. 달리 말해 인간의 생물학적이고 문화적인 이원성은 두 구성 요소의 **추가성**을 의미하는 것이 아니다. 다시 말해 우리가 자연**이자** 문화라는 말은 자연에 문화가 **추가**되어 우리가 이루어졌다는 것이 아니다. 우리가 추가로 이루어진 것이 아니라면, 우리 존재는 빼거나 잘라 냄으로써 명확히 구분된 두 부분으로 만들 수 없다는 것이기도 하다. 어떤 의미에서 보면 인간은 예수 그리스도와 비교될 수 있다. 가톨릭 신학자들은 예수 그리스도의 **전적으로** 신적인 본질과 **전적으로** 인간적인 본질에 대해 논쟁했다. 마찬가지로 섭식 같은 현상은 전적으로 생물학적이면서 전적으로 문화적이며, 둘 중 하나에만 속한다고 할 수 없다. 그래서 음식은 현상학의 대상이자 영양학의 대상이 될 수 있는 것이다.[17] 여성의 월경 같은 생물학적 현상에는 민족학의 연구 대상인 문화적 실천, 의례가 동반되는데, 이 현상은 섭식 같은 인간 생활의 다른 여러 생명문화적 사건에도 반향한다.[18] 출생, 사춘기, 섹슈얼리티, 죽음, 인간 현상 전체도 이와 같이 이중적으로 해석될 수 있는 여지가 있다.

우리가 질문을 제대로 제기했다면

역사적으로 사회는 생물학으로 하여금 계속 나쁜 질문을 던지게 했다. 19세기에 생물학자들은 명확하게 규정되지 않은 "인종들"의 존재를 가정한 채 인종 간의 근본적인 차이를 찾으려 두개골을 측정했다. 1914년에는 전쟁이 생물학적 사실이 아닌가라는 의구심을 가졌다. 1980년대에는 아마도 권위가 부족했을 남성주의자들이 강간은 자연선택에 의해 만들어진, 유용하고 효과적인 번식 전략이 아닌가라는 질문을 제기했다. 오늘날에는 생물학 연구소에서 동성애가 과연 생물학적인 현상인가 같은 문제를 꾸준히 논한다.

그런데 인종, 전쟁, 강간, 동성애 같은 개념의 생물학적 설명은 그 개념이 단순하고 항상 같은 뜻을 가지고 있는 척하는 것이며, 특히 그 개념을 자연에서 그대로 접한 척하는 것이다. 잠시 이 개념을 정의해보면 우리가 자연에서 발견한 개념이 매우 빈약하다는 것을 이해하게 된다.

동성애 경우를 자세히 살펴보자. 오늘날 사람들은 동성애가 생물학적 현상인지 의문을 제기한다. 그런데 동성애로 새로운 문화 형태를 접하면서 인간과학 내에서 그 문화 형태의 한계에 대해 토론 대상으로 삼기도 한다. 19세기 말의 성도착자에서 20세기 말의 게이까지 어떤 연속성이나 통일성이 있을까? 동성 간 성관계가 존재했다는 점은 고대 시대부터 입증되었다. 제우스는 미소년 가니메데스를 납치해 술 따르는 시종으로 삼았고, 볼테르는 《철학사전Dictionnaire philosophique》에서 "소크라테스적 사랑"을 언급했다. 쇼펜하우어는 인간 역사에서 동성애 관계는 오랜 기간에 걸쳐 이루어졌으며, 많은 증언을 통해 잘 확인되므로 그것은 실재를 의심할 수 없는, 매우 확실한 역사적 사실이라고 본다. 그리고 동성애 행동이 야기하는 도덕적 두려움을 고려하는 정당화를 찾으려 하면서 동성애가 인류에게 유익한 메커니즘이라고 명시하며 자연적인 혜택을 설명한다. 남성들 간에 "부적절한 관계"를 가질 경우에는 번식 가능성이 없으므로 동성애 관계로 인한 불임에서 인류의 목적론적 "존재 이유"를 보면서 이점을 찾는다. 무엇보다도 19세기 말에 정신의학이 성적 본능의 도착 목록을 만들면서 동성애 문제는 논란의 대상이 되었고, 성적 도착(동성애), "제3의 성", 남자 동성애에 대해 말하기 시작했다.[19] 앙드레 지드André Gide는 《코리동Corydon》에서 동성애자가 법의 통제 밖에 있을지는 몰라도 자연의 밖에 있는 것은 아니라고 보여주려 하면서, 동물에게서도 동성애 행동이 많이 보인다고 주장했다. 생물학은 다수의 종에서 보이는 동성애적 행동도 자료로 뒷받침해 보여줄 수 있었다.[20] 그러나 온 힘을 다해 동성애를 생물학적으로 설명하는 것이 무슨 소용이 있을까? 고대 사회의 동성애의 의미에 대해서는 이미 논쟁이 이루어졌는데, 특히 역사학자들은 고대 에로스에서 과연 남색이 중요했는지 의심을 제기했다.[21] 무엇보다도 고대 사회의 동성애는 오늘날 그렇듯이 하나의 "정체성"이나 더 정확히 말해 한 사람의 본질 자체로 정의되는 "배타적인 성적 지향"과 관련된 것이 아니었다. 그래서 오늘날 게이는 고대 사회의 동성애가 그렸던 대로, 배타적인 교육적 목적하에서 비대칭적 관계를 형성한 실천 속에서 나아갈 길을 찾으려 한다.[22] 어째서 시간이 흐르면서 끊임없이 변화하고 오늘날에도 그 형태가 변하고 있는 역사적 현상에서 생물학적 기원을 찾겠다고 매달리는 것일까? 물론 섹슈얼리티는 성적 기관, 욕구, 유체를 내포하므로, 큰 관심을 갖고 생리학이나 화학의 대상으로 삼을 수도 있다. 그러나 19세기에 인종학이 교착 상태에 빠졌던 것과 마찬가지로 동성애를 생물학적으로 설명하려는 방법 역시 교착 상태에 있다는 점에는 변함이 없다. 그 경우에는 개별적인 역사적 연결을 본질주의적 관점에서 고려하는 것이다. 19세기에 인류학자들은 사람들의 두개골에서 보이는 차이를 표로 작성하면서 많은 시간을 보냈지만, 가령 안면 각도의 측정이 어떤 이득으로 이어졌을까? 성적 행동에 대한 생물학 연구도 같은 종류의 위험을 나타낸다. 생식 기능을 중요시함으로써 성행위의 의미를 고갈시켜버리는 것은 아닌지 자문해야 할 것이다. 많은 자연주의적 증거는 성행위에 쾌락주의적 차원이 있다는 점을 중시하게 하는데 어째서 동물의 섹슈얼리티를 생식에만 한

정시키는 걸까?

사회를 해방하기

사회를 이분법에서 벗어나게 하는 것은 젠더의 이원성에 기대어 있
는 사회를 청산하는 것이다. 요컨대 개인은 남성이거나 여성이라는
점, 모든 개인은 이 두 개의 밀폐함에 속해야 한다는 점이 사회에 무
슨 상관이 있을까? 성의 이분법에서 벗어난 인터섹스에게 전적으로
인간적인 사회적 지위를 부여하지 않을 이유는 없다. 그 "새로운 정
상"의 의미 부상에 대해서는 앞에서 다룬 바 있다. 개인은 각자 상처
받기 쉽고, 힘이나 개별적인 재능이 있는 개인으로서 인정받아야 한
다. 그들이 이런저런 성에 속해 있는지 여부는 중요치 않다. 따라서
우리는 인터섹스들이 신분증명서의 성별 표기 삭제를 요구한 2013년
12월 1일의 몰타 선언을 지지한다. 그 선언은 단지 신분증명서에 제
3의 성별을 추가하는 것이 아니라 신체 구조의 다양성에 따른 가능
성의 범위를 넓히는 것이다. 2015년 10월, 프랑스 투르 지방법원에서
64세의 청구인에게 신분증명서에 "중성" 표기 기재를 허가함으로써
제언한 바도 그렇다. 이는 모든 개인의 신분증명서에서 성별 표기를
삭제하는 것과 관련된다. 즉 무엇에 대응되는지 거의 알 수 없는 불
확실한 **중성**보다는 더 급진적으로 개인 신분의 표지로서의 성 범주
를 **중성화**하는 것이다. 그러므로 그 원고의 변호사가 논거를 펼친 바
대로 최대한 해부학적이거나 생물학적 실재를 따르는 것이 아니라[23]
사회조직은 생물학 지식에서 얻을 게 전혀 없음을 인정하는 것이 중
요하다. 달리 말해서 우리는 우리가 원하는 사회를 자유롭게 만들고,
사회는 가능한 한 "성", 즉 회음부의 신체 구조에 무감각해짐으로써

득이 된다는 것이다.

게다가 단일하고 불가분한 프랑스 공화국은 **양성 간 동수 구성의 원칙**을 넘어 성의 **중립성**을 보장해야 한다. 이 중요한 의미를 설명해 보자. 오늘날 정부의 정책은 남녀 동수의 이상을 추구하면서 여성과 남성 간의 평등, 특히 직업에서 양성평등을 보장하는 데 있다. 모든 직업에 50퍼센트의 남성과 50퍼센트의 여성이 있어야 한다는 것이다. 따라서 남성의 직업은 여성화되고, 여성의 직업은 남성화되어 남성과 여성에게 직업 기회가 동일해질 것이다. 여성 간호사와 남성 간호사, 여성 군인과 남성 군인의 수가 같아지는 날, 세상이 변한다는 것은 진실이다. 그러나 여성 청소부나 레이스 뜨는 남성 수를 50퍼센트 획득하는 것은 좋은 쟁점도, 좋은 정책도 아닐 것이다. 보편적인 남녀 동수라는 이상은 기이하고, 어렵고, 어쩌면 무익할 수도 있는 추구가 될 것이다. 오늘날 권력의 보루에서 남성들을 몰아내고 여성들에게 자리를 내줌으로써 민주주의에서 권력의 이미지를 바꾸기 위해서는 본질적인 수단일지라도 말이다.

어떤 사람들은 다른 이들보다 특정 직업에 끌리는 경우는 어떻게 될까? 어떤 원칙의 이름으로 그들에게 자극을 주는 직업을 포기하고, 내키지 않는 직업을 택하도록 강제할까? 왜 추상적인 평등에 따라 맞춰진 사회적 규범, 50 대 50의 명령이 개인을 지배하게 하는 걸까? 그런 방식은 개인의 바람에 따르는 것이 아니라 사회 구분에 유용하다고 여기는 양성 간의 완벽한 균형을 통해 사회 정의를 규정하는 것이다. 따라서 남녀 동수는 성의 정치적 중성화보다 더 좋은 해결법으로 보이지 않는다. 성의 "중성화"란 무엇일까? 이 표현은 야유를 불러일으킬 수도 있지만 각자의 성을 **감추어야** 하는 천사들의 세상을 만드는 것은 아니다. **개인의 성이 어떤 역할도 하지 않는 것처럼** 사회를 건설하는 것이다. 다시 말하자면 개인의 성이 알려져 있지 않거나 중요치 않은 것처럼 행동하는 것이다. 특히 이 방법은 개인의 신분증명서와 관련된 문제로서 국가가 개인의 임신에서 죽음까지, 성의 차이를 보지 못하게 한다. 사회질서에서 모든 성차의 표지나 여성성이나 남성성에 대한 모든 기호의 사용을 금지하는 것은 아니다. 과거와 마찬가지로 장래에도 개인들은 계속해서 사람들을 성별로 구별할 것이다. 그러나 자연적이라고 가정된 이 질서를 우리의 제도가 흉내 내거나 복제하는 것이 무슨 필요가 있을까? 우리는 우리 아이들을 비인간적인 재현에 따라 남자아이와 여자아이로 만드는 데 전념하기보다는 인간으로 키우기 위해 애써야 할 것이다.

성과 인종을 비교해보자. 국가가 개인의 "인종"을 보지 않는다고 해서 개인들이 자신들의 차이를 숨겨야 하는 것은 아니다. 그들이 신장, 피부색, 얼굴 모습, 외관에 차이가 존재한다는 점을 부인하는 건 아닐 것이다. 그저 사회조직에서 그런 차이를 고려하지 않는 것뿐이다. 성의 중성화가 성차를 묵살하는 것도 아니다. 즉 **볼 수 없는 성을 감추라**고 재촉하는 또 다른 타르튀프를 연기하는 것이 아니다.[24] 성차가 부차적인 정보가 되는 사회질서를 상상하는 것뿐이다.

"보이지 않는 성"이라는 표현 아래에서 공화주의의 보편주의 역사를 부활시키는 것이다. 19세기에 여성들은 남학생 전용 학교가 아닌 다른 학교에 다녔다. 여성은 투표권이 없었고, 남성과 동일한 법적 지위를 갖지도 않았으며, 동일한 직업을 가질 권리도 없었다. 당시에는 모든 수준에서—이혼, 친권 등—"가정의 좋은 아버지" 위주의 체제였다. 모든 개인이 동일한 생활 조건에서 살지는 않았다. 노동권도 성별 사이에 큰 차이가 있었다. 공화국의 역사에 걸쳐 여성과 남성에 대한 법적 대우에서의 모든 차이는 남녀공학이나 보편적 투표권을 통해 점진적으로 사라졌다.

법률상 성별의 삭제도 이와 같이 말할 수 있다. "성차와 관련해 특수한 법규가 적용되는가?"라고 묻는다면 법은 점차 성에 무관심해지고 있다고 답할 수 있다.[25] 특수한 법령은 사라졌거나 거의 사라졌다. 이러한 평등은 1946년 10월 27일 프랑스 헌법 전문 제3조에서 "법률은 여성이 모든 영역에서 남성과 동등한 권리를 가질 것을 보장한다"고 인정되었다. 이 법적 평등은 민법, 형법, 노동법 등 법의 전 영역에 확대 적용된다.

예를 들어 민법의 1965년 7월 13일 법과 1985년 12월 23일 법에서는 부부재산제법이 개정되었다. 이제는 계약 체결 불능과 관련해 어떤 법률 조항에서도 여성을 계약 체결 불능 존재로, 남편의 권리에 종속된 존재로 여기지 않는다. "여성은 남편의 권리에 종속된다"고 했던 이전의 213조는 "부부는 각기 완전한 법적 권리를 갖는다"는 216조로 대체되었다. 상속권 이행에서는 더 이상 성차별이 존재하지 않는다. 민법 735조에 따르면 "자녀 또는 후손은 아버지와 어머니 또는 다른 조상의 유산을 성별이나 장자 자격, 다른 혼인관계에서의 출생 여부의 구별 없이 상속받는다". 친권과 관련해서는 민법 372조에서 명시되어 있다. "부와 모는 공동으로 친권을 행사한다." 법적 혼인 가능 연령은 더 이상 여성과 남성 간에 다르지 않다. 이전에는 144조(1803년 3월 27일 법)에서 "18세 미만의 남성, 15세 미만의 여성은 혼인할 수 없다"고 했지만, 혼인 적령은 2013년 5월 17일 법에 의해 "18세 미만의 사람은 혼인할 수 없다"로 수정되었다. 오늘날 폐지된 민법 228조에서는 여성의 재혼에 유예 기간을 의무화했다. 최근에는 만인을 위한 결혼을 통해 법적 성별의 중성화를 확대했다. 2013년 5월 17일 법 이래로 "혼인은 이성 또는 동성인 두 사람 사이에 이루어진다"(민법 143조)가 되었다. 달리 말해서 혼인은 두 사람 사이에서 이루어진다.

형법에서 범죄행위는 남성에 의해 행해졌다거나 여성에 의해 행해졌다고 해서 더 심하게 처벌받지 않는다. 간통의 경우, 아내가 남편보다 더 심하게 처벌받는다는 규정은 1975년 7월 11일 법에 의해 삭제되었다. 노동법에서는 남녀 대우 평등 원칙이 행해진다(로마 협정 119조, 유럽연합 협정 141조). 여성들에게 일부 직종의 종사를 금지하는 제한 사항의 경우, 특히 일부 화학제품(티오인산 에스테르, 수은, 규토) 노출과 관련한 노동법 R234-9조는 2008년 3월 7일부로 폐지되었다. 여성에게 금지되었던 야간근무는 유럽 지침 적용에 따라 이제 모든 임금노동자에게 허용된다.

이와 같이 모든 법의 영역에서 성이 법인격에 미치는 형식적 영향은 사라지는 추세에 있다. 공화주의적 보편주의로 더 나아가기 위해서는 피할 수 없는 변화가 있으며, 이 변화를 추구해야 할 것이다.

신분증명서에서 성별을 삭제하는 것은 공화주의의 이상 실현을 향해 한 발자국 더 나아간 것이다. 성차에 관한 온갖 지식도 여기서는 아무 소용도 없게 된다.

그렇다면 우리는 왜 생물학을 살펴보았을까? 생물학을 검토하는 것은 자연에 대한 잘못된 표상을 부수게 해준다는 데 중요한 의미가 있다. 이와 같은 비판적 검토는 자연사에 대해 정확한 인식을 갖게 함으로써 우리가 알고 있다고 믿었던 것에서 해방시켜준다.

인간의 제도는 자연성이라는 허구를 방패로 삼아서는 안 된다. 인류에게 좋은 방향을 정해야 한다면 우리 자신에게 맡겨야 하며, 초파리나 빈대는 말할 것도 없고 고릴라, 침팬지, 보노보를 찾아볼 필요가 없다. 자연사학자의 동물 연구는 불순한 것을 걸러주는 역할을 함으로써 잘못된 생각에서 벗어날 수 있게 해주지만, 그 역할은 거기에서 끝난다. 자연사는 아무것도 규정하지 않는다. 올바른 인간 질서를 구성하기 위해 자연에서 정당화를 찾아서는 안 된다.

수컷과 암컷의 생물학적 개념은 자연적인 애니미즘에서 제시하는 것보다는 훨씬 더 복잡하다. 우리는 힘들지 않게 미스 우아-우아를 잊을 수 있으며 노아의 방주도 떠나보낼 수 있다. 사실 자연을 제대로 알고자 하는 데 놀이 카드의 이미지는 전혀 적합하지 않을 것이다. 수컷과 암컷이 무엇인지 절대적으로 말하기란 어려운 일이다. 전통적인 생물학적 정의에 따르면 수컷과 암컷은 생식세포를 뜻하지만 "남성"과 "여성"이라고 하면 당연히 두 유형의 생식세포와는 다른 것을 지칭한다. "남성"과 "여성"이 무엇인지는 생물학에서 명확히 말해주지 않으며 결코 말해주지 않을 것이다. 아니면 '생물학'은 오늘날 우리가 부여하는 것과 전혀 다른 의미를 취할 것이다.

감사의 말

이 책은 수년간 다양한 차원에서 이루어진 연구와 교환에서 구상되어 맺은 결실이다. 2007년부터 2011년까지 엘자 도를랭과 함께 이끈 연구 프로젝트 '바이오섹스BIOSEX'(ANR-07-JCJC-0073-01), 파리 낭테르 대학에서 동물행동학과 동료들과 나눈 의견 교환, 동료들을 연결해 준 모임으로, 마틴 드 고드마르와 함께 진행한 2006년부터 2013년까지의 철학과 읽기 모임, 2012년부터 리옹3대학 철학과에서 진행된 연구가 그 핵심이었다.

생물학에 대해 함께 논의해준 생물학자들에게 감사를 전한다. 또한 낭테르, 리옹, 도쿄(호세이) 대학의 세미나와 강의에서 관심과 열의를 보여줌으로써 용기를 돋구어준 학생들도 떠오른다.

지난 몇 해 동안 출간된 여러 책들은 이 책에 큰 영향을 주었는데, 그중 일부는 이정표를 세웠고, 다른 책들은 생물학적 성의 광대한 영역을 도식화하려 했다. 이 책은 여러 맥락에 드러난 생각들을 취해 다듬고 정정하고 보완하거나 종합한 것이다. 특히 파리 에르만 출판사에서 출간된 두 권의 책《생물학적 성. 역사 비판적 선집Le Sexe biologique. Anthologie historique et critique》 1권 《암컷과 수컷? (두) 성의 자연사 Femelles et Mâles? Histoire naturelle des (deux) sexes》(2013), 2권 《성: 왜 그리고 어떻게? 기원, 진화, 결정Le sexe: pourquoi et comment? Origine, évolution, détermination》 (2014)은 이 책의 토대가 되었다.

내가 쓴 몇몇 논문이나 책도 이 생각에 대한 반응을 살피는 데 사용되었다. 〈대안자연주의 또는 성의 회귀〉(《내 몸은 성을 갖고 있는가?Mon corps a-t-il un sexe?》, 비엘, 페이르 편집, Paris, La Découverte, 2015, p. 224-243), 〈대안자연주의: 자연주의를 내부에서 연구하는 방법〉(《생명체의 새로운 정치학Nouvelles politiques du vivant》, 보름스, 《에스프리Esprit》, n° 411, 2015년 1월, p. 41-51), 〈성의 패러독스〉(《생물철학 개설Précis de philosophie de la biologie》, Paris, Vuibert, 2014, p. 277-290).

한결같이 지지해준 편집자 장 마크 레비 르블롱에게 감사를 전한다. 그리고 원고 전체 또는 일부를 주의 깊게 읽어준 동료들, 프랑크 세지이, 엘로디 지루, 비르지니 오르고고조에게도 고마움을 표한다. 물론 이 책에 있을 수도 있는 오류는 전적으로 나의 책임이다. 논의가 필요한 문제들은 앞으로 함께 생각해봐야 할 것이다.

성이란 무엇인가? ― 과학의 이름으로

박이대승*

"생물학적 여성"이라는 문제

이제 페미니즘은 단지 주변화된 소수자의 목소리가 아니다. 최근 몇 년간 한국 사회의 변화를 주도한 가장 전복적인 힘은 페미니즘 운동에서 나왔다. 그 힘을 긍정했던 이들에게 "생물학적 여성"에 대한 논쟁은 다소 충격적이었다. "여성"이라는 이름이 트랜스젠더 배제의 도구가 된 상황은 우리를 다시 한 번 근본적인 물음으로 인도한다. 여성이란 누구인가? 혹은 여성이란 **무엇**인가? 섹스와 젠더에 관한 흔한 설명 방식을 따라 "생물학적·자연적 성"과 "사회적·문화적 성"을 구별할 수 있다면, 그래서 여성도 이 두 가지 개념에 따라 다르게 정의할 수 있다면, "생물학적 여성"의 페미니즘 운동도 충분히 가능하지 않을까? 이 질문을 비판적으로 다루려는 사람은 이 책에서 유용한 개념적 도구와 충실한 과학적 증거를 발견할 수 있을 것이다. 가장 먼저 서론과 1부에서 설명되는 **자연주의, 반자연주의, 대안자연**

---

*   정치철학자. 《'개념' 없는 사회를 위한 강의: 변화를 위한 소수자의 정치전략》과 《임신중단에 대한 권리: 비합리는 헌법재판소에서 시작된다》(오월의봄)를 썼다.

주의라는 세 가지 관점을 살펴보자.

자연주의에 따르면, 성은 오로지 여성과 남성 두 종류로만 구분되며, 이는 사회와 문화가 결코 바꿀 수 없는 과학적 사실이자 자연법칙이다.* 물론 이 책 전체가 설명하듯, 자연주의는 생물학적 사실을 일종의 미신으로 변질시킨 결과물이다. 한국 사회의 성 개념을 지배하는 주류 담론은 여전히 그 미신에 사로잡혀 있다. "생물학적 여성"을 사회 집단, 혹은 정치적 주체화의 원리로 선택하는 것 역시 자연주의로 회귀하려는 시도다.

섹스와 젠더에 관한 반자연주의적 이론을 대표하는 것은 "젠더 연구" 진영이다. 애초에 젠더는 생물학적 성과 구별되는 사회적 성을 지시하기 위해 발명된 개념이다. 하지만 현대의 젠더 연구가 섹스와 젠더의 단순한 이분법에 머물러 있지는 않다. 사실, 이러한 이분법 자체가 자연주의의 한 가지 변종일 뿐이며, 과학과 자연의 영역에 남겨진 섹스는 언제라도 "본질"의 이름으로 돌아와 젠더를 위협할 것이다. 이 책의 저자가 대표적인 젠더 이론가로 꼽는 크리스틴 델피, 주디스 버틀러, 토마스 라커에 따르면 섹스는 젠더와 분리된 독립적 실체가 아니고, 섹스의 물질성 역시 젠더라는 사회구조에 의해 구성된다. 요컨대 생물학적 성도 사회문화적 구성물일 뿐이다.

반자연주의는 "생물학적 성"에 대한 효과적인 비판을 제공한다. 그 말은 단지 특정한 젠더 담론이 생물학에 투사된 결과물일 뿐이다. 실제로 현실에서 사용되는 "생물학적 남성"이나 "생물학적 여성"은 과학적 개념이 아니라, 어떤 정치적 목적을 수행하기 위한 빈 기표로 작동한다. 그렇다면 젠더 연구는 자연주의에 대항하기 위한 완

---

* 여기서 '성'은 프랑스어 'sexe'에 대응하는 개념이다. 단, 'sexe'와 'genre'를 구별해야 할 때는 '섹스'와 '젠더'라고 쓸 것이다.

전한 무기가 될 수 있는가? 젠더가 섹스를 구성한다는 주장은 생물학적 본질주의를 제거하기에 충분한가? 이 질문에 망설임 없이 긍정적 대답을 하기는 어렵다. 반자연주의에 동의하더라도, 자연과학의 대상이 사회·문화·정치적 담론으로 완전히 환원되는 것 같지는 않기 때문이다. 어쨌든 인간과학과 사회과학이 다루는 젠더와 섹스, 그리고 생물학, 의학, 동물학 등이 다루는 젠더와 섹스는 뭔가 구별되는 것처럼 보이지 않는가? "여성은 생물학적 실재다"라는 주장에 대해 "그 생물학적 실재 역시 사회문화적 구성물이다"라고 비판하는 것과 동시에, 과연 생물학이 정말로 여성을 자연적 실재로 인정하고 있는지 검토해봐야 하지 않을까? 이것이 이 책의 저자 티에리 오케가 제안하는 작업이다.

대안자연주의: 성과학의 새로운 인식론과 존재론

섹스와 젠더, 성의 생물학적 개념과 사회적 개념, 자연적 성과 문화적 성의 구별은 두 가지 거대 구별을 참조한다. 첫째는 칸트 비판철학 이래 근대 인식론과 형이상학이 몰두해온 **사유와 존재**의 구별이고, 둘째는 서구 사상사 전체에 걸쳐 다양한 방식으로 변주되어온 **문화와 자연**의 구별이다.

사유와 존재의 구별은 캉탱 메이야수가 《유한성 이후: 우연성의 필연성에 관한 시론》에서 **상관주의**라고 부른 것을 함축한다. 즉 사유와 존재, 혹은 주체와 대상은 결코 독립적이지 않으며, 상관관계에 의해서만 그것일 수 있다. 존재 없는 사유, 사유 없는 존재는 인정되지 않는다. 익숙한 인식론적 원리가 상관주의에서 도출된다. 인식 주체는 **사물 자체**를 결코 인식할 수 없으며, 대상은 인식 주체와의 관계 아래에서만 인식 대상일 수 있다는 것이다. 젠더 연구의 반자연주의도 이러한 상관주의의 일종이다. 우리가 자연적인 성(섹스)으로 인식하는 것은 성 그 자체가 아니라, 인식 주체의 젠더 담론에 의해 인식 대상으로 구성된 것이라고 보기 때문이다. 이런 의미에서 성은 자연적 실재가 아니라, 사회문화적 구성물이라는 주장은 전혀 전복적인 것이 아니다. 오히려 근대 인식론을 지배하는 상관주의적 전통의 충실한 계승이라고 할 수 있다. 성에 관한 자연주의적 믿음은 여전히 우리의 일상을 지배하지만, 적어도 지식과 학술의 영역에서는 이미 오래전에 반자연주의가 승리했는데, 그 이유가 바로 여기에 있다.

저자는 자연주의에 대한 반자연주의적 비판에 전적으로 동의하지만, 그것만으로는 불충분하다고 본다. 섹스와 젠더의 상관주의가 "생물학적 성의 실재"를 부정하지는 못하기 때문이다. 예컨대 "포유류는 암컷과 수컷의 유성생식으로 번식한다"라는 과학적 발화에서, 유성생식은 인간의 문화와 무관한 자연적 사건이 아닐까? 반자연주의가 인간과학과 사회과학을 지배하는 주류 학설로 자리 잡았다 해도, 그러한 자연적 사건은 여전히 생물학의 고유 영역으로 남아 있지 않은가? 이 책 2장은 메이야수의 선조성 논변을 참조하며, 인식 주체인 인간에 의존하지 않는 생명체의 성을 "시원적 성"이라고 부른다. 선조성이란 인간과 생명체가 존재하기 전에 일어난 사건들을 말한다. 메이야수는 《유한성 이후》에서 이렇게 질문한다. 칸트 비판철학 이후의 근대인은 "45억 년 전에 지구가 형성되었다"는 선조적 발화를 어떻게 이해하는가? 상관주의가 주장하듯이 인식 대상이 인식 주체와의 관계 속에서만 대상일 수 있다면, 45억 년 전 지구가 그 자체로 존재했다고 믿는 건 부조리할 것이다. 즉 선조적 사건은 그 자체로 실재하는 것이 아니라, 과학자와 과학적 증거의 상관관계에 의해 구성된 인식 대상일 뿐이다. 하지만 메이야수는 이런 식의 해석에 반대한다. 생명체가 존재하지 않는 우주에 관한 과학적 발화를 해석 없이 그냥 그대로 받아들일 방법은 없는가? 그는 상관주의에 반대하기 위해 오히려 상관주의에서 출발한다. 그리고 상관주의자는 세계의 사실성facticité을 수용할 수밖에 없으며, 이로부터 사물 자체를 사유하는 것이 정당함을 논증한다. 이는 이른바 "사변적 물질주의matérialisme spéculatif"의 기초를 마련함으로써, 과학과 수학을 상관주의적 순환으로부터 해방하려고 시도한다.

젠더 연구는 **성 그 자체**가 아니라, 사회가 **"성"이라고 부르는 것**을 다룬다. 저자가 2장을 시작하며 지적하듯이, 반자연주의는 성 개념을 후자에 "한정"지으려는 기획이다. 이는 상관주의적 순환에 갇힐 위험이 있다. 즉 "자연적 성"을 자연적인 것으로 구성한 주체도 결국 인간의 사회와 문화이므로, 자연적 성에 관한 지식을 얻기 위해서는 자연적 대상에 접근하는 대신, 그 문화적 구성 과정을 분석해야 한다. 반자연주의가 철학적 관점에서 상관주의를 함축한다면, 인류학적 관점에서는 자연과 문화의 구별에 대한 인간중심주의를 함축한다. 예컨대 자연적 성이 인간 문화의 생산물이라면, "동물의 성"은 비인간 생명체에 속한 어떤 것이 아니라, 인간의 문화를 비인간에게 투사한 결과물일 것이다. 동물의 성을 알기 위해서는 비인간 존재자에게 접근하는 대신, 동물에 관한 인간의 재현 체계를 분석해야 한다. 이런 식으로 자연은 사라지고, 자연에 대한 문화적 재현만 남는다.

이러한 반자연주의는 자연주의에 대한 최종적 승리를 선언하지 못할 것이다. "한정짓기"란 시원적 성, 즉 생물학적 성의 실재를 성 개념에서 제외하려는 시도인데, 그 실재는 사라지는 것이 아니라 여전히 생물학의 대상으로 남아 있을 것이기 때문이다. 결국 자연주의는 끊임없이 생물학의 이름으로 부활을 시도한다. 따라서 자연주의에 대한 비판을 완수하기 위해서는, 오히려 자연과학의 영역으로 들어가야 한다. 지금 필요한 것은 반자연주의가 아니라, **자연주의에 대한 자연주의적 비판**이다. 저자는 이러한 비판적 기획을 **대안자연주의**라고 부른다. 대안자연주의는 상관주의와 인간중심주의에서 벗어나, 자연적 성과 비인간의 성을 실재로서 인정한다. 그리고 생물학이 그 실재에 접근할 수 있음을, 또한 인간의 성도 생물학적 성의 실재로서 다룰 수 있음을 긍정한다. 대안자연주의는 최근의 철학과 인류학을 주도하는 몇 가지 지적 흐름에 속해 있다. 특히, 상관주의를 반대하며 비형이상학적인 방식으로 실재주의의 부활을 노리는 철학적 작업들(대표적으로 메이야수), 문화와 자연의 거대 이원론에 반기를 드는 인류학적 작업들(필리프 데스콜라, 브뤼노 라투르 등)이 중요하다.

여기서 대안자연주의는 자연주의로의 회귀가 아니라는 점에 다시 한 번 유의하자. 생물학적 성의 실재를 인정하고, 그것을 통해 인간의 성을 이해해야 한다는 것은 자연주의로 돌아가자는 말이 아니다. 예컨대 포유류의 성은 암컷과 수컷이라는 두 유형으로 분류되므로 인간의 성도 여성과 남성이라는 두 가지로 구별된다고 말한다면, 이는 대안자연주의로 나아가는 것이 아니라 그냥 자연주의로 퇴보하는 것이다. 대안자연주의는 포유류의 성이 두 가지라는 믿음이 과연 생물학적 지식인지를 먼저 질문한다. 이 책의 2장과 3장은 성생물학의 최근 연구 전반을 검토하며 "인간의 성은 두 가지다"라는 생물학적 발화의 의미를 엄밀하게 재검토한다.

성이란 무엇인가?

자연주의와 반자연주의의 대립을 거칠게 도식화하면, 3장에 등장하는 수컷mâle/암컷femelle, 남성homme/여성femme, 남성성masculin/여성성

féminin이라는 세 가지 개념 쌍의 구별로 요약할 수 있다. 자연주의는 남성/여성을 수컷/암컷으로 정의하려는 반면, 반자연주의는 남성성/여성성이라는 이분법적 담론 내에서 남성/여성과 수컷/암컷의 구별이 생산된다고 본다. 하지만 생물학적 관점에서 성의 의미를 분석해나가면 전혀 다른 지평이 펼쳐진다. 4장에 등장하는 다섯 개의 표를 면밀히 살펴보자.

〈표1〉은 《그랑 로베르 사전》이 정의한 프랑스어 단어 sexe의 여섯 가지 의미다. 일상 언어에서 "성"이라는 말이 사용될 때, 그 의미는 대략 이 여섯 가지 중 하나에 해당한다. 이러한 사전적 의미는 한국어 사용자에게도 익숙한 것이지만, 더 정확한 이해를 위해 번역에서 발생하는 의미의 뒤틀림을 고려하자. 한국어는 한자 '性'을 쓰므로, 여성과 남성을 특정 대상이 지닌 성질이나 본성으로 이해하려는 경향이 강하다. 그래서 흔히 남성은 '남'이라는 본성, 여성은 '여'라는 본성을 가진 사람이라고 생각한다. 반면, 프랑스어 'sexe'나 영어 'sex'의 라틴어 어원은 구별과 분리를 의미한다. 즉 라틴어 언어권에서 성이란 본성이 아니라, **차이**를 지시하는 개념이다. 특히 〈표1〉의 1.1이 정의하듯이, 생식을 가능케 하는 종 내부의 차이를 의미한다. 물론 이 경우에도 성이 본성으로 이해될 때가 있지만, 그것은 다른 본성과 차이 나는 것으로서의 본성이다.

〈표2〉의 열 가지 층위는 내분비학자 질베르-드레퓌스가 일차원적 성 개념에 반대하기 위해 제시한 것이다. 처음 두 개의 표가 인간의 성을 다루는 반면, 생물학적 성 개념을 요약한 〈표3〉은 생명체 일반을 대상으로 한다. 4장에서 가장 눈여겨봐야 할 것이 세 번째 표의 일곱 가지 의미다. 생물학적 성의 첫 번째 의미(3.1)는 박테리아의 성이다. 박테리아는 자기 분열하면서 생식(재생산)하므로, 성 개념은 생식과 아무 관련이 없다.* 이 경우 "성"이라는 말은 다른 박테리아 개

체 혹은 바이러스와 DNA 교환을 할 때 사용된다. 두 개의 성이라는 익숙한 의미는 3.2와 3.3에 등장한다. 3.2의 성 개념은 무성생식과 구별되는 유성생식을 지시하며, 3.3에서 성이란 두 가지 생식세포의 구별을 의미한다. 생식세포의 구별로부터 생식선의 구별(의미 3.3′, 즉 고환과 난소의 구별)과 생식기의 구별(의미 3.3″)이라는 성 개념이 파생된다. 〈표5〉에서 설명하듯이, 3.2와 3.3은 두 개의 성이라는 이분법을 적용할 수 있는 몇 안 되는 사례들이다. 하지만 시간의 관점에서 보면, 두 종류의 생식세포는 그냥 구별된 채로 남아 있는 것이 아니라 감수분열을 통해 생산되어, 수정을 통해 이배성 과정으로 들어간다(의미 3.4). 〈표3〉의 가장 중요한 함축은 3.1에서 3.7에 이르는 성 개념이 모두 다르다는 점이다. 결정적 단절은 3.5에서 일어난다. 생식세포가 두 유형이라고 할지라도, 개체를 두 유형으로 분류할 이유는 없다. 자웅동체의 경우, 한 개체가 두 유형의 생식선을 가지고 두 유형의 생식세포를 생산할 수도 있고, 생애주기에 따라 다른 생식세포를 생산할 수도 있다. 식물의 성 체계는 훨씬 더 복잡해서, 단순히 자웅동체인지 아닌지를 구별하는 것은 의미가 없다. 또한 성 개념은 짝짓기에서 나타나는 행동의 차이, 즉 넓은 의미의 섹슈얼리티를 지시하기도 하는데(3.7), 이러한 차이가 생식세포의 차이에서 연역되지는 않는다.

〈표3〉의 일곱 가지 생물학적 성 개념 사이에 필연적 연관이 없다는 것은 인간의 경우에도 마찬가지다. 예컨대 다음의 발화를 부정할 사람은 별로 없을 것이다. 인간의 생식세포는 오로지 정자와 난자만 있을 뿐 제3의 생식세포는 존재하지 않으며, 이 두 가지 생식세포의

---

* 통상 '생식'으로 번역하는 'reproduction'은 '재생산'을 의미한다는 점을 기억하자.

결합으로 생식이 이루어진다. 하지만 이로부터 인간은 오로지 남성과 여성만 존재하며, 제3의 성은 존재하지 않는다는 결론을 이끌어낼 수 있을까? 단순히 생각해서 난자/정자를 바탕으로 개체로서의 여성/남성을 정의한다면, 생식세포를 생산하지 않는 인간 개체의 성은 어떻게 분류할 것인가? 혹은 두 유형의 생식세포만 존재한다고 해서, 인간 회음부의 해부학적 특성이나 성적 행동도 두 유형으로 구별해야 할 필연적 이유가 있는가?

저자는 4장을 마무리하며 서론에서 제기한 질문으로 되돌아간다. 성은 몇 가지인가? <표2>는 인간의 성을 구성하는 열 개의 층위를 보여주지만, 대부분 두 개의 성을 전제한다. <표3>은 인간의 성을 넘어, 생명체 일반의 성을 일곱 개의 개념으로 요약한다. 이 두 개의 표를 교차시킨 결과가 <표5>다. 이 표는 이원론을 부정하기 위한 것이 아니다. 이원론자들은 통계적으로 많은 수의 인간이 두 특성 계열로 나뉠 수 있다는 점을 지적하며, 인간의 성을 두 가지로 분류할 것이다. 이러한 두 가지 특성 계열에서 벗어나는 인간 개체는 비정상으로 분류된다. 하지만 <표5>에서 이원론이 특권적 지위를 갖는 것은 생식세포(2.3)와 내부 생식체(2.4)뿐이다. 나머지 여덟 가지 층위는 이원론과 다원론 모두 적용 가능하다. 다원론은 방금 언급한 두 가지 특성 계열을 인정하지 않으며, 성의 유형을 세는 것에도 의미를 두지 않는다.

"정상적 성"이란 무엇인가?

4장이 성의 **정의**를 다루었다면, 5장은 성**결정**의 문제를 제기한다. 즉 생물학적 성이란 다양한 성 특징들 사이의 차이를 지시하는데, 개체가 그중 어떤 특징을 가질지 결정하는 요인은 무엇인가? 사람들은 흔히 성염색체를 떠올린다. XX 염색체가 암컷의 특징, XY 염색체가 수컷의 특징을 결정한다고 믿는 것이다. 하지만 성결정 체계는 이렇게 단순하지 않다. 첫째, "유전자형"과 "표현형"(발달을 끝낸 개체의 특성)의 구분이라는 유전학의 문제를 고려하자. 〈표3〉의 일곱 가지 성 개념 대부분이 표현형에 관한 것이고, 그것들은 염색체에 의해 자동적으로 결정되지 않는다. 표현형 결정에는 유전자뿐 아니라 환경적 요인도 개입하기 때문이다. 유전적 요인과 환경적 요인이 성을 결정하는 방식은 생물 종에 따라 달라지고, 인간의 성결정에도 유전자와 호르몬이 모두 개입한다(물론 유전적 요인과 환경적 요인을 구별하는 것 자체가 쟁점이다). 둘째, 〈표7〉이 보여주듯이, 유전 체계도 다양하다. 그동안 Y 염색체에 위치한 SRY 유전자가 인간의 성결정 요인이라고 생각했지만, 이제는 X와 Y 염색체에 존재하지 않는 다른 유전자의 영향도 고려한다. 요컨대 생물학은 성 특징을 다양한 수준에서 정의하며, 그러한 성 특징들이 결정되는 체계도 다양하다. 이러한 다양성을 증언하는 것이 바로 인터섹스의 존재다.

인터섹스라는 개념은 여성과 남성의 전형에서 벗어나는 성 특징을 지시하는데, 거기에는 성기의 외형, 염색체의 구조, 호르몬의 작용을 비롯한 다양한 수준의 실재가 포함된다. 인터섹스는 몇 가지로 정형화할 수 없는 넓은 스펙트럼을 가진다. 저자가 7장에서 앤 파우스토-스털링을 인용하며 설명하듯이, 성기의 해부학적 구조에서 인터섹스의 전형적 범주를 뽑아내기는 어렵다. 8장의 〈표8〉은 염색체 수준의 인터섹스를 여덟 가지 유형으로 요약하지만, 모든 인터섹스가 이 중 하나의 유형으로 분류된다는 의미가 아니다. 호르몬은 유전적 요인과 결합하여 다양한 인터섹스를 발생시킨다.

사실, 인터섹스 자체가 여성과 남성의 성별 이분법에서 파생된 개념이다. 앞서 언급했듯이, 생물학적 성에 이원론을 적용하는 것이 이론적으로 불가능한 일은 아니다. 〈표5〉에 따라 "생물학적 여성"은 'XX-난소-난자-자궁-클리토리스-에스트로겐-여성적 행동 방식'이라는 특성 계열로, "생물학적 남성"은 'XY-고환-정자-전립선-페니스-안드로겐-남성적 행동 방식'이라는 특성 계열로 정의될 수 있다. 이러한 두 개의 특성 계열과 일치하지 않는 사람은 "남자도 여자도 아닌 사람", 즉 인터섹스로 분류될 것이다. 하지만 이는 이원론의 단순한 예외가 아니라, 이원론의 근거 자체를 파괴하는 힘이다. 무엇보다 인터섹스의 존재는 전형적 성 특징들 사이에 필연적 관계가 없음을 증언한다. 한 인간 개체가 XY 염색체와 여성의 성기 모양을 동시에 가질 수 있고(테스토스테론 무감응 증후군), XX 염색체와 남성화된 성기 모양을 가질 수도 있다(선천성 부신 증식증). 따라서 성의 이원론 모델을 지지하는 사람은 다음의 질문들에 답해야 한다. XX 염색체와 남성적 외형을 가진 경우, 이는 남성처럼 보이는 여성인가, 혹은 여성 염색체를 가진 남성인가? 또한, 이른바 "정상적 개체"라도 전형적 성 특징의 일부를 결여할 수 있다. 예컨대 생식세포 생산 능력은 생애주기에 따라 나타났다가 사라진다. 그럼 여성과 남성이란 범주는 특정 생애 시기에만 적용 가능한 것이고, 모든 개체가 인터섹스 시기를 경험한다고 말해야 하지 않을까? 물론 여러 성 특징 중 하나를 기준으로 삼아 여성과 남성을 구별할 수는 있다. 갓 출생한 아기의 성별을 판별하는 결정적 기준은 성기의 외형이다. 그럼 여성과 남성은 단순히 특정 성기 모양을 지시하는 개념으로 환원되지 않을까? 인간 개체를 성기 모양에 따라 두 가지로 분류하는 것이 생물학적으로 어떤 의미가 있는가?

이런 질문에 맞서기 위한 이원론의 대답이 정상과 비정상의 구분이다. 이원론은 위에 나열한 두 가지 성 특징 계열로 정상의 기준을 구성하고, 거기에서 벗어나는 개체는 "비정상적 여성" 혹은 "비정상적 남성"으로 분류한다. 가능하다면 비정상은 정상으로 "교정"되어야 하므로, 인터섹스 아기에 대한 교정 수술이 오랫동안 시행되어왔다. 이 책은 7장과 8장에서 인터섹스 문제를 다루고, 9장에서 정상과 비정상의 문제를 제기한다. 여기서 잠깐 다소 복잡한 개념 간 관계를 정리하자. 일단 "정상적"과 "규범적"을 구별해야 한다. "정상적"으로 번역된 normal의 기초적 의미는 "좌우로 기울어지지 않은" 중간 상태이지만, 이 말에는 다층적인 의미가 중첩된다. 그래서 "정상적인 것"이 곧 "규범적인 것"을 의미할 때도 있다. "규범적"으로 번역된 normatif는 가치판단에 관련된다. 즉 어떤 것이 규범적이라는 말은 "그렇게 되어야만 함"이라는 의미를 함축한다. 다른 한편, "비정상적anormal"과 "이상한anomal"을 혼동하지 않도록 주의하자. 이 두 단어는 철자와 의미가 비슷해서 상호 교환 가능한 경우가 많은데, 사실 어원부터 다르다. anormal의 어원은 라틴어 norma인 반면, anomal은 그리스어 homalos에서 파생된 말이다.* 이 책에서 "이상한 것"은 통계적으로 희귀한 경우를 의미한다.

이러한 개념 간 관계를 고려하며, "정상"의 네 가지 의미를 구별한 〈표11〉을 살펴보자. 첫째, 통계적 의미에서 정상적인 것이란 곧 평균적인 것을 말한다. 평균에서 벗어난 이상하거나anomal 드문 경우는 비정상으로 간주된다. 둘째, 의학에서 정상적인 것은 건강한 것이고, 비정상적 것은 병리적인 것이다. 여기서 정상적인 것의 통계적 의미와 의학적 의미가 분리된다. 빈도가 적다고 해서 병리적인 것은 아니다. 오히려 완벽한 건강 상태는 희귀하므로, 의학적 정상 상태가 통계적으로는 비정상일 수도 있다. 셋째, 생물학에서 정상적인 것

---

* 다음 철학 사전의 'anomalie', 'normal', 'norme' 항목 참조할 것. André Lalande, *Vocabulaire technique et critique de la philosophie*, PUF, 1926.

은 캉길렘적 의미에서 규범적인 것normatif이다. 즉 생명이 자기 보존을 위해 따라야 하는 상태가 생물학적 정상이다. 이상한 개체나 돌연변이도 생존을 위한 새로운 규범을 제시한다면, 정상적인 것이 될 수 있다. 넷째, 저자가 푸코를 인용하며 말하듯이, 정치적 의미에서 정상이란 권력에 의해 "정상화normalisation"된 것이다.

앞서 언급한 여성과 남성의 성 특징 계열이 정상적인 성의 기준이라면, 이때 "정상"이란 위 네 가지 의미 중 어디에 해당하는가? 아마도 통계적 의미에서는 남성과 여성을 정상으로, 인터섹스는 비정상적인 것으로 분류할 수 있을 것이다. 하지만 통계적 빈도의 낮음이 병리적 상태를 함축하지는 않는다. 저자도 이야기하듯이, 전형적인 남성이나 여성 중에 불임인 경우가 있고, 인터섹스로 분류되지만 임신 가능한 사람도 있다. 그럼 생식 능력의 측면에서 둘 중 어느 쪽이 병리적 상태일까? 클라인펠터증후군을 가진 사람이 골다공증에 걸렸다면, 그는 클라인펠터증후군 환자인가, 아니면 골다공증 환자인가? 사실 통계적 평균을 정상적인 것으로 정의하고, 통계적 희귀함과 병리적인 것을 연결해 비정상을 구성하는 것은 권력의 정상화 방식 중 하나다. 물론 다른 식의 정상화도 가능하다. 예컨대 여성은 남성에 비해 통계적으로 적지 않지만, 가부장적 권력은 남성과 여성을 각각 정상과 비정상에 대응시킨다.

〈표11〉에서 나머지 세 가지를 제외하고, 정상적인 것의 생물학적 의미에만 집중해보자. 그럼 정상적인 성은 두 가지이며, 거기에 해당하지 않는 것은 비정상적인 성이라고 말할 생물학적 근거를 찾을 수 있을까? 생물학적 성은 매우 다양한 수준의 실재를 포괄하는 개념이다. 〈표3〉의 일곱 가지 성 개념들은 각각 다른 생물학적 실재에 대응한다. 더구나 그것들은 개체의 생애주기에 따라 질적 변화를 한다. 예컨대 2차 성징 이전과 이후의 난소나 고환이 동일한 실재인지 질

문할 수 있다. 실재의 다양한 수준과 생애주기 전체를 관통하는 성별 이분법을 **생물학적으로** 수립하기는 어렵다. 여성과 남성, 그리고 예외(인터섹스)라는 이분법이 규범의 자리를 차지하고 있다면, 이는 **정치적 정상화**의 결과물이다. 반자연주의는 정상적 성 규범을 비판하기 위해 생물학적·자연적 성을 버리고 문화적·사회적 성으로 이동하지만, 이 책의 대안자연주의는 오히려 생물학으로 돌아가 성별 이분법의 필연성을 부정한다.

자연주의로부터 생물학을 구해내기

이 책이 제안하는 대안자연주의는 젠더 연구의 반자연주의를 부정하고 자연주의로 돌아가려는 기획이 아니다. 메이야수가 상관주의에 맞서 사변적 물질주의를 주장할 수 있는 것은 독단주의와 순진한 실재주의에 대한 상관주의적 비판이 선행되었기 때문이다. 마찬가지로 대안자연주의는 자연주의에 대한 반자연주의적 비판이 수행된 이후에만 생물학적 성의 실재를 인정할 수 있다. 자연주의적 생물학과 대안자연주의적 생물학은 같은 수준이 아니라는 점, 이 둘이 전제하는 생물학적 성도 동일한 실재가 아니라는 점에 유의해야 한다. 결국 중요한 것은 생물학을 자연주의로부터 구해내는 일이다. 저자가 10장에서 바슐라르의 인식론을 참조하며 생물학적 성 개념을 다섯 가지 인식론적 수준으로 분류한 것은 이런 이유다. 대안자연주의는 생물학을 그중 다섯 번째 수준, 즉 초합리주의에 옮겨놓으려는 기획이다. 요컨대 그 목적은 단지 생물학을 이용해 사회를 지배하는 규범적 성 담론을 비판하는 것이 아니라, 애니미즘적 본질주의에서 자유로운 생물학을 통해 시원적 성에 접근하는 것이다.

주

서문

1 G. Simondon, *Du mode d'existence des objets techniques* (1958), nouvelle édition, Paris, Aubier, 2012, p. 202. (질베르 시몽동, 《기술적 대상들의 존재 양식에 대하여》, 김재희 옮김, 그린비, 2011)

2 J. -J. Rousseau, *L'Émile*, 5ᵉ partie, in *Oeuvres complètes* (sous la dir. de B. Gagnebin et M. Raymond), Paris, Gallimard, 《Bibliothèque de la Pléiade》, t.IV, p. 716. (장 자크 루소, 《에밀》, 김중현 옮김, 한길사, 2003)

3 Thierry Hoquet, *Sexus nullus, ou l'Égalité*, Donnemarie-Dontilly, Éditions iXe, 2015.

4 W. Emmerich, K. S. Goldman, B. Kirsh, R. Sharabany, 《Evidence for a transitional phase in the development of gender constancy》, *Child Development*, 48-3 (1977), p. 930-936.

5 L. A. Serbin, K. Powlishta, J. Gulko, 《The development of sex typing in middle childhood》, *Monographs of the Society for Research in Child Development*, 58-2 (1993), p. 1-95.

6 É. Brian, M. Jaisson, *Le Sexisme de la première heure : hasard et sociologie*, Paris, Raisons d'agir, 2007. 참조

7 A. Bohuon, *Le Test de féminité dans les compétitions sportives : une histoire classées X?*, réédité sous le titre *Catégorie 《dames》. Le test de féminité dans les compétitions sportives*, Donnemarie-Dontilly, Éditions iXe, 2012. 참조

8 Roland Barthes, 《Racine est Racine》, *Mythologies*, Paris, éd. du Seuil, 1957, p. 104-107, p. 105. (롤랑 바르트, 〈라신에 대하여〉, 《현대의 신화》, 이화여자대학연

구소 기호학연구소 옮김, 동문선, 1997)

9   우리가 이 세상에서 겪는 악몽과 관련해서는 다음 예를 참조하라. N. Huston, 《Arcan philosophe》, préface à N. Arcan, *Burqa de chair*, Paris, éd. du Seuil, 2011.

10 J. -J. Rousseau, *L'Émile*, t. IV, p. 707.

11 Victor Hugo, *Les Misérables*, Y. Gohin (éd), Paris, Gallimard, Folio Classique, 1995, t. I., p. 528. (빅토르 위고, 《레 미제라블》, 이형식 옮김, 펭귄클래식코리아, 2010)

12 유사한 생각을 다음 책에서 볼 수 있다. D. C. Geary, *Male, Female. The Evolution of Human Sex Differences* (1998), rééd., Washington (D. C.), American Psychological Association, 2010 ; trad. fr. P. Gouillou, *Hommes, femmes, L'évolution des différences sexuelles humaines*, Paris-Bruxelles, De Boeck, 2003, p. 274 *sq.*, p. 276. 특히 276쪽에는 칼라하리 사막에 사는 코Ko 부족 여자아이의 사진이 수록되어 있는데, 이 아이는 호박을 인형 대신으로 삼고 있다. 기어리는 선천성 부신 증식증에 걸린 아이들에 대한 하인즈 등의 연구에 의거하고 있다. (8장(그리고 9 장) 참고) 여러 다른 민족의 여자아이들이 인형 대체물로 엄마 놀이를 하는 사진 은 다음 책에서 볼 수 있다. I. Eibl-Eibesfeldt, *Biologie des menschlichen Verhaltens*, trad. *Human Ethology*, New Brunswick (N.J.), Aldine Transaction, 2008, p. 589-590.

13 여기서는 일부일처제와 관련한 행동학적 생태학의 모든 연구를 상기해야 한다. 특히 배우자가 아닌 관계에서 이루어진 교미 그리고/또는 암컷이 번식 기간에 다른 수컷과 교미한 데서 나온 '배우자 외 교미'를 대상으로 한다. 이와 관련해서 는 다음 책에 통합적으로 제시되어 있다. F. Cézilly, *Le Paradoxe de l'hippocampe. Une histoire naturelle de la monogamie*, Paris, Buchet/Chastel, 2006.

14 B. Bagemihl, *Biological Exuberance : Animal Homosexuality and Natural Diversity*, Londres, Profile Books, 1999.

15 Aristotle, *La Génération des animaux*, IV, 4, 770 b 9-12, trad. fr. D. Lefebvre, *in* Aristote, *Oeuvres complètes*, sous la dir. de P. Pellegrin, Paris, Flammarion, 2014, p. 1692-1693 : "사실 괴물은 자연에 반하는 것에 속하는데 모든 자연에 반하는 것 이 아니라 대체로 발생되는 자연에 반하는 것이다. 사실 항상 그리고 필연적으로 자연에 반해 발생하는 것은 없다." ; Cicéron, *De Divinatione*, II, 28 : "태어나는 모 든 존재는 무엇이든 간에 필연적으로 자연적 원인을 갖는다. 그래서 관습에 반하 는 것이 있다고 해서 자연에 반해 존재한다고 할 수는 없다." ; Montaigne, *Essais*, II, 30, "D'un enfant monstrueux", A. Thibaudet et M. Rat (éd), Paris, Gallimard, 《Bibliothèque de la Pleiade》, p. 691 : "우리는 관습에 반해 일어나는 것을 자연에 반한다고 부른다. 어떤 것이든 자연에 반하는 것은 없다. 이 보편적이고 자연적 인 이성은 새로움이 우리에게 가져다주는 오류와 놀라움을 없애준다."

16 L. Bereni, S. Chauvin, A. Jaunait, A. Revillard, *Introduction aux gender studies :*

manuel des études sur le genre, Bruxelles, De Boeck, 2008, p. 23.

17 L. Bereni et al., id., 2008, p. 24. 다음을 참고하라. A. Fausto Sterling, *Sexing the Body. Gender Politics and the construction of Sexuality*, New York, Basic Books, 2000, trad. fr. O. Bonis et F. Bouillot, *Corps en tous genres : la dualité des sexes à l'épreuve de la science*, Paris, La Découverte-Institut Emilie du Châtelet, 2012. 이에 대해서는 뒤에서 살펴볼 것이다.

18 L. Bereni *et al.*, *Introduction aux gender studies : manuel des études sur le genre, op. cit.*, p. 25. 이 구절은 개정 증보된 제2판에서 조금 수정되었다. *Introduction aux gender studies : manuel des études sur le genre*, Bruxelles, De Boeck, 2012, p. 36 : "성/젠더 이원론의 전도: 이 분석은 젠더 규범에 의해 성 개념이 어떻게 물질적인 면까지 구성되는지 보여준다."

19 L. Bereni *et al.*, *Introduction aux* gender studies : *manuel des études sur le genre, op. cit.*, 2008, p. 25.

20 C. Delphy, *L'Ennemi principal 2. Penser le genre*, Paris, Syllepse, 《Nouvelles Questions féministes》, 2001, p. 252 ; 다음 논문을 따른 것이다. M.-C Hurtig et M.-F Pichevin, 《La variable sexe en psychologie : donné ou construction》, *Cahiers de psychologie cognitive*, 5-2 (1985), p. 187-228.

21 L. Bereni *et al.*, *Introduction aux* gender studies : *manuel des études sur le genre, op. cit.*, 2008, p. 27.

22 *Id.*, 2008, p. 27.

23 *Id.*, 2008, p. 19-20. 파생Fassin은 버틀러와 라커에 관해 말한다. 가령 다음을 참고하라. 《Du genre au sexe》, Postface à É. Peyre et J. Wiels (éd.), *Mon corps a-t-il un sexe?*, Paris, La Découverte, 2015, p. 345 : "한편으로 역사가[라커]에게 성은 역사이고, 다른 한편으로 철학자[버틀러]에게 성은 젠더보다 선재하는 것이 아니다. 페미니즘은 성을 역사 없이 자연에 내맡기기는커녕, 젠더의 영향력을 확장해 생물학을 포함하려 한다. 즉 젠더 연구는 위험을 무릅쓰고 성을 제외하는 것이 아니라 성에 확대된 자리를 부여할 것이다."

24 C. Delphy, *L'Ennemi principal 2. Penser le genre, op. cit.*, p. 231.

25 *Id.*, p. 27 (강조 표시는 내가 한 것이다).

26 J. Butler, *Trouble dans le genre, Pour un féminisme de la subversion*, trad. fr. C. Kraus, Paris, La Découverte, 2005, p. 69. (주디스 버틀러, 《젠더 트러블-페미니즘과 정체성의 정복》, 조현준 옮김, 문학동네, 2008)

27 M. Foucault, *La volonté de savoir*, Paris, Gallimard, 1976, p. 201. (미셸 푸코, 《지식의 의지》, 이규현 옮김, 나남, 2010)

28 J. Butler, 《Le corps est hors de lui》, *Critique*, n°764-765, 2011, p. 73-74.

29 T. Laqueur, *Making Sex : Body and Sex from the Greeks to Freud*, Cambridge (Mass.), Harvard University Press, 1990 ; trad. fr. M. Gautier, *La Fabrique du sexe. Essai*

sur le corps et le genre en Occident, Paris, Gallimard, 1992. (토마스 월터 라커, 《섹스의 역사》, 이현정 옮김, 황금가지, 2000)

30 부르시에M.-H. Bourcier는 버틀러의 작업을 두 가지 국면으로 구별한다. 《젠더 트러블》(1990)이 전복적인 관점에서 읽힐 수 있다면, 《젠더 허물기Défaire le genre》(2004)는 아비투스와 구속적인 사회적 힘의 귀환을 강조한다.

31 J. Castonguay-Bélanger, *Les Écarts de l'imagination: pratiques et représentations de la science dans le roman au tournant des Lumières*, Montréal, Presses de l'universite de Montréal, 2008. 참고.

32 다음 책에서 보여주듯이 SF물에서 성적 행위가 비교적 부재해 있다면(G. King et T. Krzywinska, *Science Fiction Cinema: From Outerspace to Cyberspace* [2000], Londres, Wallflower Press, 2006, p. 89), 이 책에서는 성별 간의 사회적 구성 방식들에 계속해서 새로운 가치를 부여하면서 가령 남성이 없는 세계를 상상한다. 특히 다음 소설을 참고하라. 《Houston, Houston, do you read?》 de J. Tiptree, Jr. (pseudonyme d'Alice Sheldon), 그리고 J. Russ의 소설 *The Female Man*. 다음 책도 참고하라. S. Ginn, 《Sexing science fiction, take two》, *in* S. Ginn et M. G. Cornelius (éd.), *The Sex Is Out of This World: Essays on the Carnal Side of Science Fiction*, Jefferson (Carol. du N.), McFarland, 2012 ; P. Melzer, 《Beyond binary gender》, *in Alien Constructions : Science Fiction and Feminist Thought*, Austin (Tex.), University of Texas Press, 2006.

33 U. K. Le Guin, *The Left Hand of Darkness* (1969), trad. fr. J. Bailhache, *La Main gauche de la nuit*, Paris, Presses Pocket, 1989, chap. 7, 《La question sexuelle》. (어슐러 K. 르 귄, 《어둠의 왼손》, 최용준 옮김, 시공사, 2014)

34 U. K. Le Guin, *The Left Hand of Darkness*, *op. cit.*, p. 129.

35 *Id.*, p. 123.

36 A. Potts, *The Science/fiction of Sex : Feminist Deconstruction and the Vocabularies of Heterosex*, Hove (Royaume-Uni.), Routledge, 2002.

37 S. Freud, 《Über infantile Sexualtheorien》 (1908), trad. fr. J. -B. Pontalis, 《Les théories sexuelles infantiles》, in *La Vie sexuelle*, volume coordonné par J. Laplanche, Paris, PUF, 1969, p. 14-27 (p. 16). 참조

38 K. Vonnegut, *Slaughterhouse-five* (1969), trad. fr. L. Lotringer, *Abattoir-cinq ou la Croisade des enfants : farandole d'un bidasse avec la mort*, Paris, éd. du Seuil, 1971, p. 103. (커트 보니것, 《제5도살장》, 정영목 옮김, 문학동네, 2016)

39 H. M. Collins, 《The seven sexes : a study in the sociology of a phenomenon or the replication of experiments in physics》, *Sociology*, n°9 (1979), p. 205-223; trad. fr. D. Ebnöther, 《Les sept sexes: etude sociologique de la detection des ondes gravitationnelles》, in M. Callon et B. Latour (dir.), *La science telle qu'elle se fait*, Paris, La Découverte, 1991, p. 262-296.

주

L

40 R. A. Fisher, *The Genetical Theory of Natural Selection* (1930), *Variorum Edition*, Oxford, Oxford University Press, 1999, p. ix.

41 C. Ainsworth, 《Sex redefined》, *Nature*, n°518 (19 février 2015), p. 288-291.

42 P. A. James, K. Rose, D. Francis et F. Norris, 《High-level 46XX/46XY chimerism without clinical effect in a healthy multiparous female》, *American Journal of Medical Genetics*, Part A, 155 (oct. 2011), p. 2484-2488. 참고

43 N. Le Douarin, *Des chimères, des clones et des gènes*, Paris, Odile Jacob, 2000. 참고

1장

1   I. Hacking, *The Social Construction of What?*, Cambridge (Mass.), Harvard University Press, 1999, trad. Baudouin Jurdant, *Entre science et réalité. La Construction sociale de quoi?*, Paris, La Découverte, 2001 ; M. de Fornel et C. Lemieux (éd), *Naturalisme versus constructivisme?*, Paris, EHESS, 2007.

2   F. Duchesneau, *La Physiologie des Lumières. Empirisme, modeles et théories*, La Haye-Boston-Londres, Nijhoff, 1982, et *Les Modèles du vivant de Descartes à Leibniz*, Paris, Vrin, 1998 ; D. Guillo, *Sciences sociales et sciences de la vie*, Paris, PUF, 2000, et *Les Figures de l'organisation. Sciences de la vie et sciences sociales au XIXe siecle*, Paris, PUF, 2003. 참고

3   H. Milne-Edwards, *Élements de zoologie, ou Leçons sur l'anatomie, la physiologie, la classification, et les moeurs des animaux*, Paris, Crochard, 1834-1837, p. 8 : "생명체의 개선 과정에서 자연의 길잡이 역할을 했다고 보이는 원칙은 보다시피 인간의 산업 발전에 가장 큰 영향을 미쳤던 그것, 바로 **분업**이다." 다음도 참고하라. C. Darwin, *On the Origin of Species*, Londres, J. Murray, 1859, p. 93 ; trad. fr. T. Hoquet, *L'origine des espèces*, Paris, éd. du Seuil, 2013, p. 122 ; ainsi que l'analyse de C. Limoges, 《Milne-Edwards, Darwin, Durkheim and the division of labour : a case study in reciprocal conceptual exchanges between the social and the natural sciences》, *Boston Studies in the Philosophy of Science*, 150 (1994), p. 317-343. 다윈과 사회 이론의 관계에 대한 최근 평가에 대해서는 다음을 참고하라. G. Radick, 《Is the theory of natural selection independent of its history?》, *in* J. Hodge et G. Radick (éd.), *The Cambridge Companion to Darwin*, 2e éd., Cambridge (Mass.), Cambridge University Press, 2009.

4   J. Maynard Smith, *Evolution and the Theory of Games*, Cambridge (Mass.), Cambridge University Press, 1982. J. Roughgarden, *The Genial Gene*, University of California Press, 2009, trad. fr. T. Hoquet, *Le Gène généreux*, Paris, éd. du Seuil, 2012.

5   F. Markovits, *L'Ordre des échanges. Philosophie de l'économie et économie du discours au XVIIIe siecle en France*, Paris, PUF, 1986, et F. Pepin (dir.), *La Circulation entre les savoirs au siècle des Lumières : hommages à Francine Markovits*, Paris, Hermann, 2011.

6   K. Marx, *Le Capital. Livre I*, trad. fr. J. Roy, Paris, Garnier-Flammarion, 1969, p. 68. (카를 마르크스, 《자본론》, 김수행 옮김, 비봉, 2015)

7   N. -C. Mathieu, 《Homme-culture et femme-nature?》 (1973), repris dans *L'Anatomie politique. Catégorisations et idéologies du sexe*, Paris, Côté-femmes, 1991, p. 44-61 (p. 44). Rééd. Donnemarie-Dontilly, Éditions iXe, 2013, p. 41.

8   *Id.*

9   S. Haber, *Critiques de l'antinaturalisme. Études sur Foucault, Butler, Habermas*, Paris, PUF, 2006, p. 2.

10 다음을 참고하라. *Politiques de la nature*, Paris, La Découverte, 1999, p. 42. 라투르는 두 가지 유형의 "헌법constitution"을 대립시킨다. 하나는 근대적인 헌법으로서 자연과 사회가 마주보고 대립한다. 그리고 "외부에 의지하지 않는 공동체"를 바라는 헌법이 있다. 그의 최근 저작도 참고하라. *Enquête sur les modes d'existence : une anthropologie des modernes*, Paris, La Découverte, 2012.

11 S. Haber, *Critique de l'antinaturalisme. Études sur Foucault, Butler, Habermas, op. cit.*, p. 4.

12 B. Latour parle de 《révolte généralisée des moyens》. 다음을 참고하라. *Politiques de la nature, op. cit.*, p. 211.

13 S. Haber, *Critique de l'antinaturalisme. Études sur Foucault, Butler, Habermas, op. cit.*, p. 20.

14 특히 C. Tiercelin, *Le Ciment des choses. Petit traité de métaphysique scientifique réaliste*, Paris, Ithaque, 2011, et E. Binbenet, *L'Invention du réalisme*, Paris, Le Cerf, 2015.

15 S. Harding, *Whose Science? Whose Knowledge? Thinking from Women's Lives*, Ithaca (N. Y.), Cornell University Press, 1991. (샌드라 하딩, 《누구의 과학이며 누구의 지식인가》, 조주현 옮김, 나남출판, 2009)

16 F. Markovits, *Le Décalogue sceptique, L'universel en question au temps des Lumières*, Paris, Hermann, 2011. 참고

2장

1   이 구별은 오클리A. Oakley(*Sex, Gender and Society*, Londres, Temple Smith, 1972)에 의해 사회적 연구에서 대중화되었다. 특히 다음 논문을 참고하길 바란다.

J. Scott, 《Gender : a useful category of historical analysis》, *American Historical Review*, 91-5 (1986), p. 1053-1075 ; trad. fr. E. Varikas, 《Le genre : une catégorie utile de l'analyse historique》, *Les Cahiers du GRIF*, n 37-38 (printemps 1988), p. 125-155. 다음도 참고하라. L. Bereni *et al.*, *Introduction aux* gender studies, *op. cit.*, 2008, p. 15-36 ; M. Zancarini-Fournel, 《Condition féminie, rapports sociaux de sexe, genre……》, *CLIO. Histoire, femmes et sociétés*, n°32 (2010), p. 119-129. "젠더" 용어의 영향력에 대해서는 헤이그가 제안한 양적 접근법을 참고하라. D. Haig, 《The inexorable rise of gender and the decline of sex : social change in academic titles, 1945-2001》, *Archives of Sexual Behavior*, n°33-2 (2004), p. 87-96.

2   L. Leibowitz, *Females, Males, Families. A Biosocial Approach*, North Scituate (Mass.), Duxbury Press, 1978, p. 37-38, 나바호Navajo 족의 네 가지 성 체계에 대해 참조.

3   D. J. Haraway, 《Gender for a marxist dictionary》, in *Simians, Cyborg and Women. The Reinvention of Nature*, Londres, Free Association Books, 1991, p. 134 ; trad. fr. O. Bonis, *Des singes, des cyborgs et des femmes : la réinvention de la nature*, Paris-Arles, J. Chambon-Actes Sud, 2009, p. 231. (도나 J. 해러웨이, 《유인원, 사이보그, 그리고 여자: 자연의 재발명》, 민경숙 옮김, 동문선, 2002.)

4   J. Scott, 《Fantasmes du millénaire : le futur du "genre" au XXIᵉ siècle》 (2001), *CLIO. Histoire, femmes et sociétés*, 32 (2010), p. 89-117 (p. 91 et p. 94-95).

5   예를 들면, Sylviane Agacinski, *Femmes entre sexe et genre*, Paris, éd. du Seuil, 2012, p. 124 et 134.

6   M. W. Wartofsky, 《How to be a good realist》, *in* G. Munévar (éd) *Beyond Reason. Essays on the Philosophy of Paul K. Feyerabend*, Dordrecht, Kluwer, 1991, p. 25-40. 참고

7   Q. Meillassoux, *Après la finitude : essai sur la nécessité de la contingence*, Paris, éd. du Seuil, 2006, p. 18 : "'상관관계corrélation'로 의미하는 것은 우리가 사유와 존재의 상관관계에만 접근할 수 있으며, 그 둘은 결코 개별적으로 접근할 수 없다는 점이다. 따라서 이제부터는 이와 같이 의미한 상관관계의 넘어설 수 없는 특징을 옹호하는 모든 사상의 흐름을 상관주의corrélationnisme라고 부를 것이다. **소박 실재론이 되기를 원하지 않는 모든 철학이 상관주의의 변이형이 된다**고 말하는 것이 가능해진다."(강조 표시는 내가 한 것이다) (캉탱 메이야수, 《유한성 이후: 우연성의 필연성에 관한 시론》, 정지은 옮김, 도서출판b, 2010)

8   R. Bivins, 《Sex celles : gender and the language of bacterial genetics》, *Journal of the History of Biology*, 33 (2000), p. 113-139 ; trad. partielle *in* T. Hoquet, *Le Sexe biologique. Anthologie historique et critique*, t. 1, 《Femelles et Mâles? Histoire naturelle des (deux) sexes》, Paris, Hermann, 2013, 아래에서 축약형 《SB-1》으로 표시, p. 359-376. 참고

9   회의주의적인 방법론을 참고하게 된다. 특히 다음 서문 부분을 보라. 《Four

temptations》, D. J. Haraway, *Primate Visions. Gender, Race and Nature in the World of Modern Science*, New York, Routledge, 1989.

3장

1 T. Hoquet, *Cyborg philosophie*, Paris, éd. du Seuil, 2011, § 6.12, p. 229 et p. 212. 참고

2 역사학자 쉬빙거L. Schiebinger는 왜 린네가 털을 참조해 "유모류"라 하지 않고, 유방을 참조해 "포유류"라고 불렀는지 질문을 제기했다. 《Why mammals are called mammals : gender politics in eighteenth-century natural history》, *The American Historical Review*, 98-2 (avril 1993), p. 382-411. 참조

3 이 물렁물렁한 상태는 먼 과거에서 온 냉동된 남성의 발기와 뚜렷이 구분된다. 그 성기는 "날아오르는 비행기와도 같이 발기해 있었다"고 묘사되었다. 이는 다음 소설에서 상상된 내용이다. R. Barjavel, *La Nuit des temps* (1968, Paris, Pocket, 2007, p. 86).

4 존 카펜터J. Carpenter의 영화 〈스타맨Starman〉(1984)에서 볼 수 있다.

5 E. Levinas, 《Et Dieu créa la femme》, in *Du sacré au saint. Cinq nouvelles lectures talmudiques*, Paris, éd. de Minuit, 1977. C. Chalier, 《L'alliance comme image de l'un》, in J. Birnbaum (éd.), *Femmes, hommes, quelle différence?*, Rennes, Presses universitaires de Rennes, 2008, p. 185-195. 참고

6 É. Badinter, *XY. De l'identité masculine*, Paris, Odile Jacob, 1992. 참고

7 M. -H. Bourcier et S. Robichon (dir.), *Parce que les lesbiennes ne sont pas des femmes : autour de l'oeuvre politique, théorique et littéraire de Monique Wittig*, Paris, Éditions gaies et lesbiennes, 2002. 참고

8 M. Wittig, *Les Guérillères*, Paris, éd. de Minuit, 1969, p. 80.

9 *Id.*, p. 29.

10 《On ne naît pas femme》는 1979년 뉴욕에서 열린 학회에서 발표되었고, 다음 책에 수록되었다. *La Pensée straight*, Paris, Balland, 2001, rééd, Paris, Amsterdam, 2007.

11 '성-젠더 체계'와 관련해서는 루빈G. Rubin의 중요한 논문을 보라 : 《The traffic in women : notes on the political economy of sex》, in R. R. Reiter (éd.), *Toward an Anthropology of Women*, New York, 1975, p. 157-210.

12 J. Butler, *The Psychic Life of Power*, trad. fr. B. Matthieussent, *La vie psychique du pouvoir : l'assujettissement en théories*, Paris, Léo Scheer, 2002. (주디스 버틀러, 《권력의 정신적 삶》, 강경덕, 김세서리아 옮김, 그린비, 2019)

13 S. Firestone, *The Dialectic of Sex : the Case for Feminist Revolution*, New York,

Morrow, 1970. (슐라미스 파이어스톤, 《성의 변증법: 페미니스트 혁명을 위하여》, 김민예숙, 유숙연 옮김, 꾸리에, 2016)

14 D. Haraway, 《Manifeste Cyborg》 (1984), 이는 내 번역이며, 보니스O. Bonis의 번역과 뒤마M. H. Dumas의 번역은 다음에서 볼 수 있다. O. Bonis, in *Des Singes, des cyborgs et des femmes : la réinvention de la nature*, Paris-Arles, J. Chambon-Actes Sud, 2009, p. 295 ; M. H. Dumas, C. Gould et N. Magnan, in *Manifeste cyborg et autres essais : sciences, fictions, féminisme*, Paris, Exils, 2007, p. 57.

15 M. Causse, *Contre le sexage*, Paris, Balland, 2000, p. 18 참조 : "일반적으로 중립적으로 여겨지는, 남성에게서 나온 남성중심적 언어는 사실 다른 약한 성(여성)을 희생시키면서 강한 성(남성)의 사고, 견해, 목표를 전달하는 것이다." 상응하는 "여성 언어"가 부재할 때, 남성중심 언어는 유일하게 존재하는 "성언어sexolecte"가 되고, 모든 개인은 말하고 사고하기 위해서는 그것을 배워야 한다.

16 크로포트킨Kropotkine의 *L'Aide mutuelle*을 따라서.

17 M. Daly, *Gyn/Ecology. The Metaethics of Radical Feminisme* (1978), Londres, The Women's Press, 1979 ; 저자의 새로운 은하계 서문이 포함된 판본, The Women's Press, 1991.

18 A. Dworkin, *Woman Hating*, New York, Plume, 1974, p. 175.

19 *Id.*, p. 175.

20 *Id.*, p. 182. 드워킨은 인터섹스 관련 자료를 사용하는 것이 분명하지만, "인터섹스" 대신 "교차된 성cross-sexed"이라는 표현을 사용한다.

21 *Idem*, p. 183.

4장

1 C. Darwin, *The Descent of Man*, Londres, Murray, 1871, t. II, p. 327 참조 (chap. 19 : 《Mental powers of man and woman》). (찰스 다윈, 《인간의 유래》, 김관선 옮김, 한길사, 2006)

2 수술의 실패는 도살에 비유되었다. V. Guillin, 《Le corps médical et l'intersexualité》, in É. Peyre et J. Wiels (éd), *Mon corps a-t-il un sexe?, op. cit.*, p. 298-299. 참고

3 J. Money, 《Hermaphroditism, gender and precocity in hyperadrenocorticism : psychologic findings》, *Bulletin of the Johns Hopkins Hospital*, 96 (1955), p. 253-264, J. Money *et al.*, 《An examination of some basic sexual concepts : the evidence of human hermaphroditism》, *Bulletin of the Johns Hopkins Hospital*, 97 (1955), p. 301-319. 참고

4 다음 책에서 그의 후기를 참고할 수 있다. S. Liar, *Le Malentendu du deuxième*

sexe, Paris, PUF, 1970, p. 270 ; et *Les intersexualités*, Paris, PUF, 《Que sais-je?》, 1972, p. 5-6.

5 M. Ridley, *The Red Queen. Sex and the Evolution of Human Nature* (1993), New York, Harper Perennial, 2003, p. 13. (매트 리들리, 《붉은 여왕》, 김윤택 옮김, 김영사, 2006)

6 L. Margulis et D. Sagan, *What Is Sex?*, New York, Simon & Schuster, 1997.

7 P. David et S. Samadi, *La Théorie de l'évolution. Une logique pour la biologie*, Paris, Flammarion, 2000, p. 167-196 ; T. Lenormand *et al.*, 《L'évolution du sexe : un carrefour pour la biologie évolutive》, in F. Thomas, T. Lefèvre et M. Raymond (dir.), *Biologie évolutive*, Paris, De Boeck, 2010, p. 295-337. 참고

8 T. Rigaud et P. Jarne, 《Hermaphrodisme et transsexualité animale》, in F. Cezilly (éd), *La Sexualité animale*, Paris, Le Pommier, 2009, p. 111-160 ; 다음에서 참고 문헌 추가해 재인용, in SB-1, p. 154-179. 참고

9 이 문제를 다룬 다윈의 논문은 다음과 같다. C. Darwin, 《On the two forms, or dimorphic condition, in the species of *Primula*, and on their remarkable sexual relations》, *Journal of the Proceedings of the Linnaean Society (Botany)*, 6 (1862), p. 77-96. 다음도 참고하라. *The Different Forms of Flowers on Plants of the Same Species*, Londres, Murray, 1877.

10 P.-H. Gouyon, 《Les plantes à *n* sexes》, *in* SB-1, p. 326-336 (p. 330, 강조 표시는 내가 했다). 둘의 대면에 대해 꽃의 가능 폭을 깎아버리지 않기 위해서는 "대조적인" 성을 지닌 짝이라기보다는 "다른" 성이라고 말해야 했다.

11 F. R. Ganders, 《The biology of heterostyly》, *New Zealand Journal of Botany*, 17-4 (1979), p. 607-635. 참고

12 C. Gervais, D. Abu Awad, D. Roze, V. Castric et S. Billiard, 《Genetic Architecture of Inbreeding Depression and the Maintenance of Gametophytic Self-Incompatibility》, *Evolution*, 68 (11)(2014), p. 3317-3324.

13 예를 들어, J. D. Parker, 《A major evolutionary transition to more than two sexes?》, *TREE*, 19-2 (2004), p. 83-86. 참고

14 앤 파우스토-스털링A. Fausto Sterling(*Corps en tous genres, op. cit.*)은 1990년대 초 파티노M. Patino가 주도한 언쟁을 상기시킨다. 최근에 가장 논란이 된 것은 캐스터 세메냐의 사례이다. 여성 스포츠 역사에서 이런 토론에 대한 완전한 분석을 보려면 다음을 참고하라. A. Bohuon, *Le Test de féminité……, op. cit.*

5장

1 L. Rodríguez Sánchez, 《Sex-determining mechanisms in insects》, *International*

Journal of Developmental Biology, 52-7 (2008), p. 837-856.

2   É. Wolff, *Les Changements de sexe*, Paris, Gallimard, 1946 ; R. Ruyer, *Néofinalisme*, Paris, PUF, 1952, rééd. 2007 참조. 발생의 수수께끼를 풀기 위해 뤼에르는 다음에 호소한다. 《la région du trans-spatial et du trans-individuel 》(chap. XII). 슈뢰딩거E. Schrödinger가 환기한 프로그램이나 코드의 기계론적인 전개 대신 뤼에르는 영양 모델을 제안한다. 존재, 개체의 발생은 공간을 초월한 세계에서 "흡인"이나 계속적인 "섭식"을 발생시킨다. 특히 성염색체가 성을 설명해주는가라는 질문과 관련해서는 다음을 보라. 《le néo-darwinisme et la génétique》, chapitre XVII

3   F. Baltzer, 《Experiments on sex development in *Bonellia*》, *The Collecting Net*, 10 (1935), p. 3-8 ; R. Leutert, 《Sex-determination in *Bonellia*》, in R. Reinboth (éd.), *Intersexuality in the Animal Kingdom*, Berlin-New York, Springer, 1975, p. 84-90. 참고

4   F. Grützner, W. Rens, E. Tsend-Ayush, N. El-Mogharbel, P. C. M. O'Brien, R. C. Jones, M. A. Ferguson-Smith et J. A. Marshall Graves, 《In the platypus a meiotic chain of ten sex chromosomes shares genes with the bird Z and mammal X chromosomes》, *Nature*, 432 (déc. 2004), p. 913-917. 이 종들에서 성결정 메커니즘이 무엇인지는 모르지만 SRY 유전자는 부재한다는 점에 주의하라.

5   다음에 나오는 문헌의 검토를 보라. K. Fredga et M. G. Bulmer, 《Aberrant chromosomal sex-determining mechanisms in mammals, with special reference to species with XY females [and discussion]》, *Philosophical Transactions Royal Society London B*, 322, n°1208 (1988), p. 83-95 ; K. Fredga, 《Bizarre mamalian sex-determining mechanisms》, in R. V. Short et E. Balaban, *The Differences Betwwen the Sexes*, Cambridge (Mass.), Cambridge University Press, 1994, p. 419=431 ; E. A. Gileva, 《Chromosomal diversity and an aberrant genetic system of sex determination in the arctic lemming, *Dicrostonyx torquatus*, Pallas (1779)》, *Genetica*, 52-53, Issue 1 (déc. 1984), p. 99-103 ; W. Vogel, S. Jainta, W. Rau, C. Geerkens, A. Baumstark, L.-S. Correa-Cerro, C. Ebenhoch et W. Just, 《Sex determination in Ellobius lutescens : the story of an enigma》, *Cytogenetic Cell Genet*, 80 (1998), p. 214-221 ; W. Just, A. Baumstark, A. Süss, A. Graphodatsky, W. Rens, N. Schäfer, I. Bakloushinskaya, H. Hameister et W. Vogel, 《*Ellobius lutescens* : sex determination and sex chromosome》, *Sexual Development*, 1 (2007), p. 211-221.

6   S. Ohno, *Sex Chromosomes and Sex-Linked Genes*, Berlin, Springer, 1967 ; trad. fr. C. Palevody, *Chromosomes sexuels et gènes liés au sexe*, Paris, Gauthier-Villars, 1969, p. 30-31 et p. 141. 다음을 보라. S. Ohno, C. Stenius et L. Christian, 《The X0 as the normal female of the creeping vole (*Microtus oregoni*)》, in C. D.

Darlington et K. R. Lewis (éd.), *Chromosomes Today*, Londres, Oliver et Boy, 1966, t.I, p. 182-187.

7 이 명칭은 방사대칭형 지느러미를 가진 어류 대다수를 통합한다.

8 N. Lavenda, 《Sexual differences and normal protogynous hermaphroditism in the Atlantic sea bass, *Centropristes striatus*》, *Copeia*, 3 (1949), p. 185-194. 참고

9 A. N. Perry et M. S. Grober, 《A model for social control of sex change : interactions of behavior, neuropeptides, glucocorticoids, and sex steroids》, *Hormones and Behavior*, 43 (2003), p. 31-39. 참고

10 R. Mattthey, *Les Chromosomes des vertébrés*, Lausanne, F. Rouge, 1949, chap. III, 《Les chromosomes sexuels》, p. 76-159. 카멜레온 예에 대해서는 다음을 보라. (*Anolis carolinensis*, 2n = 36) S. Ohno, *Sex Chromosomes and Sex-Linked Genes, op. cit.*, p. 8.

11 I. Miura, H. Ohtani, A. Kashiwagi, Hi. Hanada et tM. Nakamura, 《Structural differences between XX and ZW sex lampbrush chromosomes in *Rana rugosa* females (Anura : Ranidae)》, *Chromosoma*, 105-4 (1996), p. 235-265.

12 E. Witschi, 《Studies on sex differentiation and sex determination in amphibians. I. Development and sexual differentiation of the gonads of *Rana sylvatica*》, *Journal of Experimental Zoology*, 52-2 (1929), p. 235-265 참고

13 M. Charnier, 《Action de la température sur la sex-ratio chez l'embryon d'*Agama agama* (Agamidae, Lacertilien)》, *Comptes rendus des séances de la Société de biologie de l'Ouest africain*, 160 (1966), p. 620-622. 이 결과의 수용 역사에 대해서는 다음을 보라. C. Pieau, 《le déterminisme du sexe dépendant de la température chez les reptiles : des premières observations à la fin d'un dogme》, *Bulletin de la Société herpétologique de France*, 150 (2014), p. 41-64. 참조

14 S. Ohno, *Sex Chromosomes and Sex-Linked Genes, op. cit.* ; *Chromosomes sexuels et gènes liés au sexe, op. cit.*

15 W. Beçak, M. L. Beçak, H. R. S. Nazareth et S. Ohno, 《Close karyological kinship between the reptilian suborder *Serpentes* and the class *Aves*》, *Chromosoma* (Berlin), 15 (1964), p. 606-617. 다음에서 재인용. S. Ohno, *Sex Chromosomes and Sex-Linked Genes, op. cit.*, p. 15. 참조

16 Y 염색체 퇴화는 이 염색체의 재조합 부재와 관계가 있다. D. Bachtrog, 《y chromosome evolution : emerging insights into processes of Y chromosome degeneration》, *Nature Reviews Genetics*, 14-2 (fév. 2013), p. 113-124. 참조

17 B. Vicoso et D. Bachtrog, 《Reversal of an ancient sex chromosome to an autosome in *Drosophilia*》, *Nature*, 499 (18 juillet 2013), p. 332-335.

18 E. L. Charnov et J. Bull, 《When is sex environmentally determined?》, *Nature*, 266 (28 avril 1977), p. 828-830. 참고

주

19 R. Shine, 《Why is sex determined by nest temperature in many reptiles?》, *TREE*, 14(1999), p. 186-189.

20 이 두 번째 가설은 워너D. A. Warner와 샤인R. Shine이 받아들였다. D. A. Warner, R. Shine, 《The adaptive significance of temperature-dependent sex determination in a reptile》, *Nature*, 451 (31 janvier 2008), p. 566-568. 이 모델은 다음에서 영감을 받은 것이다. R. L. Trivers et D. E. Willard, 《Natural selection of parental ability to vary the sex ration of offspring》, *Science*, 179 (5 janvier 1973), p. 90-92. 두 성이 모든 온도에서 상대적으로 잘 맞는지 시험하기 위해서는 보통 수컷이 나오지 않을 온도에서 수컷이 나오게 하는 것을 성공해야 하므로 어려움이 있었다. 이를 위해 워너와 샤인은 호르몬 억제제를 사용했다.

21 D. Crews et J. Bull, 《Some like it hot (and some don't)》, *Nature*, 451 (31 janv. 2008), p. 527-528.

22 L. Quintana-Murci, S. Jamain et M. Fellous, 《Origine et évolution des chromosomes sexuels des mammifères》, *Comptes rendus de l'Académie des Sciences de Paris*, 3ᵉ série, *Sciences de la vie*, 324-1(2001), p. 1-11.

23 M. Ogata, Y. Hasegawa, H. Ohtani et al., 《The ZZ/ZW sex-determining mechanism originated twice and independently during evolution of the frog Rana rugosa》, *Heredity*, 100 (2008), p. 92-99. 다음도 참고하라. M. Nakamura, 《Sex determination in amphibians》, *Seminars in Cell & Developmental Biology*, 20-3 (2009), p. 271-282.

24 J. W. Erickson et J. J. Qintero, 《Indirect effects of ploidy suggest X chromosome dose, not the X : A ration, signals sex in *Drosophilia*》, *PloS Biology*, 5-11 (2007), e332.doi:10.1371/journal.pbio.0050332.

25 H. V. Crouse, 《The Controlling Element in Sex Chromosome Behavior in *Sciara*》, *Genetics*, 45-10 (oct. 1960), p. 1429-1443.

26 thélygéniques(자성발생성)와 arrhénogéniques(웅성발생성)이라고도 한다. F. H. Uellrich, 《Identification of the genetic sex chromosomes in the monogenic blowfly *Chrysomya rufifacies* (Calliphoridad, Diptera)》, *Chromosoma*, 50-4 (fév. 1975), p. 393-419. 참고

27 D. Bouchon, T. Rigaud et P. Juchault, 《Evidence for widespread *Wolbachia* infection in isopod crustaceans : molecular identification and host feminization》, *Proceedings of the Royal Society of London* B, 265, n 1401 (juin 1998), p. 1081-1090 ; J. H. Werren, L. Baldo et M. E. Clark, 《Wolbachia : master manipulators of invertebrate biology》, *Nature Reviews Microbiology*, 6 (oct. 2008), p. 741-751. 참고

28 인터섹슈얼리티에 대해서는 다음을 보라. *infra* les chap. 7 et 8

29 S. Eggers et A. Sinclair, 《Mammalian sex determination : insights from humans and mice》, *Chromosome Research*, 20-1 (2012), p. 215-238.

30 P. Koopman *et al.*, 《Male development of chromosomally female mice transgenic for SRY》, *Nature*, 351 (1991), p. 117-121. 참고

31 P. Berta *et al.*, 《Genetic evidence equating SRY and the testis -determing factor》, *Nature*, 348 (1990), p. 448-450 ; R. Jager *et al.*, 《Human XY female with a frame shift mutation in the candidate testis-determining gene SRY》, *Nature*, 348 (1990), p. 452-454. 참조

32 J. Graves, 《Human Y chromosome, sex determination, and spermatogenesis : a feminist view》, *Biology of reproduction*, 63 (2000), p. 667-676 ; 프랑스 논문은 J. Wiels, 《La différence des sexes : une chimère résistante》, in C. Vidal (éd), *Féminin Masculin – Mythes et idéologies*, Paris, Belin, 2006, p. 71-81, 또는 《La détermination génétique du sexe : une affaire compliquée》, in É. Peyre et J. Wiels, *Mon corps a-t-il un sexe?, op. cit.,* p. 42-63. 참고

6장

1   C. Darwin, *Descent of Man*, Londres, Murray, 1871, t. II, p. 396-397.

2   *Id.*, t. I, p. 273.

3   영국 생물학자의 연구를 참조하려면 다음을 보라. A. J. Bateman, en particulier : 《Intrasexual selection in Drosophila》, *Heredity*, 2 (1948), p. 349-368. D. A. Dewsbury, 《The Darwin-Bateman Paradigm in historical context》, *Integrative and Comparative Biology*, 45 (2005), p. 831-837. 참고

4   트리버스의 양육 투자 이론은 여기에서 중요한 역할을 한다. R. L. Trivers, 《Parental investment and sexual selection》, in B. Campbell (éd.), *Sexual Selection and the Sescent of Man*, Chicago (Ill.), Aldine Press, p. 136-179. R. Dawkins, *The Selfish Gene* (1976), trad. fr. L. Ovion, *Le Gène égoïste*, Armand Collin, 1990, reprise Paris, Odile-Jacob, 1996, p. 206. 참조. "콩코드 역설"의 번역은 세지이F. Cézilly의 도움을 받았다. (리처드 도킨스, 《이기적 유전자》, 홍영남, 이상임 옮김, 을유문화사, 2018)

5   M. Kreutzer, 《Comportement et cognition animale : le statut de la stéréotypie et de la variabilité》, in J. Lautrey, B. Mazoyer et P. van Geert, *Invariants et variabilités dans les sciences cognitives,* Paris, Maison des sciences de l'homme, 2002, p. 91-102 ; 《De la notion de genre appliquée au monde animal》, *La Revue du Mauss*, 29 (2012), p. 162-179. 참고

6   W. B. Neaves, J. E. Griffin, J. D. Wilson, 《Sexual dimorphism of the phallus in spotted hyaena (*Crocuta crocuta*)》, *Journal of the Society for Reproduction and Fertility*, 59 (1er juillet 1980), p. 509-513.

주

7   Aristote, *Génération des animaux*, III, 6, 757a 2-13. 참조. 이 구절에 대해서는 다음을 참고하라. L. Brisson, *Le Sexe incertain : androgynie et hermaphrodisme dans l'Antiquité gréco-romaine*, Paris, Les Belles Lettres, 2008, p. 120-123, Joshua T. Katz, 《Aristotle's badger》, in B. Holmes et K.-D. Fischer (éd.), *The Frontiers of Ancient Science : Essays in Honor Heinrich von Staden*, Berlin, De Gruyter, 2015, p. 267-299. 다음도 참고하라. Aristote, *Histoire des animaux*, VI, 32, 579b15-29.

8   M. Watson, 《On the female generative organs of *Hyoena crocuta*》, *Proceedings of the Zoological Society London* (1877), p. 369-379 ; 《On the male generative organs of Hyoena crocuta》, *Proceedings of the Zoological Society London*, 46-1 (1878), p. 416-428. 하이에나 생식기의 발견에 대해서는 다음을 보라. H. Funk, 《R. J. Gordon's discovery of the Spotted Hyena's extraordinary genitalia in 1777》, *Journal of the History of Biology*, 45(2012), p. 301-328. 반쯤 발기된 음경과 발기된 음핵을 비교하는 사진은 다음을 보라. S. E. Glickman *et al.*, 《Mammalian sexual differentiation : lessons from the spotted hyena》, *Trends in Endocrinology and Metabolism*, 17-9(2006), p. 349-356 (사진 참고 p. 350, figure 1). 참조

9   요도구는 요도의 바깥 끝부분에 위치한 구멍으로서 소변이 나오는 곳이다. L. H. Matthews, 《Roproduction in the spotted hyaena *Crocuta crocuta* (Erxleben)》, *Philosophical Transactions of the Royal Society of London*, 230 (1939), p. 1-78.

10 H. Kruuk, *The Spotted Hyena : a Study of Predation and Social Behavior*, Chicago (Ill.), University of Chicago Press, 1972, p. 211, et *Hyaena*, Londres, Oxford University Press, 1975, p. 75. 참고

11 E. M. Swanson *et al.*, 《Ontogeny of sexual size dimorphism in the spotted hyena (*Crocuta crocuta*)》, *Journal of Mammology*, 94-6 (2013), p. 1298-1310. 저자들은 대다수의 포유류에서 암수가 갖는 특성과 대립된 특성을 보이는 경우를 "역전"되었다고 지칭한다. 크기의 동종이형과 관련해서는 다음 논문을 보라. K. Ralls, 《Mammals in which females are larger than males》, *Quarterly Review of Biology*, 51 (1976), p. 245-276.

12 연각은 동시적 일처다부제(암컷 한 마리가 동일한 기간에 여러 수컷을 지배한다), 깝작도요는 순차적인 일처다부제라고 한다. F. Cézilly, *De mâle en père : à la recherche de l'instinct paternel*, Paris, Buchet/Chastel, 2014, p. 94-95.

13 J. Roughgarden, *Evolution's Rainbow : Diversity, Gender, and Sexuality in Nature and People*, Berkeley (Cal.), University of California Press, 2004. 다음도 참고하라. O. Judson, *Dr. Tatiana Sex Advice to All Creation*, New York, Metropolitan Books, 2002 ; trad. fr. J.-B. Grasset avec le concours de F. Raimbault, *Manuel universel d'éducation sexuelle à l'usage de toutes les espèces*, Paris, éd. du Seuil, 2004 ; ou encore la série 《Green porno》 de I. Rossellini. (조안 러프가든, 《진화의 무지개》, 노태복 옮김, 뿌리와이파리, 2010)

14 *Id.*, p. 14.

15 J. Jukema et T. Piersma, 《Permanent female mimics in a lekking shorebird》, *Biology Letters*, 2 (2006), p. 161-164.

16 R. Bleiweiss, 《Widespread Polychromatism in Female Sunangel Hummingbirds (*Helliangelus : Trochilidae*)》, *Biologicacl Journal of the Linnean Society*, 45 (1992), p. 291-314 ; 《Asymmetrical expression of transsexual phenotypes in hummingbirds》, *Proceedings of the Royal Society of London B*, 268 (2001), p. 639-646. 이 자료는 다음 책에서 볼 수 있다. J. Roughgarden, *Le Gène généreux*, Paris, éd, du Seuil, 2012, p. 37.

17 J. Rougharden, *Evolution's Rainbow*, traduit in SB-1, p. 35-39.

18 SB-1, p. 40-63. 참고

19 R. V. Short, 《Sexual selection and the descent of man》, in J. H. Calaby et C. H. Tyndale-Biscoe (éd.), *Reproduction and Evolution*, Canberra, Australian Academy of Science, 1977, p. 3-19.

20 Schopenhauer, *Métaphysique de l'amour, métaphysique de la mort*, trad. fr. M. Simon, Paris, UGE, 1964, p. 56 : "남성은 해당 수의 여성만 있으면 1년에 100명이 넘는 아이도 쉽게 낳을 수 있기 때문이다. 여성은 아무리 많은 수의 남성과 관계를 하더라도 (쌍둥이 출산을 제외한다면) 단 한 명의 아이만 낳을 수 있다. 따라서 남성은 항상 다른 여성을 찾게 되는 반면, 여성은 지속적으로 한 남성에게만 애착을 갖게 된다. 자연은 여성으로 하여금 미래의 후손을 먹이고 보호할 상대를 유지하도록 본능적으로 생각 없이 행동하도록 부추기기 때문이다. 부부간의 정절은 남성에게는 인위적이고, 여성에게는 자연스럽다. 따라서 여성의 불륜은 남성의 경우보다 훨씬 덜 용서받을 만하다……" 참조

21 가시쥐의 경우는 다음 연구를 보라. G. Adler, 《Spacing patterns and social mating systems of echimyid rodents》, *Journal of Mammalogy*, 92 (2011), p. 31-38.

22 다음을 참조하라. F. Cézilly, 《"Sélection sexuelle" et différenciation des rôles entre les femelles et les mâles chez les animaux》, in É. Peyre et J. Wiels (éd.), *Mon corps a-t-il un sexe?*, *op. ci*t., p. 189-204.

23 딱새의 경우에는 새끼들이 둥지를 떠날 때가 되면, 일부 새끼들은 수컷만 따르고 수컷의 부름에만 답하는 반면, 다른 새끼들은 암컷을 따른다. 다음 참고. T. Dragoniu, L. Nagle, R. Musseau et M. Kreutzer, 《In a songbird, the black redstart, parents use acoustic cues to discriminate between their different fledglings》, *Animal Behaviour*, 71 (2006), p. 1039-1046. 예시는 다음에서 가져온 것이다. M. Kreutzer, 《Des animaux en tout genre》, in É. Peyre et J. Wiels (éd.), *Mon corps a-t-il un sexe?*, *op. cit.*, p. 205-223 (p. 216).

24 S. Alonzo, 《Social and coevolutionary feedbacks between mating and parental investment》, *TREE*, 25 (2009), p. 99-108. 참조

7장

1   Z. Efrat, T. Perri, E. Ramati, D. Tugendreich et I. Meizner, 《Fetal gender assignment by first-trimester ultrasound》, *Ultrasound in Obstetrics and Gynecology*, 27-6 (2006), p. 619-621. 참조

2   Y. Yaron *et al.*, 《Maternal serum HCG is higher in the presence of a female fetus as early as week 3 post-fertilization》, *Human Reproduction*, 17-2 (2002), p. 485-489.

3   F. Mauriceau, *Des Maladies des femmes grosses et accouchées, avec la véritable et bonne méthode de les bien aider dans leurs accouchements naturels, et les moyens de remédier à tous ceux qui sont contre nature, et aux indispositions des enfants nouveau-nés*, Paris, J. Hénault, 1668, Livre I, chap. VII, 《Savoir si on peut reconnaître que la femme est grosse d'un mâle ou d'une femelle, et les signes qu'elle doit avoir plusieurs enfants》, p. 89.

4   A.-A.-L.-M. Velpeau, *Traité élémentaire de l'art des accouchements, ou principes de tokologie et d'embryologie*, Paris, J.-B. Baillière, 1829, t. I, p. 249.

5   A. Sen, 《More than 100 million women are missing》, *New York Review of Books*, 20 déc. 1990 ; E. J. Croll, 《Amartya Sen's 100 million missing women》, *Oxford Development Studies*, 29-3 (2001), p. 225-244. 참고

6   다음 연구를 참고하라. K. Hank et H.-P. Kohler, 《Les préférences relatives au sexe des enfants : de nouvelles données allemandes》, *Population*, 58-1 (2003), p. 139-150, 다음과 같이 결론을 내린다(p. 148-149). : "첫아이의 성별은 부모가 둘째 아이를 가지는 경향에 통계적으로 중요한 영향을 갖는다. 첫아이가 여자아이일 경우보다 남자아이일 경우에는 둘째 아이를 갖는 경향이 더 미미하다. …… 그러나 적어도 아이가 둘 이상 있는 부모의 경우에는 두 아이의 성별이 이후의 출산에 미치는 영향을 발견할 수 없다. 두 아이 이상으로 가족을 확대할 확률은 두 아이의 성별 분포와는 무관하다." 부모들은 각기 다른 성별을 가진 아이 둘을 갖는 것이 이상적이라거나 완전한 가족이라고 묘사한다. 그러나 이 같은 수의 아들과 딸이라는 일반적 선호는 "이미 태어난 다른 아이들이 동일한 성(아들들이나 딸들)이더라도 가족계획을 수정하거나 출산율이 높아지는 결과를 가져올 정도로 명백하게 강하지는 않다".

7   다음의 고전적 연구를 참고하라. K. J. Dover, *Greek Homosexuality*, trad. fr. S. Saïd, *Homosexualité grecque*, Claix, La Pensée sauvage, 1982, 수정본 J. Davidson, *The Greeks and Greek Love*, Londres, Weidenfeld & Nicolson, 2007.

8   다음 논문을 참고하라. 《History》, in *Lesbian Histories and Cultures : An Encyclopedia*, volume dirigé par B. Zimmerman, New York, Londres, Garland, 2000, p. 368-372. 사포나 "여성 동성애자tribade"에 대한 탐구가 보여주듯이 "레즈

비언"이라는 용어는 여러 다른 현실/정체성/역할을 포함한다.

9 L.-G. Tin, *L'Invention de la culture hétérosexuelle*, Paris, Autrement, 2008.

10 S. Kessler, 《The medical construction of gender. Case management of intersexed infants》, in Patrick D. Hopkins (éd.), *Sex/Machine. Readings in Culture, Gender, and Technology*, Bloomington (Ind.), Indiana University Press, 1998, p. 241-260.

11 E. Dorlin, *Sexe, genre et sexualités*, Paris, PUF, 2008, p. 34.

12 R. Stoller, *Sex and Gender* (1968), trad. fr. M. Novodorsqui, *Recherches sur l'identité sexuelle à partir du transsexualisme*, Paris, Gallimard, 1978. 참조

13 *Id.*, chap. 2 (et plus 3). 참조

14 S. Kessler, 《Creating good-looking genitals in the service of gender》, in M. B. Duberman (éd.), *A Queer World : The Center for Lesbian and Gay Studies Reader*, New York, New York University Press, 1997, p. 153-173 (ici p. 154). 다음 책에 나온 도표를 참고하라. S. Kessler, *Lessons from the Intersexed*, New Brunswick (N.J.), Rutgers University Press, 1998, et A. Fausto Sterling, *Corps en tous genres, op. cit.*, p. 81.

15 앤 파우스토-스털링은 다음 책에서 체이즈의 이야기를 전한다. *Corps en tous genres, op. cit.*, p. 105-107.

16 버틀러의 분석을 참고하라. J. Butler, 《Rendre justice à David : réassignation de sexe et allégories de la transsexualité》, in *Défaire le genre*, Paris, Amsterdam, 2006, p. 75-93. (주디스 버틀러, 《젠더 허물기》, 조현준 옮김, 문학과지성사, 2015)

17 다이아몬드M. Diamond를 보라. 보다 최근 버전은 다음을 참고하라. J. Balthazart, *Biologie de l'homosexualité : on naît homosexuel, on ne choisit pas de l'être*, Wavre, Mardaga, 2010, p. 39-43.

18 A. Fausto Sterling, 《The five sexes : why male and female are not enough》, *The Sciences* (1993), p. 20-24 ; 《The five sexes, revisited. The varieties of sex will test medical values and social norms》, *The Sciences* (2000), p. 19-23 ; traduction in SB-1, p. 229-244. 이를 다음 시도에 연결할 수 있다. T. A. E. Klebs (1834-1913). A. Domurat Dreger, *Hermaphrodites and the Medical Invention of Sex*, Cambridge (Mass.), Harvard University Press, 2000, p. 145. 참고

19 A. Fausto Sterling, *Corps en tous genres, op. cit.*, p. 104-105. 참조

20 S. Kessler, *Lessons from the Intersexed, op. cit.*, p. 90.

21 위에서 의미_2.5와 3.3″이라고 부른 것이다.

22 A. Fausto Sterling, 《The five sexes》, in SB-1, p. 229-230. 다음 책도 참고하라. *Corps en tous genres, op. cit.*, p. 95 et note 18 du chap. 2 (p. 309).

23 도를랭이 전개한 정체성 개념에 대해서는 다음을 보라. 《Homme/Femme © : des technologies de genre à la géopolitique des corps》, *Critique*, n764-765 (janv.-fév. 2011), p. 16-24.

24 E. Dorlin, *Sexe, genre et sexualité, op. cit.*

8장

1   다음을 참고하라. J. Wiels, 《LA différence des sexes : une chimère résistante》, in C. Vidal (éd.), *Féminin Masculin – Mythes et idéologies, op. cit.*, p. 71-81 (p. 74). 최근 버전은 다음과 같다. (《La détermination génétique du sexe : une affaire compliquée》, in *Mon corps a-t-il un sexe?, op. cit.*, p. 50), 프랑스에서 3개나 4개의 X염색체가 있는 사람은 3만 명으로서, XYY 염색체는 3만 명, XXY 염색체는 6만 명이 있다.

2   J. Wiels, 《LA différence des sexes : une chimère résistante》, art. cité, 2006, p. 74.

3   *Id.*

4   J. Lejeune, M. Gautier et R. Turpin, 《Étude des chromosomes somatiques de neuf enfants mongoliens》, *Comptes rendus hebdomadaires des séances de l'Académie des sciences*, 248, n°11 (1959), p. 1721-1722 ; C. E. Ford, D. W. Jones, P. E. Polani, J. C. Almeida et J. H. Briggs, 《A sex chromosome anomaly in a case of gonadal dysgenesis (Turner's syndrome)》, *Lancet*, 1 (1959), p. 711-713 ; P. A. Jacobs et J. A. Strong, 《A case of human intersexuality having a possible XXY sex-determining mechanism》, *Nature*, 183 (1959), p. 302. 참조

5   A. Fausto Sterling, 《La fin programmée du dimorphisme sexuel》, *La Recherche*, hors-série, n°6 (2001), p. 58-62 ; M. Blackless, A. Charuvastra, A. Derryck, A. Fausto Sterling, K. Lauzanne et E. Lee, 《How sexually dimorphic are we ? Review and synthésis》, *American Journal of Human Biology*, 12 (2000), p. 151-166.

6   다음 연구를 참고하라. J. Imperato-McGinley sur les 《Guevedoces》 de République dominicaine ou celles conduites sur les 《Kwoluaatmwol》 en Papouasie-Nouvelle-Guinée. C. Chiland, *Le Transsexualisme*, Paris, PUF, 《Que sais-je ?》, 2003. 참조

7   H. F. Klinefelter, E. C. Reifenstein et F. Albright, 《Syndrome characterized by gynecomastia, aspermatogenesis withouth leydigism, increased excretion of follicle stimulating hormone》, *Journal of Clinical Endocrinology*, 2 (1942), p. 615-627. 많은 정보를 www.orpha.net 사이트에서 볼 수 있다. 프랑스에서는 오랫동안 군 입대 신체검사가 통계 측정의 수단이었다. M. Fromantin, P. Pesquies, B. Serrurier et al., 《Klinefelter's syndrome in 19 year old adolescents (100 case detected during selection for National Service)》, *Annales de médecine interne*, 128-3 (1977), p. 239-244. 참고

8   프랑스의 경우는 그리드만F. Grydman 교수 팀의 연구를 보라.

9   A. Bohuon, *Le Test de féminité, op. cit.*, p. 80.

10 J. Money et A. A. Ehrhardt, *Man & Woman, Boy & Girl*, Baltimore, Johns Hopkins University Press, 1972, p. 168-172 ; 그리고 그것의 설명은 다음을 보라. B. Fried, 《Boys will be boys : the language of sex and gender》, in R. Hubbard et al. (éd.), *Biological Woman : the Convenient Myth*, Cambridge (Mass.), Shenkman, 1979, p. 47-69, en particulier p. 67, note 7. 참조

11 J. Money et A. A. Ehrhardt, *Man & Woman, Boy & Girl*, op. cit., p. 98-103.

12 I. Löwy, 《Intersexe et transsexualités : les technologies de la médecine et la séparation du sexe biologique du sexe social》, *Les Cahiers du genre*, n°34 (2003), p. 87. 프라이드B. Fried는(*in Biological Woman, op. cit.*, p. 51-52) 이 여자아이들의 남자 같은 행동을 설명하기 위해서는 성과 젠더 개념을 조합할 수 있다는 점에 주목한다.

13 A. Bohuon, *Le Test de féminité, op. cit.*, p. 83.

14 E. Schinegger, *L'homme qui fut championne du monde : ma victoire sur moi-même*, Paris, Lafon, 1989. 쉬네거의 성전환은, 그가 1966년 받은 금메달을 당시 2위였던 프랑스 선수 고이첼에게 1988년에 전해주면서 미디어에서 화제가 되었다.

9장

1 직립보행에 관해서는 고인류학의 인식론에 대한 르켕의 연구와 그의 박사 논문을 참조하라. 《La bipédie humaine : épistémologie, paléo-anthropologie, métaphysique》, le mardi 2 juin 2015 à l'université Paris Ouest Nanterre La Défense.

2 J. Rostand, *L'État présent du transformisme*, Paris, Stock, 1931, p. 111.

3 C. Darwin, *On the Origin of Species, op. cit.*, p. 303 ; trad. fr. *De l'origine des espèces, op. cit.*, p. 290. (찰스 다윈, 《종의 기원》, 김관선 옮김, 한길사, 2014)

4 É. Guyénot, 《Mutations et monstruosités》, *La Revue scientifique*, 1921, p. 611-617(p. 614) ; 《Le préjugé de l'adaptation》, *La Revue scientifique*, 1921, p. 644-650 (p. 648-649).

5 J. B. S. Haldane, 《Biological possibilities for the human species in the next ten thousand years》, *in* G. Wolstenholme, *Man and His Future*, Londres, Churchill, 1963, p. 337-361.

6 P. -P. Grassé, *L'Évolution du vivant. Matériaux pour une nouvelle théorie transformiste*, Paris, Albin Michel, 1973, p. 10.

7 C. Darwin, On the *Origin of Species, op. cit.*, p. 184 ; trad. fr. *De l'origine des espèces, op. cit.*, p. 194-195. (찰스 다윈, 《종의 기원》, 김관선 옮김, 한길사, 2014)

8   리처드 골드슈미트R. Goldschmidt가 제시한 이론이다. (*The Material Basis of Evolution*, New Haven (Conn.), Yale University Press, 1940) S. Jay Gould 재인용.

9   P. A. Jacobs, M. Brunton, M. M. Melville, R. P. Brittain et W. F. McClemont, 《Aggressive behavior, mental sub-normality and the XYY Male》, *Nature*, 208 (25 déc. 1965), p. 1351-1352 ; W. H. Price et P. B. Whatmore, 《Behaviour disorders and pattern of crime among XYY males identified at a maximum security hospital》, *British Medical Journal*, 1(5539)(4 mars 1967), p. 533-536. 다음의 문헌 검토도 참고하라. S. Kessler et R. H. Moos, 《The XYY Karyotype and criminality : A review》, *Journal of Psychiatric Research*, 7-3(1970), p. 153-170 ; D. Owen, 《The 47, XYY male : A review》, *Psychological Bulletin*, 78-3(sept. 1972), p. 209-233. 다음에 제시된 종합도 보라. S. Richardson, *Sex Itself*, Chicago-Londres, University of Chicago Press, 2013, chap. 5, 《A chromosome for maleness》, p. 81-102.

10   G. Canguilhem, *Le Normal et le Pathologique* (1943), nlle éd. aug., Paris, PUF, 1963, p. 197. (조르주 캉길렘, 《정상적인 것과 병리적인 것》, 여인석 옮김, 그린 비, 2018)

11   *Id.*, p. 197.

12   각각 *id.*, p. 198 et 《Du développement à l'évolution au XIXᵉ siècle》, *Thalès*, 11 (1960), p. 32 ; rééd. Paris, PUF (Quadrige), 2003, p. 67.

13   G. Canguilhem, *Le Normal et le Pathologique*, *op. cit.*, p. 198.

14   Voir G. Le Blanc, *Canguilhem et les normes*, Paris, PUF, 1998. 다음에 제시된 연구도 보라. H.-J. Han (éd.), *Philosophie et médecine. En hommage à Georges Canguilhem*, Paris, Vrin, 2008.

15   J. Fichtner et al., 《Analysis of meatal advancement in all pediatric anterior hypospadias cases》, *Journal of Urology*, 154 (1995), p. 833-834. 이 논문은 다음에 서 인용되고 논의되었다. Blackless *et al.*, 《How sexually dimorphic are we ?》, art. cité.

16   E. Dorlin, *Sexe, genre et sexualités*, *op. cit.*, p. 50-53.

17   *Id.*, p. 50.

18   위구르, 에르소이, 에롤이 제기한 반론들을 참조하라. M. C. Uygur, E. Ersoy et D. Erol, 《Analysis of meatal location in 1,244 healthy men. Definition of the normal site justifies the need for meatal advancement in pediatric anterior hypospadias cases》, *Pediatric Surgery International*, 15-2 (1999), p. 119-120 ; A. Genç, c. Taneli, F. Öksel, C. Balkan, Y. Bilgi, 《Analysis of meatal location in 300 boys》, *International Urology and Nephrology*, 33-4 (2001), p. 663-664. 이 두 개의 논문은 다음과 같은 수치를 제공한다. 첫 번째 연구에서는 1244명의 남성 중 96.3퍼센트 에서 요도구가 귀두의 3분의 1 부위에, 3.5퍼센트는 귀두의 중간, 0.2퍼센트는 귀 두 아랫부분에 위치해 있다고 한다. 두 번째 연구에서는 남자아이 300명의 표본

에서 수치가 각각 94퍼센트, 4.6퍼센트, 0.6퍼센트로 나타났다.

19 G. Canghilhem, *Le Normal et le Pathologique, op. cit.,* p. 86 : "항상 완벽한 건강 상
     태는 비정상적이라는 사람들의 말은 생명체의 경험 속에 이미 질병이 포함되어
     있다는 사실을 표현하고 있다."

20 *Id.,* p. 88-89.

21 *Id.,* p. 91.

22 G. Canguilhem, 《Le normal et le pathologique》, art. cité in *La Connaissance de la*
     vie, 2ᵉ éd., 8ᵉ tirage, Paris, Vrin, 1989, p. 161-162.

23 G. Canguilhem, *Le Normal et le Pathologique, op. cit.,* p. 91.

24 *Id.,* p. 7.

25 *Id.,* p. 84.

26 *Id.,* p. 84.

27 G. Canguilhem, 《Machine et organisme》, in *La Connaissance de la vie, op. cit.,* p.
     118.

28 여기서 우리는 건강을 정의하는 요소로 개체의 생존과 함께 생식을 포함시킨 부
     어스C. Boorse의 제안을 다시 접하게 된다. 다음 논문을 참고하라. É. Giroux et M.
     Lemoine dans le volume *Philosophie de la médecine. Santé, maladie, pathologie,*
     Paris. Vrin, 2012, et É. Giroux. *Après Canguilhem. Définir la santé et al maladie,*
     Paris, PUF, 2010.

29 M. Foucault, *Les Anormaux,* Cours du 15 janvier 1975, p. 45-46 (강조 표시는 내
     가 한 것이다). (미셸 푸코, 《비정상인들》, 박정자 옮김, 동문선, 2001)

30 이 도식은 2010년 1월 5일 낭테르대학 세미나에서 수르A. Sour의 제안과 토론을
     거쳐 작성되었다.

31 'stuff'는 우리를 만드는 것, 우리를 구성하는 것을 가리킨다. 영어권 일상어인 이
     단어를 통해 무거운 용어(원료, 질료, 육체, 정신, 영혼, 실체 등)를 피하는 동시에
     생소한 느낌을 강조하고자 했다.

32 A. Domurat Dreger, *One of Us : Conjoined Twins and the Future of Normal,*
     Cambridge (Mass.), Harvard University Press, 2004, p. 5.

33 G. Canguilhem, *Le Normal et le Pathologique, op. cit.,* p. 87.

34 G. Canguilhem, 《La monstruosité et le monstrueux》, in *La Connaissance de la vie,*
     op. cit., p. 172. (조르주 캉길렘, 《생명에 대한 인식》, 여인석, 박찬웅 옮김, 그린
     비, 2020)

35 G. Canguilhem, *Le Normal et le Pathologique, op. cit.,* p. 87.

36 관련 연구는 다음 자료를 참조하라. D. C. Ralston et J. Ho, *Philosophical*
     Reflections on Disability, Dordrecht-New York, Springer Verlag, 2010.

37 A. Domurat Dreger, *One of Us, op. cit.,* p. 16.

38 D. Jensen, *The Lives and Loves of Daisy and Violet Hilton : A True Story of Conjoined*

주

Twins, Berkeley (Cal.), Ten Speed Press, 2006.

39 V. Guillot, 《Me dire simplement》, in É. Peyre et J. Wiels, *Mon corps a-t-il un sexe?, op. cit.*, p. 300.

40 A. Domurat Dreger, *One of Us, op. cit.*, p. 14 et p. 49 ; V. Guillot, 《Me dire simplement》, art. cité, p. 300.

41 N. Leys Stepan, 《Race and gender : The role of analogy in science》, *Isis*, 77-2 (1986), p. 261-277 ; E. Dorlin, *La Matrice de la race, généalogie sexuelle et coloniale de la Nation française*, Paris, La Découverte, 2006 (rééd. 《Poche》, 2009).

42 A. Domurat Dreger, *One of Us, op. cit.*, p. 151.

43 J. Goffette, *Naissance de l'anthropotechnie. De la médecine au modelage de l'humain*, Paris, Vrin, 2006.

44 A. Bojesen, S. Juul, N. Birkebaek et al., 《Increased mortality in Klinefelter syndrome》, *The Journal of Clinical Endocrinology & Metabolism*, 89 (2004), p. 3830-3834.

10장

1 E. Kant, *Critique de la raison pure, Doctrine de la méthode*, chap. 2, 《Canon de la raison pure》, section 3, 《De l'opinion, du savoir et de la foi》, *Oeuvres philosophiques, Des premiers écrits à la 《Critique de la raison pure》*, sous la dir. de F. Alquié, Paris, Gallimard-NRF, 《Bibliothèque de la Pléiade》, t. I. 1980, p. 1376. (이마누엘 칸트, 《순수이성비판》, 백종현 옮김, 아카넷, 2006)

2 G. Bachelard, *La Formation de l'esprit scientifique, contribution à une psychanalyse de la connaissance objective* (1938), 14e éd., Paris, Vrin, 1989, p. 16.

3 V. Bontems, *Bachelard*, Paris, Les Belles Lettres, 《Figures du savoir》, 2010, p. 39.

4 G. Bachelard, *La Philosophie du non*, Paris, Les Presses universitaires de France, 1966, p. 21.

5 *Id.*, p. 20.

6 G. Bachelard, *La Philosophie du non, op. cit.*, p. 23. 여기서 '애니미즘'은 필리프 데스콜라 같은 인류학자가 사용한 의미가 아니라 바슐라르가 사용한 의미를 뜻한다.

7 E. et J. de Goncourt, *Journal. Mémoires de la vie littéraire*, 29 août 1866, t. II (1864-1878), Paris, Fasquelle-Flammarion, 1956, p. 275.

8 D. L. Chalker, 《Epigenetics : Keeping one's sex》, *Nature*, 509 (22 mai 2014), p. 430-431, 다음 구절로 시작한다. : 《*Opposites attract.*》 참고

9 '커플 관계 매뉴얼'의 성공에 대해서는 다음을 보라. J. Gray, *Men Are from Mars,*

Women are from Venus (1992), trad. fr. *Les hommes viennent de Mars, les femmes viennent de Vénus*, Paris, Éditions du Collectionneur, 1997.

10 M. Tournier, *Le Roi des Aulnes*, Paris, Gallimard, 1970, p. 25. (미셸 투르니에, 《마왕》, 이원복 옮김, 민음사, 2020)

11 P. Geddes et J. A. Thomson, *The Evolution of Sex*, Londres, Walter Scott, 1889.

12 G. Balbiani, *Recherches sur les phénomènes sexuels des infusoires*, Paris, Masson, 1861, p. 15-16.

13 특히 뷔포네Buffonet와 마티스G. Matisse의 글을 보라. T. Hoquet, *Le Sexe biologique. Anthologie historique et critique*, t. 2, 《Le sexe : pourqoui et comment ? Origine, évolution, détermination》, Paris, Hermann, 2014, cité *infra* sous l'abréviation 《SB-2》, p. 65-73.

14 G. Bachelard, *La Philosophie du non, op. cit.*, p. 27.

15 G. Bachelard, *La Philosophie du non, op. cit.*, p. 54 (강조 표시는 내가 한 것이다).

16 *Id.*, p. 55.

17 C. Lyell, cité par G. Bachelard, *Le Rationalisme appliqué*, Paris, PUF, 1949, p. 59.

18 G. Bachelard, *Le Rationalisme appliqué, op. cit.*, p. 59.

19 É. Wolff, *Les Changements de sexe*, Paris, Gallimard, 1946, p. 15.

20 *Id.*, p. 16.

21 *Id.*, p. 23.

22 *Id.*, p. 30 (강조 표시는 내가 한 것이다).

23 *Id.*, p. 31.

24 J. Hin Tjio et A. Levan, 《The chromosome number of man》, *Hereditas*, 42 (1956), p. 1-6.

25 É. Wolff, *Les Changements de sexe, op. cit.*, p. 33.

26 G. Bachelard, *La Formation de l'esprit scientifique*……, *op. cit.*, p. 14.

27 *Id.*, p. 15.

28 *Id.*, p. 15.

29 바댕테르É. Badinter는 저서에서(XY (1992)) Y는 아버지로부터 전달된 것으로서, 남성성의 상징이며, 남성들은 X(모계)와 Y(부계)를 조화시킬 수 없다는 점을 나타낸다고 보았다.

30 D. Cortez et al., 《Origins and functional evolution of Y chromosomes across mammals》, *Nature*, 508 (24 avril 2014), p. 488-493.

31 C. B. Bridges, 《Triploid intersexes in Drosophila melanogaster》, *Science*, 54 (1921), p. 252-254 ; 《Sex in relation to chromosomes and genres》, *American Naturalist*, 59 (1925), p. 127-137. 참고

32 이 개념은 바슐라르가 1936년 6월 《Inquisitions》 1호에서 발표했으며, 다음 책에 실렸다.

La Philosophie du non, op. cit., p. 19-21, 그는 초합리주의자의 입장을 지지하기 어렵다는 점을 강조한다. "초합리주의자는 쉽게 제압된다."

33 G. Bachelard, *L'Engagement rationaliste,* Paris, PUF, 1972, p. 7.
34 G. Bachelard, *La Philosophie du non, op. cit.,* p. 139.

11장

1 *Bébés animaux,* écrit par A. Gutman, illustré par M. Roussel, Paris, Gallimard Jeunesse, 2009.
2 *Les Bébés animaux,* par D. Gravier-Badreddine, conception et rédaction de D. Gravier, Paris, Gallimard Jeunesse, 2008. 프랑스 국립도서관의 목록 *La Revue des livres pour enfants*에는 2008년에 출간된 소개 기사의 발췌가 포함되어 있다. "눈으로 보는 즐거움을 정말로 완전히 누리게 한다. 유아에게 주변 세계를 일깨워줄 수 있도록 모든 것이 뒷받침되어 있다."
3 *Les Bébés des animaux,* ill. par U. Fuhr et R. Sautai, Paris, Gallimard, 2001 (édition cartonnée avec onglets).
4 S. Parmigiani et F. S. vom Saal, *Infanticide and Parental Care (Ettore Majorana International Life Sciences Series,* vol. 13), Londres, Routledge, 1994. 참고
5 F. Cézilly, *De mâle en père : à la recherche de l'instinct paternel,* Paris, Buchet/Chastel, 2014.
6 T. Clutton-Brock, *The Evolution of Parental Care,* Princeton (N.J), Princeton University Press, 1991, p. 132 ; F. Cézilly, *De mâle en père : à la recherche de l'instinct paternel, op. cit.,* p. 100.
7 H. Atlan, *L'Utérus artificiel,* Paris, éd. du Seuil, 2005 ; S. Firestone, *The Dialectic of Sex : The Case for Feminist Revolution,* New York, Bantam Books, 1971 ; trad. fr. S. Gleadow, *La Dialectique du sexe ; le dossier de la révolution féministe,* Paris, Stock, 1972.
8 L. Frader, 《Différence des sexes et politiques sociales en France》, *in* J. Birnbaum (éd.), *Femmes, hommes, quelle différence?,* Rennes, Presses universitaires de Rennes, 2008, p. 87-102 ; S. Pedersen, 《Catholicism, feminism and the politics of the family》, *in* S. Koven et S. Michel (éd.), *Mothers of a New World,* New York-Londres, Routledge, 1993, p. 261-263. 참고
9 D. C. Geary, *Hommes, femmes. L'évolution des différences sexuelles humaines, op. cit.,* p. 127.
10 *Id.,* p. 142.
11 *Id.,* p. 142-143.

12 몽트뢰-수-부아의 카르노 가에 위치해 있는 단체의 정원이다. 이는 1980년대 초반 카안이 연출한 시리즈물 제목에서 가져온 것이다.

13 P. Touraille, *Hommes grands, femmes petites : une évolution coûteuse. Les régimes de genre comme force sélective de l'adaptation biologique*, Paris, MSH, 2008.

14 E. Goffman, *L'Arrangement des sexes*, trad. fr. H. Maury, Paris, La Dispute, 2002, p. 43.

15 2011년에서 2012년까지 학기 중에 낭테르 대학에서 고드마르M. de Gaudemar와 함께 진행한 읽기 모임의 주제였다.

16 다음에 인용되어 있는 풍뎅이의 날개 관련 예를 보라. V. Orgogozo, B. Morizot et A. Martin, 《The differential view of genotype-phenotype relationships》, *Frontiers in Genetics*, 6 (2015), art. 179, p. 9. 두 가지 형태가 존재한다 (긴 날개, 짧은 날개) : 발생 원인은 유전적이기도(열성 대립유전자) 환경적(영양분의 풍부함이나 결핍)이기도 하다. 따라서 저자들에 따르면 "유전적, 환경적 영향의 비율을 평가하는 것은 불가능하다. 유전자와 환경은 유전자형에서 표현형을 연결하는 인과 연쇄에서 구별된 층위에서 작용하기 때문"이다.

17 C. Pelluchon, *Les Nourritures. Philosophie du corps politique*, Paris, éd. du Seuil, 2015. 참고

18 A. Cassidy, S. Binghame et K. D. Setchell, 《Biological effects of a diet of soy protein rich in isoflavones on the menstrual cycle of premenopausal women》, American Journal of Clinical Nutrition, 60-3 (1994), p. 333-340. 참조

19 L. Murat, *La Loi du genre : une histoire culturelle du troisième sexe*, Paris, Fayard, 2006. 참조

20 B. Bagemihl, *Biological Exuberance : Animal Homosexuality and Natural Diversity*, Londres, Profile Books, 1999. 참조

21 J. Davidson, *The Greeks and Greek Love*, op. cit.

22 특히, D. Fernandez, *Le Rapt de Ganymède*, Paris, Grasset, 1989.

23 투르 사건에서 '중립적 성' 판결을 획득한 변호사 피초B. Pitcho와 페트코바M. Petkova의 말에 따르면, "법을 생물학적 현실에 일치"하게 하는 문제였다. 기사를 참고해보라. *Libération*, le 1er novembre 2015

24 반어적인 제목의 시리즈는 다음과 같다. J. de Ganck et V. d'Hooghe : 《Montrez ce sexe que je ne saurais voir!》 (*Sextant*, 《Regards sur le sexe》, n° 30, 2013)

25 로샤크D. Lochak는 [성에 대한] "무관심"을 "평등의 표시"라고 말한다. 다음을 참고하라. 《Les normes juridiques sont-elles sexuées?》, *in* J. Birnbaum (éd.), *Femmes, hommes, quelle différence?, op. cit*, p. 103-112.

셀 수 없는 성: '두 개의 성'이라는 이분법을 넘어서

초판 1쇄 펴낸날 2021년 3월 19일
지은이   티에리 오케
옮긴이   변진경
펴낸이   박재영
편집   이정신·임세현·한의영
마케팅   김민수
디자인   조하늘
제작   제이오
펴낸곳   도서출판 오월의봄
주소   경기도 파주시 회동길 363-15 201호
등록   제406-2010-000111호
전화   070-7704-2131
팩스   0505-300-0518
이메일   maybook05@naver.com
트위터   @oohbom
블로그   blog.naver.com/maybook05
페이스북   facebook.com/maybook05
인스타그램   instagram.com/maybooks_05

ISBN   979-11-90422-64-2 03400

만든 사람들
책임편집   박재영
디자인   최진규